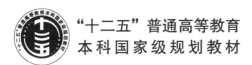

"十二五"普通高等教育
本科国家级规划教材

毛京丽 石方文 编著

高等教育精品教材

高等院校信息与通信工程规划教材

University Planned Textbooks of Information and Communication Engineering

字通信 原理（第3版）

Principles of Digital Communication （3rd Edition）

人民邮电出版社
北京

精品系列

图书在版编目（CIP）数据

数字通信原理 / 毛京丽，石方文编著. -- 3版. --
北京：人民邮电出版社，2011.12（2023.1重印）
21世纪高等院校信息与通信工程规划教材
ISBN 978-7-115-26618-7

Ⅰ. ①数… Ⅱ. ①毛… ②石… Ⅲ. ①数字通信－高
等学校－教材 Ⅳ. ①TN914.3

中国版本图书馆CIP数据核字（2011）第220109号

内 容 提 要

为了适应数字通信新技术的发展需要，本书在简要介绍了数字通信基本概念的基础上，详细论述了语音信号的编码——脉冲编码调制（PCM）、语音信号压缩编码、时分多路复用及 PCM30/32 路系统、数字信号复接技术（包括 PDH 和 SDH）及数字信号传输的相关内容。本书注重实用性，书中也探讨了 SDH 网规划设计的内容和数字通信系统的一些实际应用问题。

全书共有 6 章。为便于学生学习过程的归纳总结和培养学生分析问题和解决问题的能力，在每章最后都附有本章重点内容小结和习题。

本书取材适宜，结构合理，阐述准确，文字简练，通俗易懂，深入浅出，条理清晰，逻辑性强，易于学习理解和讲授。

本书既可作为高等院校通信专业教材，也可作为从事通信工作的科研和工程技术人员的学习参考书。

◆ 编　著　毛京丽　石方文
　　责任编辑　董　楠

◆ 人民邮电出版社出版发行　　北京市丰台区成寿寺路 11 号
　　邮编　100164　　电子邮件　315@ptpress.com.cn
　　网址　https://www.ptpress.com.cn
　　北京盛通印刷股份有限公司印刷

◆ 开本：787×1092　1/16
　　印张：17　　　　　　　　　2011 年 12 月第 3 版
　　字数：418 千字　　　　　　2023 年 1 月北京第 24 次印刷

ISBN 978-7-115-26618-7

定价：34.00 元

读者服务热线：（010）81055256　印装质量热线：（010）81055316
反盗版热线：（010）81055315

21 世纪人类已进入高度发达的信息社会，这就要求高质量的信息传输与之相适应，而数字通信是现代信息传输的重要手段。

掌握数字通信基本理论和技术是高等院校通信专业学生和通信工作者所必不可少的。

本书在阐述数字通信基本理论的基础上，侧重于讨论和研究数字通信传输体制和数字信号传输的技术问题。

本书第 1 版教材 2005 年被评为北京市高等学校精品教材，第 2 版教材 2006 年被列为教育部普通高等教育"十一五"国家级规划教材，第 3 版教材是在对第 2 版教材进行修订补充的基础上编写而成的。为了使本教材的系统性、针对性更强，删除了图像数字化的内容；同时为了使本教材更加实用、跟踪新技术，在语音信号压缩编码一章中增加了混合编码、低速率语音压缩编码的应用；在数字信号复接——PDH 与 SDH 一章中增加了 SDH 的映射、定位和复用的具体过程；在数字信号传输一章中增加了频带传输所用到的数字基本调制方法，SDH 传输网在光纤接入网、ATM 网及宽带 IP 网络中的应用等内容。而且相比于第 1 版、第 2 版教材，第 3 版教材各章的结构更加合理，条理清晰，通俗易懂。

全书共有 6 章。

第 1 章概述，主要介绍了数字通信的概念、数字通信系统的构成、数字通信的特点及数字通信系统的主要性能指标。

第 2 章语音信号编码——脉冲编码调制（PCM），首先简单介绍了语音信号编码的基本概念，接着详细分析了 PCM 通信系统的构成、PCM 的 A/D 变换、D/A 变换（包括抽样、量化、编码与解码等）的基本方法，最后对单片集成 PCM 编解码器进行了说明。

第 3 章语音信号压缩编码，首先介绍了语音信号压缩编码的基本概念，然后研究了自适应差值脉冲编码调制（ADPCM）、参量编码和混合编码等压缩编码技术，最后探讨了低速率语音压缩编码在 GSM 网络、3G 及软交换中的应用。

第 4 章时分多路复用及 PCM30/32 路系统，详细介绍了时分多路复用的基本概念，并具体论述了 PCM30/32 路系统的帧结构、定时系统、帧同步系统的工作原理及 PCM30/32 路的系统构成。

第 5 章数字信号复接——PDH 与 SDH，包括两大方面的内容：一是准同步数字体系（PDH），主要介绍了数字复接的基本概念、同步复接与异步复接原理、PCM 零次群和 PCM 高次群、PDH 的网络结构及 PDH 的弱点；二是同步数字系体（SDH），主要介绍了 SDH

的基本概念、SDH 的速率体系、SDH 的基本网络单元、SDH 的帧结构、SDH 的复用映射结构和具体映射、定位、复用方法，并简单分析了 SDH 光接口和电接口技术标准。

第 6 章数字信号传输，首先研究数字信号传输的基本理论，然后分析了传输码型、数字信号的基带传输问题；接着讨论了数字调制基本方法及几种数字信号的频带传输系统；最后详细介绍了 SDH 传输网。

本书第 1 章、第 2 章、第 5 章、第 6 章由毛京丽编写，第 3 章、第 4 章由石方文编写。

在本书的编写过程中，得到了李文海教授的指导，以及董跃武、徐鹏、贺雅璇、黄秋钧、魏东红、齐开诚、夏之斌等的帮助，在此一并表示感谢。

在本书的编写过程中，参考了一些相关的文献，从中受益匪浅，在此对这些文献的著作者表示深深的感谢。

由于编者水平有限，书中难免有不足之处，敬请读者批评指正。

编　者
2011 年 9 月

目　　录

第 1 章 概述

为了使读者对数字通信系统有一个比较全面的了解；本章简要介绍了有关数字通信的一些最基本的概念，主要包括数字通信的概念、数字通信的特点、数字通信系统的主要性能指标、数字通信技术的发展概况等。

1.1 数字通信系统的基本概念

1.1.1 信息、信号及分类

1. 信息的概念

通信的目的就是传递或交换信息。什么是信息呢？

（1）信息的定义

从信息论的观点来看，本体论层次（无条件约束的层次、纯客观角度）信息的定义是事物运动的状态和方式；认识论层次（站在人类主体的立场上来定义信息）信息的定义是某主体所表述的相应事物的运动状态和运动方式。

与通信结合较紧密的信息的定义是美国的一位数学家、信息论的主要奠基人仙农（C.E.Shannon）提出的。他把信息定义为"用来消除不定性的东西"。通信的过程就是传递"用来消除不定性的东西"。

（2）信息的基本特征

① 可度量性

信息可采用基本的二进制度量单位（比特）进行度量。一个二进制的"1"或者一个二进制的"0"所含的信息量是一个比特（bit）。

② 可识别性

自然信息（自然界存在的信息：动物、植物等运动的状态和方式）可以采取直观识别、比较识别和间接识别等多种方式来把握，例如听、看、触觉感知等；社会信息（将自然信息用语言、文字、图表和图像等表达出来）可以采取综合识别方式。

③ 可转换性

信息可以从一种形态转换为另一种形态，自然信息可转换为语言、文字、图表和图像等社会信息。

社会信息和自然信息都可转换为由电磁波为载体的电报、电话、电视或数据等信号。

④ 可存储性

信息可以以各种方式进行存储。大脑就是一个天然信息存储器，人脑利用其100亿至150亿个神经元，可存储100万亿至1 000万亿比特的信息。除大脑的自然信息存储外，人类早期一般用文字进行信息存储，而后又发展了录音、录像、缩微以及计算机存储等多种信息存储方式，不但能存储静态信息，而且可存储动态信息。

⑤ 可处理性

信息具有可处理性。人脑就是一个最佳的信息处理器，其他像计算机信息处理等只不过是人脑信息处理功能的一种外化而已。

⑥ 可传递性

信息常用的传递方式有语言、表情、动作、报刊、书籍、广播、电视、电话等。

⑦ 可再生性

信息经过处理后，可以其他形式再生。如自然信息经过人工处理后，可用语言或图形等方式再生成信息；输入计算机的各种数据文字等信息，可用显示、打印、绘图等方式再生成信息。

⑧ 可压缩性

信息可按照一定规则或方法进行压缩，用最少的信息量来描述一个事物。压缩的信息处理后可还原。

⑨ 可利用性

信息的实效性或可利用性只对特定的接收者才能显示出来，如有关农作物生长的信息，只对农民有效，对工人则效用甚微。而且，对于不同的接收者，信息的可利用度也不同。

⑩ 可共享性

信息具有不守恒性，即它具有扩散性。在信息的传递中，对信息的持有者来说，并没有任何损失。这就是信息的一个重要特性——可共享性。

2．信号的概念

信号是携带信息的载体，信息则是这个载体所携带的内容。

对于通信系统（后述）信源发出的信息要经过适当的变换和处理，使之变成适合在信道上传输的信号才可以传输。信号应具有某种可以感知的物理参量——如电压、电流及光波强度、频率、时间等。

3．信号的分类

（1）根据信源发出的信息的形式不同分类

根据信源发出的信息的形式不同，信号可分为语音信号、图像信号、数据信号等。

（2）根据信号物理参量基本特征的不同分类

信号的时间波形的特征可用两个物理参量（时间、幅度）来表示。根据信号物理参量基本特征的不同，信号可以分为两大类：模拟信号和数字信号。

① 模拟信号

图1-1（a）所示的信号是模拟信号。可见模拟信号波形随着信息的变化而变化，其特点

是幅度连续。连续的含义是在某一取值范围内可以取无限多个数值。从图 1-1（a）波形中又可看出此信号波形在时间上也是连续的，将时间上连续的信号叫连续信号。图 1-1（b）是图 1-1（a）的抽样信号，即对图 1-1（a）的信号波形每隔 T 时间抽样一次，因此其波形在时间上是离散的，但幅度取值仍是连续的，所以图 1-1（b）仍然是模拟信号，由于此波形在时间上是离散的，故它又是离散信号。电话、传真、电视信号等都属于模拟信号。

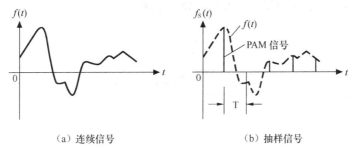

（a）连续信号 　　　　　　　（b）抽样信号

图 1-1　模拟信号

② 数字信号

图 1-2 是数字信号的波形，其特点是：幅值被限制在有限个数值之内，它不是连续的，而是离散的。图 1-2（a）是二进制码，每一个码元只取两个幅值（0，A）；图 1-2（b）是四电平码，其每个码元只取四个幅值（3，1，−1，−3）中的一个。这种幅度离散的信号称为数字信号。电报信号、数据信号等属于数字信号。

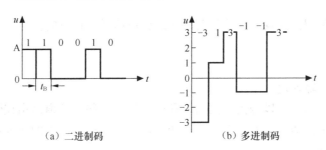

（a）二进制码 　　　　　　　（b）多进制码

图 1-2　数字信号

从以上分析可知：数字信号与模拟信号的区别是根据幅度取值上是否离散而定的。虽然模拟信号与数字信号有明显区别，但二者之间在一定条件下是可以互相转换的。

在此顺便介绍一下占空比的概念。参见图 1-3，设"1"码脉冲的宽度为 τ，二进制码元允许的时间为 t_B（即二进制码元的间隔），占空比 $a = \tau / t_B$，可见，图 1-3（a）中 $\alpha = 1$，图（b）中 $\alpha = 1/2$。

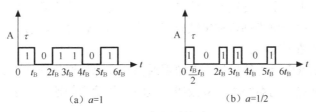

（a）a=1 　　　　　　　（b）a=1/2

图 1-3　占空比的概念

1.1.2 通信系统的组成

信息传递和交换的过程称为通信。

我们知道信息可以有多种表现形式，如语音、文字、数据、图像等。近代通信系统也是种类繁多、形式各异，但可以把通信系统概括为一个统一的模型。这一模型包括信源、变换器、信道、反变换器、信宿和噪声源 6 个部分，如图 1-4 所示。

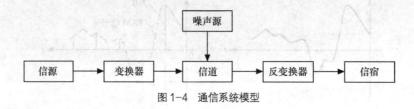

图 1-4　通信系统模型

通信系统模型中各部分的功能如下。

1. 信源

信源是指发出信息的信息源。在人与人之间通信的情况下，信源是发出信息的人；在机器与机器之间通信的情况下，信源是发出信息的机器，如计算机等。

2. 变换器

变换器的功能是把信源发出的信息变换成适合在信道上传输的信号。

3. 信道

信道是信号的传输通道。

如果按范围分，信道可以分为狭义信道和广义信道。狭义信道是指纯传输媒介；广义信道则是传输媒介加上两边相应的通信设备或变换设备。根据所考虑的变换设备多少，广义信道的范围也有所不同。

如果按传输媒介的类型分，信道可以分为有线信道和无线信道。有线信道主要包括双绞线、同轴电缆、光纤等；无线信道是指传输电磁信号的自由空间。下面简单介绍这几种信道。

（1）双绞线电缆

双绞线是由两条相互绝缘的铜导线扭绞起来构成的，一对线作为一条通信线路。其结构如图 1-5（a）所示，通常一定数量这样的导线对捆成一个电缆，外边包上硬护套。双绞线可用于传输模拟信号，也可用于传输数字信号，其通信距离一般为几到几十公里，其传输衰减特性如图 1-6 所示。由于电磁耦合和集肤效应，线对的传输衰减随着频率的增加而增大，故信道的传输特性呈低通型特性。

由于双绞线成本低廉且性能较好，在数据通信和计算机通信网中都是一种普遍采用的传输媒介。目前，在某些专门系统中，双绞线在短距离传输中的速率已达 100～155 Mbit/s。

（2）同轴电缆

同轴电缆也像双绞线那样由一对导体组成，但它们是按同轴的形式构成线对，其结构如

图 1-5（b）所示。其中最里层是内导体芯线，外包一层绝缘材料，外面再套一个空心的圆柱形外导体，最外层是起保护作用的塑料外皮。内导体和外导体构成一组线对。应用时，外导体是接地的，故同轴电缆具有很好的抗干扰性，同双绞线相比具有更好的频率特性。同轴电缆与双绞线相比成本较高。

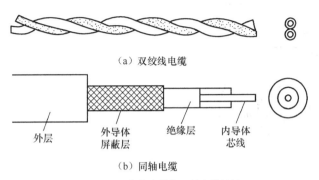

（a）双绞线电缆

外层　外导体屏蔽层　绝缘层　内导体芯线

（b）同轴电缆

图 1-5　双绞线电缆和同轴电缆结构

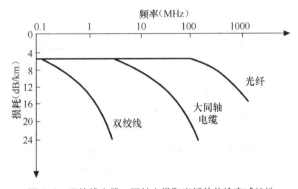

图 1-6　双绞线电缆、同轴电缆和光纤的传输衰减特性

与双绞线信道特性相同，同轴电缆信道特性也是低通型特性，但它的低通频带要比双绞线的频带宽。

（3）光纤

① 光纤的结构

光纤有不同的结构形式，目前通信用的光纤绝大多数是用石英材料做成的横截面很小的双层同心玻璃体，外层玻璃的折射率比内层稍低。折射率高的中心部分叫做纤芯，其折射率为 n_1，直径为 $2a$；折射率低的外围部分称为包层，其折射率为 n_2，直径为 $2b$。光纤的基本结构如图 1-7 所示。

② 光纤的种类

按照折射率分布、传输模式多少、材料成分等

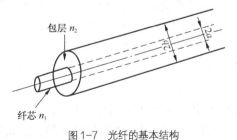

图 1-7　光纤的基本结构

的不同，光纤可分为很多种类，下面简单介绍有代表性的几种。

（a）按照折射率分布来分类。

光纤按照折射率分布可以分为阶跃型光纤和渐变型光纤两种。

● 阶跃型光纤——如果纤芯折射率 n_1 沿半径方向保持一定，包层折射率 n_2 沿半径方向也保持一定，而且纤芯和包层的折射率在边界处呈阶梯型变化的光纤，称为阶跃型光纤，又可称为均匀光纤，它的结构如图 1-8（a）所示。

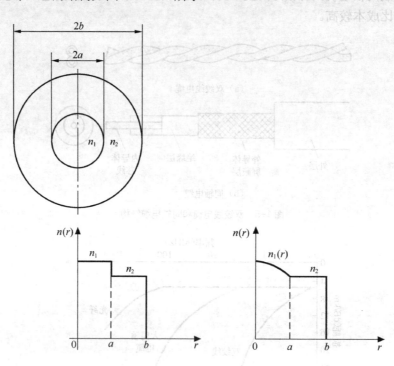

（a）均匀光纤的折射率剖面分布　　（b）非均匀光纤的折射率剖面分布

图 1-8　光纤的折射率剖面分布

● 渐变型光纤——如果纤芯折射率 n_1 随着半径加大而逐渐减小，而包层中折射率 n_2 是均匀的，这种光纤称为渐变型光纤，又称为非均匀光纤，它的结构如图 1-8（b）所示。

（b）按照传输模式的多少来分类。

所谓模式，实质上是电磁场的一种场型结构分布形式，模式不同，其场型结构不同。根据光纤中传输模式的数量，可分为单模光纤和多模光纤。

● 单模光纤——光纤中只传输单一模式时，叫做单模光纤。单模光纤的纤芯直径较小，约为 4～10 μm，通常纤芯中折射率的分布认为是均匀分布的。由于单模光纤只传输基模，完全避免了模式色散，使传输带宽大大增加。因此，它适用于大容量、长距离的光纤通信。单模光纤中的光线轨迹如图 1-9（a）所示。

● 多模光纤——在一定的工作波长下，可以传输多种模式的介质波导，称为多模光纤。其纤

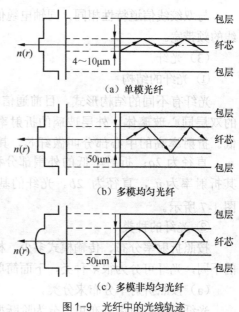

（a）单模光纤

（b）多模均匀光纤

（c）多模非均匀光纤

图 1-9　光纤中的光线轨迹

芯可以采用阶跃折射率分布,也可以采用渐变折射率分布,它们的光波传输轨迹如图1-9(b)、1-9(c)所示。多模光纤的纤芯直径约为50μm,由于模色散的存在使多模光纤的带宽变窄,但其制造、耦合、连接都比单模光纤容易。

(c)按光纤的材料来分类。

● 石英系光纤——这种光纤的纤芯和包层是由高纯度的 SiO_2 掺有适当的杂质制成,光纤的损耗低,强度和可靠性较高,目前应用最广泛。

● 石英芯、塑料包层光纤——这种光纤的芯子是用石英制成,包层采用硅树脂。

● 多成分玻璃纤维—— 一般用钠玻璃掺有适当杂质制成。

● 塑料光纤——这种光纤的芯子和包层都由塑料制成。

(4)无线信道

无线通信中信号是以微波的形式传输。微波是一种频率在 300 MHz～300 GHz 之间的电磁波。有时我们把这种电磁波简称为电波。电波由天线辐射后向周围空间传播,到达接收地点的能量仅是一小部分。距离越远,这一部分能量越小。

无线通信中主要的电波传播模式有 3 种:空间波、地表面波和天波,如图1-10 所示。

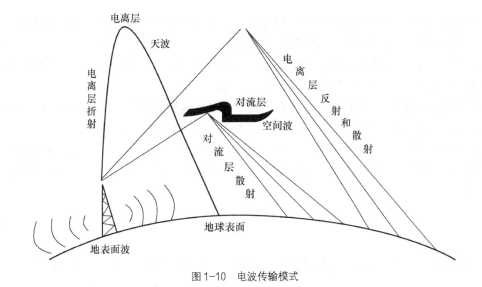

图1-10 电波传输模式

空间波是指在大气对流层中进行传播的电波传播模式。在电波的传播过程中,会出现反射、折射和散射等现象。长途微波通信和移动通信中均采用这种视距通信方式。

地表面波是指沿地球表面传播的电波传播模式。长波、中波一般采用这种传播方式。天线直接架设在地面上。

天波是利用电离层的折射、反射和散射作用进行传播的电波传播模式。短波通信采用的正是这种电波传播模式。

对于无线信道,电波空间所产生的自然现象,例如雨、雾、雪及大气湍流等现象都会对电波的传输质量带来影响,并产生衰落。尤其在卫星通信中,由于卫星通信的传播路径遥远,要通过对流层中的云层以及再上面的同温层、中间层、电离层和外层空间,故电波传播受空间影响更大。

4. 反变换器

反变换器是变换器的逆变换。反变换器的功能就是把从信道上接收的信号变换成信息接收者可以接收的信息。

5. 信宿

信宿是指信息传送的终点，也就是信息接收者。它可以是与信源对应的，构成人一人通信或机——机通信，也可以是与信源不一致的，构成人——机通信。

6. 噪声源

噪声是通信系统中存在的对正常信号传输起干扰作用的、不可避免的一种干扰信号。干扰噪声可能在信源信息初始产生的周围环境中就混入了，也可能从构成变换器的电子设备中引入，还有在传输信道中及接收端的各种设备中都可能引入干扰噪声。模型中的噪声源是以集中形式表示的，即把发送、传输和接收端各部分的干扰噪声集中地由一个噪声源来表示。

噪声按照统计特性分有高斯噪声和白噪声。高斯噪声是指它的概率密度函数服从高斯分布（即正态分布）；白噪声是指它的功率谱密度函数在整个频率域（$-\infty < \omega < +\infty$）内是均匀分布的，即它的功率谱密度函数在整个频率域（$-\infty < \omega < +\infty$）内是常数（白噪声的功率谱密度通常以 N_0 来表示，它的量纲单位是瓦/赫（W/Hz））。

若噪声的概率密度函数服从高斯分布，功率谱密度函数在整个频率域（$-\infty < \omega < +\infty$）内是常数，这类噪声称为高斯白噪声。实际信道中的噪声都是高斯白噪声。

信号在传输过程中不可避免地要受到信道噪声干扰的影响，信噪比就是用来描述信号传输过程所受到噪声干扰程度的量，它是衡量传输系统性能的重要指标之一。信噪比是指某一点上的信号功率与噪声功率之比，可表示为

$$\frac{S}{N} = \frac{P_S}{P_N} \tag{1-1}$$

式中，P_S 是信号平均功率；P_N 是噪声平均功率。信噪比通常以分贝（dB）来表示，其公式为

$$\left(\frac{S}{N}\right)_{dB} = 10\lg\left(\frac{P_S}{P_N}\right) \tag{1-2}$$

1.1.3 模拟通信与数字通信

根据在信道上传输的信号形式的不同可分为两类通信方式：模拟通信和数字通信。

1. 模拟通信

模拟通信是以模拟信号的形式传递消息。模拟通信采用频分复用实现多路通信，即通过调制将各路信号的频谱搬移到线路的不同频谱上，使各路信号在频率上错开以实现多路

通信。

2. 数字通信

（1）数字通信的概念

数字通信是以数字信号的形式传递消息。数字通信采用时分复用实现多路通信，即利用各路信号在信道上占有不同时间间隔来区分开各路信号。

（2）数字通信系统的构成

数字通信系统的构成模型如图 1-11 所示。

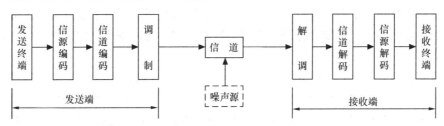

图 1-11　数字通信系统的构成模型

图中发送终端是把原始信息变换成原始电信号。常见的信源有产生模拟信号的电话机、话筒、摄像机和输出数字信号的电子计算机、各种数字终端设备等。

信源编码的功能是把模拟信号变换成数字信号，即完成模/数变换的任务。如果信源产生的已经是数字信号，可省去信源编码部分。

传输过程中由于信道中存在噪声干扰，使得传输的数字信号产生差错——误码。为了在接收端能自动进行检错或纠错，在信源编码后的信息码元中，按一定的规律，附加一些监督码元，形成新的数字信号。接收端可按数字信号的规律性来检查接收信号是否有差错或纠正错码。这种自动检错或纠错功能是由信道编码来完成的。

信道是指传输信号的通道。前面我们已经知道信道的种类，其中双绞线和同轴电缆可以直接传输基带数字信号（未经调制变换的数字信号），而其他各种信道媒介都工作在较高的频段上，因此需将基带数字信号经过调制，将其频带搬移到适合于信道传输的频带上。基带数字信号直接在信道中传输的方式称为基带传输；将基带数字信号经过调制后再送到信道的传输方式称为频带传输。调制器的作用是对数字信号进行频率搬移。

接收端的解调、信道解码、信源解码等模块的功能与发送端对应模块功能正好相反，是一一对应的反变换关系，这里不再赘述。信源解码后的电信号由接收终端所接收。

这里有两个问题说明如下。

① 图 1-11 中的发送终端其实包括图 1-4 中信源和变换器的一部分；信源编码、信道编码和调制器相当于图 1-4 中变换器的另一部分。接收终端包括图 1-4 中信宿和反变换器的一部分；解调、信道解码、信源解码相当于图 1-4 中反变换器的另一部分。

② 对于具体的数字通信系统，其方框图并非都与图 1-11 方框图完全一样。

- 若信源是数字信息时，则信源编码或信源解码可去掉，这样就构成数据通信系统。
- 若通信距离不太远，且通信容量不太大时，信道一般采用市话电缆，即采用基带传输方式，这样就不需要调制和解调部分。
- 传送语音信息时，即使有少量误码，也不影响通信质量，一般不加信道编码、信道解码。

- 在对保密性能要求比较高的通信系统中，可在信源编码与信道编码之间加入加密器；同时在接收端加入解密器。

1.2 数字通信的特点

1. 抗干扰能力强，无噪声积累

在模拟通信中，为了保证接收信号有一定的幅度，需要及时对传输信号进行放大（增音），但与此同时，串扰进来的噪声也被放大，如图 1-12（a）所示。由于模拟信号的幅值是连续的，难以把传输信号与干扰噪声分开。随着传输距离的增加，噪声累积越来越大，将使传输质量严重恶化。

对于数字通信，由于数字信号的幅值为有限的离散值（通常取两个幅值），在传输过程中受到噪声干扰，当信噪比还没有恶化到一定程度时，即在适当的距离，采用再生的方法，再生成已消除噪声干扰的原发送信号，如图 1-12（b）所示。由于无噪声积累，可实现长距离、高质量的传输。

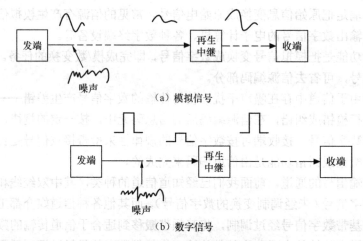

（a）模拟信号

（b）数字信号

图 1-12 两类通信方式抗干扰性能比较

2. 便于加密处理

信息传输的安全性和保密性越来越重要。数字通信的加密处理比模拟通信容易得多。以语音信号为例，经过数字变换后的信号可用简单的数字逻辑运算进行加密、解密处理。如图 1-13 所示。

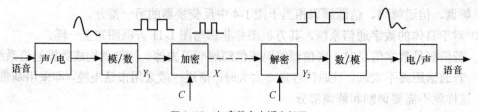

图 1-13 加密数字电话方框图

3．利于采用时分复用实现多路通信

时分复用是指各种信号在信道上占有不同的时间间隙，同在一条信道上传输，并且互不干扰。

4．设备便于集成化、微型化

数字通信采用时分多路复用，不需要昂贵的、体积较大的滤波器。由于设备中大部分电路都是数字电路，可以用大规模和超大规模集成电路实现，这样功耗也较低。

5．占用信道频带宽

一路数字电话的频带为 64 kHz（见第 3 章），而一路模拟电话所占频带仅为 4 kHz，前者是后者的 16 倍。然而随着微波、卫星、光缆信道的大量利用（其信道频带非常宽），以及频带压缩编码器的实现和大量使用，数字通信占用频带宽的矛盾正逐步减小。

1.3　数字通信系统的主要性能指标

衡量数字通信系统性能好坏的指标是有效性和可靠性。

1.3.1　有效性指标

1．信息传输速率（R）

信息传输速率简称传信率，也叫数码率（常用 f_B 表示）。它的定义是：每秒所传输的信息量。信息量是信息多少的一种度量，信息的不确定性程度越大，则其信息量越大。信息量的度量单位为"比特"（bit）。在满足一定条件下，一个二进制码元（一个"1"或一个"0"）所含的信息量是一个"比特"（条件为：随机的、各个码元独立的二进制序列，且"0"和"1"等概出现），所以信息传输速率的定义也可以说成是：每秒所传输的二进制码元数，其单位为bit/s。根据推导（推导过程见第 3 章）可以得出数码率的公式为

$$f_B = f_s \cdot n \cdot l \qquad (1\text{-}3)$$

式中，f_s 为抽样频率；n 是复用的路数；l 是编码的码位数。

传信率（或数码率）的物理意义：一是它反映了数字信号的传输速率；二是数码率的数值代表数字信号（二进制时）的带宽，即数字信号的带宽约等于 f_B。

2．符号速率（N）

符号速率也叫码元速率，它的定义是：1 秒所传输的码元数目（这里的码元可以是多进制的，也可以是二进制的），其单位为"波特"（Bd）。

一般将二进制码元称为代码，符号（或码元）与代码的关系为：一个符号用 $\log_2 M$ 个代码表示（M 为进制数或电平数）。表 1-1 列出了四进制符号与二进制码元（代码）的一种对应关系。

表 1-1   四进制符号与二进制码元的对应关系

四进制	二进制
−3	00
−1	01
+1	10
+3	11

综上所述，很容易得出信息传输速率与符号速率的关系为

$$R = N \log_2 M \tag{1-4}$$

可见，二进制时，信息传输速率与符号速率相等。

3．频带利用率

比较不同的通信系统时，单看它们的传输速率是不够的，还要看传输这种信息所占的信道频带的宽度。通信系统所占的频带越宽，传输信息的能力越大。所以真正用来衡量数字通信系统传输效率的指标（有效性）应当是频带利用率，即单位频带内的传输速率。具体公式为

$$\eta = \frac{符号速率}{频带宽度}(\text{Bd}/\text{Hz}) \tag{1-5}$$

或 $$\eta = \frac{信息传输速率}{频带宽度}(\text{bit}/(\text{s} \cdot \text{Hz})) \tag{1-6}$$

1.3.2　可靠性指标

反映数字通信系统可靠性的主要指标是误码率和信号抖动。

1．误码率

数字信号在传输过程中，当噪声干扰太大时会导致错误地判决码元，即"1"码误成"0"码或"0"码误成"1"码，误码率是用来衡量误码多少的指标。

误码率的定义为：在传输过程中发生误码的码元个数与传输的总码元个数之比。即

$$P_e = \lim_{N \to \infty} \frac{发生误码个数(n)}{传输总码元(N)} \tag{1-7}$$

这个指标是多次统计结果的平均量，所以这里指的是平均误码率。

误码率的大小由传输系统特性、信道质量及系统噪声等因素决定，如果传输系统特性和信道特性都是高质量的，而且系统噪声较小，则系统的误码率就较低；反之，系统的误码率就较高。这里讲的误码是指在一个再生中继段传输过程中，前一个站的输出与下一个站判决再生输出相比而言的一个中继段的误码，即指的是一个站的误码。在一个传输链路中，经多次再生中继后的总误码率是以一定方式累计的，在传输的终点以累积的结果作为总的误码率。

2．信号抖动

在数字通信系统中，信号抖动是指数字信号码相对于标准位置的随机偏移，如图 1-14

所示。

图 1-14 信号抖动示意图

数字信号位置的随机偏移，即信号抖动的定量值的表示，也是统计平均值，它同样与传输系统特性、信道质量及噪声等有关。同样，多中继段链路传输时，信号抖动也具有累积效应。

从可靠性角度而言，误码率和信号抖动都直接反映了通信质量。如对语音信号数字化传输，误码和抖动都会对数/模变换后的语音质量产生直接影响。

以上介绍了数字通信系统的有效性和可靠性指标，这两个指标是矛盾的，需要综合考虑它们的大小，以获得最好的传输效果。

1.4 数字通信技术的发展概况

数字通信终端设备、数字传输技术方面的发展有以下几个趋势。

1. 向着小型化、智能化方向发展

随着微电子技术的发展，数字通信设备不断更新换代，每换一代性能就更先进、更全面，经济效益就更好，更能适应现代通信的需要。

例如某公司生产的 PCM30/32 复用系统，每个 30 路系统占一个 $300 \times 120 \times 225$（mm）机框，功耗仅 2.5W，共 5 块印刷电路板，其中话路占 4 块（每块装 8 路），群路为一块，具备开放 4 个 64 kbit/s 数据口。一个窄条架可装 8 个系统，共 240 路，相当于一个标准宽架可装 1 200 路。

另外是智能化。微处理器技术已应用到设备中。例如利用微处理器完成信令变换，使得设备能灵活适应长途、市话中各种型式的交换机；在再生中继故障定位中使用微处理器实现不停业务的自动监测告警。

随着小型化、低功耗和故障的自动诊断，系统可靠性大大提高，成本也大大下降。

2. 向着数字处理技术的开发应用发展

（1）压缩频带和比特率

数字通信每路带宽为 64 kHz，这是一个缺点。但这是基于对每个样值量化后进行 8 bit PCM 编码得到的。实际上语音信号样值之间有相关性，根据前几个样值可以预测后一样值的幅度，每次对实际样值幅度与预测之差进行修正就可以了，就是说无需传输每个样值本身的幅度，只要对样值与其预测值之差进行量化编码后传输即可。这就是自适应差值脉冲编码调制（ADPCM）。由于差值幅度动态范围远小于样值本身，每个差值只需用 4 bit 编码，每路速率可压缩为 32 kbit/s，其质量仍然满足 TIU-T 的要求，这样在 2 Mbit/s 传输系统上只需要再配置一对 30 路 PCM 端机及 60 路 ADPCM 编码转换设备就可以传 60 个话路。

（2）数字语音插空

在通话过程中，一方在讲话时，另一方必然在听，也就是说电路总有一个方向是空闲的，况且讲话的一方还有停顿，因此电路中每一方向的平均利用率不到 50%。可以利用已经占用的电路在通话过程中的空闲时间来传送其他话路的信号，这叫语音插空技术（DSI）。利用 DSI 技术可以把 120 条电路当作 240 条电路使用。

（3）数字电路倍增

ADPCM 技术是利用语音信号的相关性压缩信号的冗余度，而 DSI 技术是利用通话的双向性提高电路利用率。两种技术并不矛盾，可同时采用，这就是数字电路倍增（DCME），它可使电路容量翻两番，即一条 2 Mbit/s 电路，可传 120 路电话。最新资料表明，DSI 技术可做到 2.5 倍增益，这样一条电路可当做 5 条电路使用。

3．向着用户数字化发展

数字程控交换与数字传输的结合构成综合数字网（IDN）。对电话用户而言，网络的入口仍然是模拟的。由于每个话路带宽为 300～3 400 Hz，传输速度不高于 9600Bd，这样的入口限制了 IDN 能力的发挥。解决的方法是打开网络入口，使数字化从交换节点至交换节点扩展到用户——网络接口至用户——网络接口。不同业务的信号都以数字信号形式进网，同一个网可承担多种业务，实现端至端的数字连接。

要将数字化从交换节点延伸到用户所在地的用户——网络接口，必须解决用户线的数字传输问题。另外数字传输一般都是四线制，来去方向分别用一对线，而用户线是二线制，还要解决利用二线实现双向数字传输的问题，目前一般采用乒乓法和回波抵消法。

4．向着高速大容量发展

为了提高长距离干线传输的经济性，近年来，国内外都在开发高速大容量的数字通信系统，国内外的 PCM 二、三、四次群数字复接设备都经历了换代和进一步小型化的过程。

从低次群到高次群，从原理上讲基本一样，但每升高一次群，速率乘 4，实现上增加许多难度，需要选择适应工作速度高的器件。例如二、三次群可选用 HCT（可与 TTL 兼容的高速 CMOS 电路），LSTTL 等器件；四次群可选用 STTL，FTTL，HCT，ECL 等器件。

其实数字通信系统向着高速大容量方向发展的关键是传输体制由传统的准同步数字体系 PDH 过渡到同步数字体系（SDH），即交换局间采用 SDH 网进行传输。SDH 网的最高传输速率可以达到 9 953.280 Mbit/s。

小　　结

（1）信息传递和交换的过程称为通信。通信系统的模型包括信源、变换器、信道、反变换器、信宿和噪声源 6 个部分。

（2）信源产生的是原始的信息，信号是携带信息的载体。根据信源发出信息的形式不同，信号可分为语音信号、图像信号、数据信号等。根据信号物理参量基本特征的不同，信号可以分为两大类：模拟信号和数字信号。

模拟信号的特点是幅度取值连续；数字信号的特点是幅度取值离散。

（3）数字通信是时分制多路通信，以数字信号的形式传递消息。数字通信系统的构成主要包括发端的信源、信源编码、信道编码、调制、信道以及收端的解调、信道解码、信源解码和信宿。

（4）数字通信的主要优点是抗干扰性强、无噪声积累，便于加密处理，采用时分复用实现多路通信，设备便于集成化、微型化。但其缺点是数字信号占用频带较宽。

（5）衡量数字通信系统性能的指标是有效性和可靠性。其中信息传输速率、符号传输速率和频带利用率属于有效性指标，而误码率和信号抖动则是可靠性指标。

（6）数字通信技术目前正向着以下几个方向发展：小型化、智能化，数字处理技术的开发应用，用户数字化和高速大容量等。

习　　题

1-1　模拟信号和数字信号的特点分别是什么？

1-2　数字通信系统的构成模型中信源编码和信源解码的作用分别是什么?画出语音信号的基带传输系统模型。

1-3　数字通信的特点有哪些？

1-4　为什么说数字通信抗干扰性强，无噪声积累？

1-5　设数字信号码元时间长度为 1μs，如采用四电平传输，求信息传输速率及符号速率。

1-6　接上例，若传输过程中 2 秒误 1 个比特，求误码率。

1-7　假设数字通信系统的频带宽度为 1 024 kHz，其传输速率为 2 048 kbit/s，试问其频带利用率为多少 bit/s/Hz？

1-8　数字通信技术的发展趋势是什么？

第 2 章 语音信号编码——脉冲编码调制（PCM）

由于数字通信是以数字信号的形式来传递消息的，而语音信号是幅度、时间取值均连续的模拟信号，所以数字通信所要解决的首要问题是模拟信号的数字化，即模/数变换（A/D变换）。

模/数变换的方法主要有脉冲编码调制（PCM）、差值脉冲编码调制（DPCM）、自适应差值脉冲编码调制（ADPCM）、增量调制（DM）等。本章首先简单介绍了语音信号编码的基本概念，接着详细分析了 PCM 脉冲编码调制（PCM）的相关内容。

2.1 语音信号编码的基本概念

所谓语音信号的编码指的就是模拟语音信号的数字化，即信源编码。

根据语音信号的特点及编码的实现方法，语音信号的编码可分为三大类型。

1. 波形编码

波形编码是根据语音信号波形的特点，将其转换为数字信号。常见的波形编码有脉冲编码调制（PCM）、差值脉冲编码调制（DPCM）、自适应差值脉冲编码调制（ADPCM）、增量调制（DM）等。

2. 参量编码

参量编码是提取语音信号的一些特征参量，对其进行编码。它主要是跟踪波形产生的过程，传送反映波形产生的主要变化参量，并用这些参量在接收端根据语音产生过程的机理恢复语音信号。

参量编码的特点是编码速率低，但语音质量要低于波形编码。LPC 等声码器属于参量编码。

3. 混合编码

混合编码是介于波形编码和参量编码之间的一种编码，即在参量编码的基础上，引入一定的波形编码的特征。子带编码属于混合编码。

本章重点介绍脉冲编码调制（PCM）的相关内容。

2.2　脉冲编码调制（PCM）通信系统的构成

脉冲编码调制（PCM）是模/数变换（A/D 变换）的一种方法，它是对模拟信号的瞬时抽样值量化、编码，以将模拟信号转化为数字信号。

若模/数变换的方法采用 PCM，由此构成的数字通信系统称为 PCM 通信系统。采用基带传输的 PCM 通信系统构成方框图如图 2-1 所示。

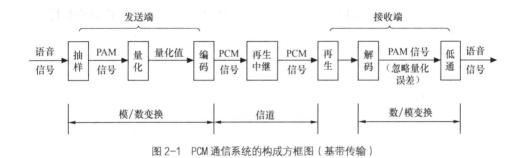

图 2-1　PCM 通信系统的构成方框图（基带传输）

PCM 通信系统由 3 个部分构成。

1．模/数变换

相当于信源编码部分的模/数变换，具体包括抽样、量化、编码三步。
- 抽样——是把模拟信号在时间上离散化，变为脉冲幅度调制（PAM）信号。
- 量化——是把 PAM 信号在幅度上离散化，变为量化值（共有 N 个量化值）。
- 编码——是用二进码来表示 N 个量化值，每个量化值编 l 位码，则有 $N = 2^l$。

2．信道部分

信道部分包括传输线路及再生中继器。由第 1 章可知再生中继器可消除噪声干扰，所以数字通信系统中每隔一定的距离加一个再生中继器以延长通信距离。

3．数/模变换

接收端首先利用再生中继器消除数字信号中的噪声干扰，然后进行数/模变换。数/模变换包括解码和低通两部分。
- 解码——是编码的反过程，解码后还原为 PAM 信号（假设忽略量化误差——量化值与 PAM 信号样值之差）。
- 低通——收端低通的作用是恢复或重建原模拟信号。

下面分别详细介绍 PCM 通信系统中有关抽样、量化、编解码等所涉及的问题。

2.3 抽样

2.3.1 抽样的概念及分类

1. 抽样的概念

语音信号不仅在幅度取值上是连续的，而且在时间上也是连续的。要使语音信号数字化，首先要在时间上对语音信号进行离散化处理，这一处理过程是由抽样来完成的。所谓抽样就是每隔一定的时间间隔 T，抽取模拟信号的一个瞬时幅度值（样值）。抽样是由抽样门来完成的，在抽样脉冲 $S_T(t)$ 的控制下，抽样门闭合或断开，如图 2-2 所示。

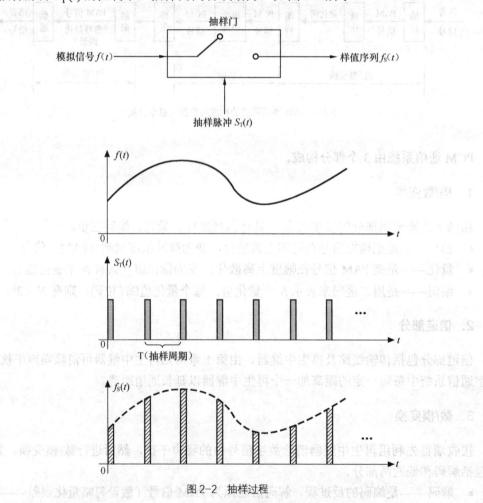

图 2-2 抽样过程

每当有抽样脉冲时，抽样门开关闭合，其输出取出一个模拟信号的样值；当抽样脉冲幅度为零时，抽样门开关断开，其输出为零（假设抽样门等效为一个理想开关）。抽样后得出一串在时间上离散的样值，称为样值序列或样值信号，它是 PAM 信号，由于其幅度取值仍然是连续的，它仍是模拟信号。

2．抽样的分类

抽样可以分为低通型信号的抽样和带通型信号的抽样。什么是低通型信号和带通型信号呢？

设模拟信号 $m(t)$ 的频率范围为 $f_0 \sim f_M$，$B = f_M - f_0$。若 $f_0 < B$ 称为低通型信号（语音信号等属于低通型信号）；而当 $f_0 \geq B$ 则称为带通型信号。下面分别介绍低通型信号的抽样和带通型信号的抽样。

2.3.2　低通型信号的抽样

图 2-2 所示的抽样即为低通型信号的抽样，而且它为自然抽样。所谓自然抽样是其抽样脉冲有一定的宽度，样值也就有一定的宽度，且样值的顶部随模拟信号的幅度变化。实际采用的是自然抽样。

为了了解在什么条件下，接收端能从解码后的样值序列中恢复出原始模拟信号，有必要分析样值序列的频谱。为了分析方便，要借助于理想抽样分析。采用理想的单位冲激脉冲序列作为抽样脉冲（即用冲激脉冲近似表示有一定宽度的抽样脉冲）时，称为理想抽样。

1．低通型信号的抽样频谱

下面借助于理想抽样来分析低通型信号的抽样频谱。

设抽样脉冲 $s_T(t)$ 是单位冲激脉冲序列，抽样值是抽样时刻 nT 的模拟信号 $f(t)$ 的瞬时值 $f(nT)$，如图 2-3（a）所示。

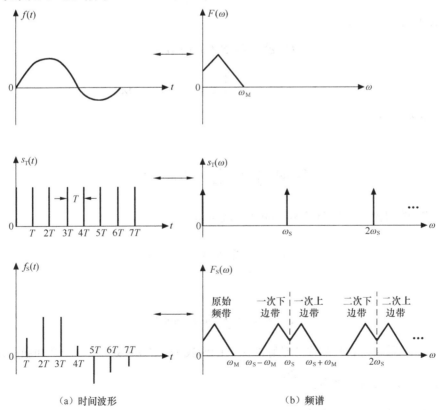

（a）时间波形　　　　　　　　　　　　　（b）频谱

图 2-3　理想抽样信号及频谱

现分析理想抽样时的样值序列 $f_S(t)$ 的频谱 $F_S(\omega)$ 与原始模拟语音信号 $f(t)$ 的频谱 $F(\omega)$ 之间的关系。

单位冲激脉冲序列 $s_T(t)$ 可表示为

$$s_T(t) = \sum_{n=-\infty}^{\infty} \delta(t-nT) \qquad （T \text{ 为抽样周期}） \tag{2-1}$$

由于 $s_T(t)$ 是周期函数，因此也可用傅氏级数表示，即

$$s_T(t) = \sum_{n=-\infty}^{\infty} A_n e^{jn\omega_S t} \qquad (\omega_S = \frac{2\pi}{T} = 2\pi f_S) \tag{2-2}$$

其中

$$A_n = \frac{1}{T} \int_{-\frac{T}{2}}^{\frac{T}{2}} s_T(t) e^{-jn\omega_S t} dt \tag{2-3}$$

在积分界限 $-\frac{T}{2} \sim \frac{T}{2}$ 内，$s_T(t) = \delta(t)$，故

$$A_n = \frac{1}{T} \int_{-\frac{T}{2}}^{\frac{T}{2}} \delta(t) e^{-jn\omega_S t} dt = \frac{1}{T} \tag{2-4}$$

因此

$$s_T(t) = \frac{1}{T} \sum_{n=-\infty}^{\infty} e^{jn\omega_S t} \tag{2-5}$$

由于

$$f_S(t) = f(t) \cdot s_T(t)$$

根据频率卷积定理，可得

$$\begin{aligned} F_S(\omega) &= \frac{1}{2\pi}[S_T(\omega) * F(\omega)] \\ &= \frac{1}{2\pi} \int_{-\infty}^{\infty} S_T(\lambda) F(\omega-\lambda) d\lambda \end{aligned} \tag{2-6}$$

式中，$*$ 为卷积符号。

而

$$S_T(\omega) = \int_{-\infty}^{\infty} [\frac{1}{T} \sum_{n=-\infty}^{\infty} e^{jn\omega_S t}] e^{-j\omega t} dt$$

由于 $e^{jn\omega_S t}$ 的傅氏变换为 $2\pi\delta(\omega-n\omega_S)$，故可得

$$S_T(\omega) = \frac{1}{T} \sum_{n=\infty}^{\infty} 2\pi\delta(\omega-n\omega_S)$$

所以

$$S_T(\omega) = \omega_S \sum_{n=\infty}^{\infty} \delta(\omega-n\omega_S) \tag{2-7}$$

上式表明，周期为 T 的单位冲激脉冲序列的傅氏变换在频域上也是一个冲激脉冲序列，其强度增大 ω_S 倍，频率周期 $\omega_S = \frac{2\pi}{T}$。

将上式代入式（2-6），可得

$$F_S(\omega) = \frac{1}{2\pi} \int_{-\infty}^{\infty} F(\omega - \lambda) \cdot \omega_S \sum_{n=-\infty}^{\infty} \delta(\lambda - n\omega_S) \mathrm{d}\lambda$$

$$= \frac{1}{T} \sum_{n=-\infty}^{\infty} \int_{-\infty}^{\infty} F(\omega - \lambda)\delta(\lambda - n\omega_S)\mathrm{d}\lambda$$

所以

$$F_S(\omega) = \frac{1}{T} \sum_{n=-\infty}^{\infty} F(\omega - n\omega_S) \quad （理想抽样） \tag{2-8}$$

上式表示，抽样后的样值序列频谱 $F_S(\omega)$ 是由无限多个分布在 ω_S 各次谐波左右的上下边带所组成，而其中位于 $n = 0$ 处的频谱就是抽样前的语音信号频谱 $F(\omega)$ 本身（只差一个系数 $\frac{1}{T}$），如图 2-3（b）所示。即样值序列频谱 $F_S(\omega)$ 包括原始频带 $F(\omega)$ 及 $n\omega_S$ 的上、下边带（$n\omega_S$ 的下边带是：$n\omega_S$－原始频带，$n\omega_S$ 的上边带是：$n\omega_S$＋原始频带）。

由此可知，样值序列的频谱被扩大了（即频率成分增多了），但样值序列中含原始模拟信号的信息，因此对模拟信号进行抽样处理是可行的。抽样处理后不仅便于量化、编码，同时对模拟信号进行了时域压缩，为时分复用创造条件。在接收端为了能恢复原始模拟信号，必须要求位于 ω_S 处的下边带频谱能与原始模拟信号频谱分开。

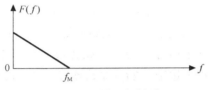

（a）原始模拟信号频谱

2. 低通型信号的抽样定理

设原始模拟信号的频带范围是 $0 \sim f_M$（f_M 为模拟信号的最高频率），由图 2-4 可知，在接收端，只要用一个低通滤波器把原始模拟信号（频带为 $0 \sim f_M$）滤出，就可获得原始模拟信号的重建（即滤出式 2-8 中 $n = 0$ 的成分）。但要获得模拟信号的重建，从图 2-4（b）可知，必须使 f_M 与（$f_S - f_M$）之间有一定宽度的防卫带。否则，f_S 的下边带将与原始模拟信号的频带发生重叠而产生失真，如图 2-4（c）所示。这种失真所产生的噪声称为折叠噪声。

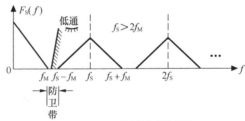

（b）$f_S > 2f_M$ 时抽样信号的频谱

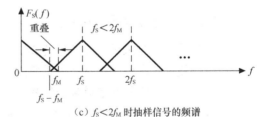

（c）$f_S < 2f_M$ 时抽样信号的频谱

图 2-4 抽样频率 f_S 对频谱 $S(f)$ 的影响

为了避免产生折叠噪声，对频带为 $0 \sim f_M$ 的模拟信号，其抽样频率必须满足下列条件即

$$f_S - f_M \geqslant f_M$$

所以

$$f_S \geqslant 2f_M \quad 或 \quad T \leqslant \frac{1}{2f_M} \tag{2-9}$$

即"一个频带限制在 f_M 以下的连续信号 $m(t)$，可以唯一地用间隔 $T \leqslant \frac{1}{2f_M}$ 秒的抽样值序列来确定。"这就是著名的抽样定理。

语音信号的最高频率限制在 3 400 Hz，这时满足抽样定理的最低抽样频率应为 $f_{S_{min}} = 6\,800\,Hz$，为了留有一定的防卫带，CCITT（现为 ITU-T）规定语音信号的抽样频率为 $f_S = 8\,000\,Hz$，这样就留出了 $8\,000\,Hz - 6\,800\,Hz = 1200\,Hz$ 作为滤波器的防卫带。

应当指出，抽样频率 f_S 不是越高越好，f_S 太高时，将会降低信道的利用率（因为随 f_S 的升高，f_B 也增大，则数字信号带宽变宽，导致信道利用率降低。）所以只要能满足 $f_S > 2f_M$，并有一定频宽的防卫带即可。

例 2-1 某模拟信号频谱如图 2-5 所示，求其满足抽样定理时的抽样频率，并画出抽样信号的频谱（设 $f_s = 2f_M$）。

解 $f_0 = 1\,kHz, f_M = 5\,kHz, B = f_M - f_0 = 5 - 1 = 4\,kHz$

$\because f_0 < B$

$\therefore$ 此信号为低通型信号。

满足抽样定理时，应有

$$f_s \geq 2f_M = 2 \times 5 = 10\,kHz$$

（一次下边带：$f_s - $原始频带 $= 10 - (1 \sim 5) = 5 \sim 9$

一次上边带：$f_s + $原始频带 $= 10 + (1 \sim 5) = 11 \sim 15$

二次下边带：$2f_s - $原始频带 $= 20 - (1 \sim 5) = 15 \sim 19$

二次上边带：$2f_s + $原始频带 $= 20 + (1 \sim 5) = 21 \sim 25$）

抽样信号的频谱（设 $f_s = 2f_M$）如图 2-6 所示。

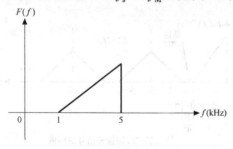

图 2-5 某模拟信号频谱

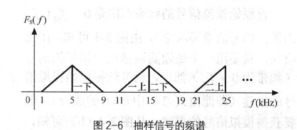

图 2-6 抽样信号的频谱

2.3.3 带通型信号的抽样

对于低通型信号来讲，应满足 $f_S \geq 2f_M$ 的条件。而对于带通型信号，如仍按 $f_S \geq 2f_M$ 抽样，虽然仍能满足样值频谱不产生重叠的要求，但这样选择抽样频率 f_S 时太高了（因为带通型信号的 f_M 高），将降低信道频带的利用率，这是不可取的。那么 f_S 怎样选取呢？

下面举例予以说明：如某带通型信号的频带为 $12.5 \sim 17.5\,kHz$，假若选取 $f_S \geq 2f_M = 2 \times 17.5 = 35\,kHz$，则样值序列的频谱不会发生重叠现象，如图 2-7（a）所示。但在频谱中 $0 \sim f_0$ 频带（即从 0Hz $\sim$ 12.5 kHz 频段）有一段空隙没有被充分利用，这样信道利用率不高。为了提高信道利用率，当 $f_0 \geq nB$ 时，可将 n 次下边带移到频段 $0 \sim f_0$ 的空隙内，这样既不会发生重叠现象，又能降低抽样频率，从而减少了信道的传输频带。

图 2-7（b）的抽样频率 f_S 就是根据上述原则安排的（为简化起见，图中只取正频谱）。由图 2-7（b）可知，由于 $B = f_M - f_0 = 17.5\,kHz - 12.5\,kHz = 5\,kHz$ 满足了 $2B(10\,kHz) \leq f_0(12.5\,kHz) < 3B(15\,kHz)$ 的条件，因此选择 $f_S = 12\,kHz$（它小于 12.5 kHz）时，可在 $0 \sim$

f_0(12.5kHz)频段内，安排两个下边带：

（1）一次下边带 $f_S - (f_0 \sim f_M) = 0.5\,\text{kHz} \sim 5.5\,\text{kHz}$（在运算中出现负值，现取正值）；

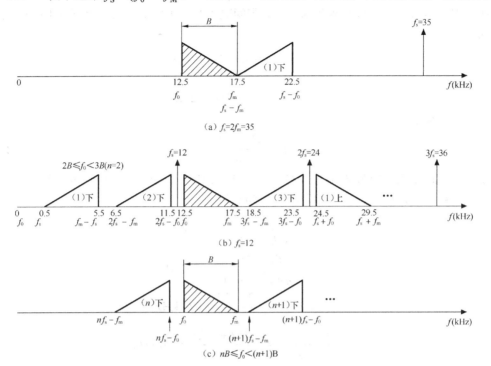

（a）$f_s = 2f_m = 35$

（b）$f_s = 12$

（c）$nB \leqslant f_0 < (n+1)B$

图 2-7　带通型信号样值序列的频谱

（2）二次下边带 $2f_S - (f_0 \sim f_M) = 6.5\,\text{kHz} \sim 11.5\,\text{kHz}$

原始信号频带（12.5kHz～17.5kHz）的高频侧是三次下边带（18.5 kHz ～ 23.5 kHz）以及一次上边带（24.5 kHz～29.5 kHz）。

由此可见，采用 f_S(12 kHz)$<2f_M$(35 kHz)也能有效避免折叠噪声的产生。

从图 2-7（b）中分析的结果，可归纳如下两点结论。

① 与原始信号频带（$f_0 \sim f_M$）可能重叠的频带都是下边带。

② 当 $nB \leqslant f_0 \leqslant (n+1)B$ 时，在原始信号频带（$f_0 \sim f_M$）的低频侧，可能重叠的频带是 n 次下边带，例如图 2-7（b）的二次下边带；在高频侧可能重叠的频带为（$n+1$）次下边带，例如图 2-7（b）的三次下边带。图 2-7（c）是一般情况，从图 2-7（c）可知，为了不发生频带重叠，抽样频率 f_S 应满足下列条件。

条件 1：$nf_S - f_0 \leqslant f_0$，即 $f_{S\text{上限}} \leqslant \dfrac{2f_0}{n}$

条件 2：$(n+1)f_S - f_M \geqslant f_M$，即 $f_{S\text{下限}} \geqslant \dfrac{2f_M}{n+1}$

故

$$\frac{2f_M}{n+1} \leqslant f_S \leqslant \frac{2f_0}{n} \qquad (2\text{-}10)$$

式中，n 为 $\dfrac{f_0}{B}$ 的整数部分，用 $\left(\dfrac{f_0}{B}\right)_{\mathrm{I}}$ 表示，则

$$n = \left(\frac{f_0}{B}\right)_I \qquad (2\text{-}11)$$

如要求原始信号频带与其两侧相邻的频带间隔相等，由图2-7（c）及式2-10可求出f_S。边带间隔

$$f_0 - (nf_S - f_0) = [(n+1)f_S - f_M] - f_M$$

所以

$$2f_0 - nf_S = (n+1)f_S - 2f_M$$

由此便可得出

$$f_S = \frac{2(f_0 + f_M)}{2n+1} \qquad (2\text{-}12)$$

例2-2 试求载波60路群信号（312 kHz～552 kHz）的抽样频率应为多少？

解 $B = f_M - f_0 = 552\,\text{kHz} - 312\,\text{kHz} = 240\,\text{kHz}$

$$n = \left(\frac{f_0}{B}\right)_I = \left(\frac{552}{312}\right)_I = 1$$

$$f_{S下限} \geqslant \frac{2f_M}{n+1} = \frac{2 \times 552}{1+1} = 552\,\text{kHz}$$

$$f_{S上限} \leqslant \frac{2f_0}{n} = \frac{2 \times 312}{1} = 624\,\text{kHz}$$

$$f_S = \frac{2(f_0 + f_M)}{2n+1} = \frac{2(312 + 552)}{2+1} = 576\,\text{kHz}$$

2.3.4 与抽样有关的误差

前面所讨论的抽样定理是基于下列3个前提。

- 对语音信号带宽的限制是充分的；
- 实行抽样的开关函数是单位冲激脉冲序列，即理想抽样；
- 通过理想低通滤波器恢复原语音信号。

但是，实际上上述3个条件一般是不能完全满足的，下边对某一前提条件不能满足时所产生的误差进行一些简单分析。

1. 抽样的折叠噪声

抽样定理指出，抽样序列无失真恢复原信号的条件是$f_S \geqslant 2f_M$。为了满足抽样定理，对语音信号抽样时先将语音信号的频谱限制在f_M以内。为此，在抽样之前，先设置一个前置低通滤波器将输入信号的频带限制在3 400 Hz以下，然后再进行抽样。如果前置低通滤波器性能不良，或抽样频率不能满足$f_S \geqslant 2f_M$的条件，都会产生折叠噪声，如图2-8所示。

在脉冲编码调制中，为了减少折叠噪声，在对语音信号抽样时除在抽样前加一个 0～3 400 Hz 的低通滤波器作频带限制之外，通常还将抽样频率f_S取得稍大一些，使其留有一定的富余量，一般是选为8 000 Hz，以减少由于低通滤波器性能不理想而产生的折叠噪声。

2. 抽样展宽的孔径效应失真

在实际系统中不宜直接使用较宽的脉冲进行抽样，因为这时抽样脉冲宽度内样值幅度是随时间变化的，即样值的顶部不是平坦的，不能准确地选取量化标准，如图2-9（a）所示。

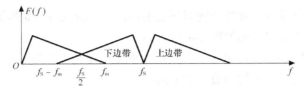

（a）样值信号的频谱

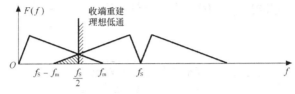

（b）接收端重建理想低通

（c）重建信号的频谱

图 2-8 抽样折叠噪声示意图

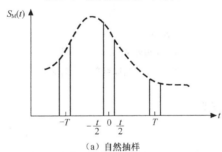

（a）自然抽样

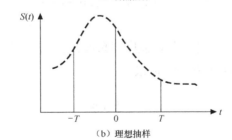

（b）理想抽样

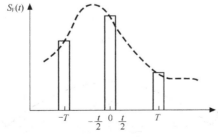

（c）抽样展宽

图 2-9 自然抽样与抽样展宽

在实际应用中通常是以窄脉冲作近似理想抽样，而后再经过展宽电路形成平顶样值序列进行量化和编码，抽样展宽序列如图 2-9（c）所示。

抽样展宽构成框图如图 2-10 所示。图中所示展宽电路是用来形成矩形脉冲的，根据傅氏变换关系可知，展宽电路的网络函数可表示为

$$Q(\omega) = \int_{-\infty}^{\infty} q(t) \mathrm{e}^{-\mathrm{j}\omega t} \mathrm{d}t = \int_{\frac{\tau}{2}}^{\frac{\tau}{2}} 1 \cdot \mathrm{e}^{-\mathrm{j}\omega t} \mathrm{d}t = \tau \frac{\sin \frac{\omega \tau}{2}}{\frac{\omega \tau}{2}} \tag{2-13}$$

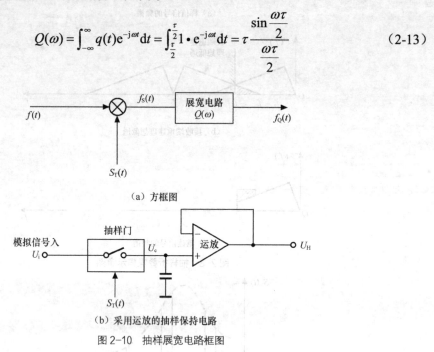

（a）方框图

（b）采用运放的抽样保持电路

图 2-10　抽样展宽电路框图

经展宽后的样值序列频谱为

$$F_{\mathrm{Q}}(\omega) = F_{\mathrm{S}}(\omega) \cdot Q(\omega) = F_{\mathrm{S}}(\omega) \cdot \tau \cdot \frac{\sin \frac{\omega \tau}{2}}{\frac{\omega \tau}{2}} \tag{2-14}$$

显然，经展宽的序列频谱 $F_{\mathrm{Q}}(\omega)$ 与样值序列频谱 $F_{\mathrm{S}}(\omega)$ 相比要产生失真，这一失真即为展宽的孔径效应失真，示意图如图 2-11 所示。

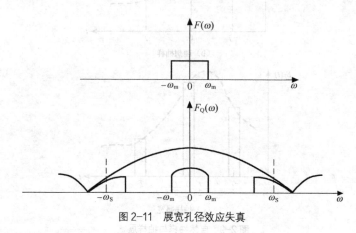

图 2-11　展宽孔径效应失真

为了解决孔径效应失真问题，在接收端恢复原信号时，应加入具有孔径均衡特性的均衡网络。其均衡网络的特性应为

$$P(\omega) = \frac{\dfrac{\omega\tau}{2}}{\sin\dfrac{\omega\tau}{2}}$$

（2-15）

2.4　量化

抽样后的信号是脉幅调制（PAM）信号，虽然在时间上是离散的，但它的幅度是连续的，仍随原信号改变，因此还是模拟信号。如果直接将这种脉幅调制信号送到信道中传输，其抗干扰性仍然很差，如果将 PAM 脉幅调制信号变换成 PCM 数字信号，将大大增加抗干扰性能。由于模拟信号的幅度是连续变化的，在一定范围内可取任意值，而用有限位数字的数字信号不可能精确地等于它。实际上并没有必要十分精确地等于它，因为信号在传送过程中必然会引入噪声，这将会掩盖信号的细微变化，而且接受信息的最终器官——耳朵（对声音而言）和眼睛（对图像而言）区分信号细微差别的能力是有限的。由于数字量既不可能也没有必要精确反映原信号的一切可能的幅度，因此将 PAM 信号转换成 PCM 信号之前，可对信号样值幅度分层，将一个范围内变化的无限个值，用不连续变化的有限个值来代替，这个过程叫"量化"。

量化的意思是将时间域上幅度连续的样值序列变换为时间域上幅度离散的样值序列信号（即量化值）。

量化分为均匀量化和非均匀量化两种，下面分别加以介绍。

2.4.1　均匀量化

语音信号的概率密度分布曲线如图 2-12 所示。

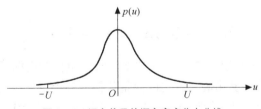

图 2-12　语音信号的概率密度分布曲线

图 2-12 中 U 为过载电压。由图可见，语音信号小信号（指绝对值小的信号）时出现的机会多，而大信号（指绝对值大的信号）时出现的机会少，而且语音信号主要分布在$-U\sim +U$ 之间。将$-U\sim +U$ 这个区域称为量化区，而将 $u < -U$ 与 $u > +U$ 范围称为过载区。

均匀量化是在量化区内（$-U\sim +U$）均匀等分 N 个小间隔。N 称为量化级数，每一小间隔称为量化间隔 Δ。由此可得

$$\Delta = \frac{2U}{N}$$

（2-16）

下面以 $N = 8$ 为例说明均匀量化特性，如图 2-13 所示。

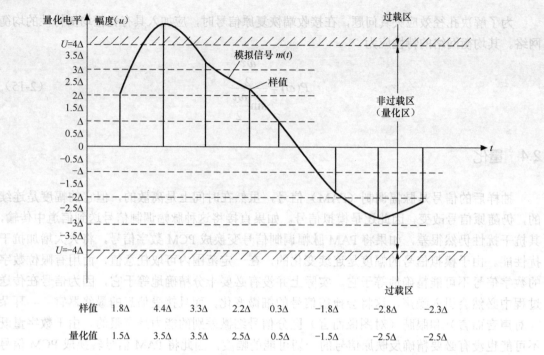

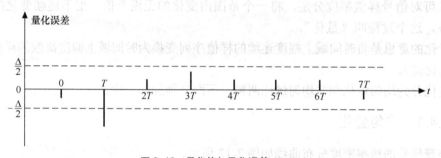

| 样值 | 1.8Δ | 4.4Δ | 3.3Δ | 2.2Δ | 0.3Δ | −1.8Δ | −2.8Δ | −2.3Δ |
| 量化值 | 1.5Δ | 3.5Δ | 3.5Δ | 2.5Δ | 0.5Δ | −1.5Δ | −2.5Δ | −2.5Δ |

图 2-13　量化值与量化误差

图 2-13 中，$U = 4\Delta$，均匀量化间隔为 Δ，则量化级数 $N = \dfrac{2U}{\Delta} = \dfrac{2 \times 4\Delta}{\Delta} = 8$ 级。这样就把连续变化电平（$-4\Delta \sim 4\Delta$）划分成 8 个量化级，每一量化级内的连续幅值都用一个离散值来近似表示，此离散值称为量化值。量化区内量化值取各个量化级电压的中间值，如表 2-1 所示。由于量化级数为 8 级，因此把 $-4\Delta \sim 4\Delta$ 中无限个连续值量化成有限个（8 个）离散值。过载时的量化值均被量化为量化区内最大的量化值（指绝对值）。

表 2-1　　　　　　　　　　　　抽样值与量化值的关系（$N = 8$）

	抽样值（连续值）	量化值	量化级数	量化值数目
量化区	±（0 ~ Δ）	±0.5Δ		
	±（Δ ~ 2Δ）	±1.5Δ		
	±（2Δ ~ 3Δ）	±2.5Δ	8	8
	±（3Δ ~ 4Δ）	±3.5Δ		
过载区	±（4Δ ~ ∞）	±3.5Δ		

可见，通过量化可以将 PAM 信号在幅度上离散化，即将无限多个取值变为有限个幅度值，量化值的数目等于量化级数 N（量化后对 N 个量化值要用二进制编码，编码的码位数为 l，显然 $N = 2^l$）。

由于量化值（离散值）一般与样值（连续值）不相等，因而产生误差，此误差是由量化而产生的，所以叫量化误差 $e(t)$。

$$量化误差 e(t) = 量化值 - 样值 = u_q(t) - u(t)$$

由于样值是随时间随机变化的，所以量化误差值也是随时间变化的。图 2-14 表示均匀量化特性与量化误差特性。

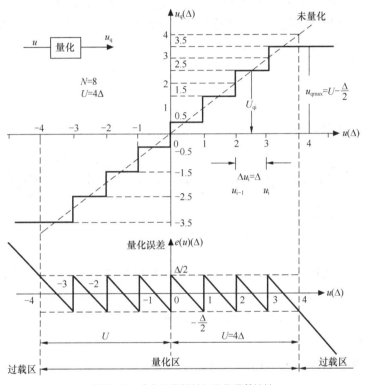

图 2-14　均匀量化特性与量化误差特性

由此可见，对于均匀量化，量化器的输出 $u_q(t)$（量化值）与量化器输入 $u(t)$（样值）之间的特性是一个均匀的阶梯关系。另外，在量化区，其最大量化误差（指绝对值）不超过半个量化间隔 $\frac{\Delta}{2}$，但在过载区，量化误差将超过 $\frac{\Delta}{2}$。即

$$e_{max}(t) \leqslant \frac{\Delta}{2} \quad （量化区）$$

$$e_{max}(t) > \frac{\Delta}{2} \quad （过载区）$$

有量化误差就好比有一个噪声叠加在原来的信号上起干扰作用，这种噪声称为量化噪声。衡量量化噪声对信号影响的指标是量化信噪比，其定义为 $S/N_q = $ 语音信号平均功率/量化噪声功率（详情后述）。

均匀量化的特点是：在量化区内，大、小信号的量化间隔相同，最大量化误差也就相同，所以小信号的量化信噪比小，大信号的量化信噪比大。在 N（或 l）大小适当时，均匀量化小信号的量化信噪比太小，不满足要求，而大信号的量化信噪比较大，远远满足要求（数字通信系统中要求量化信噪比 $\geqslant 26\text{dB}$）。为了解决这个问题，若仍采用均匀量化，需增大 N（或 l），但 l 过大时，一是使编码复杂，二是使信道利用率下降，所以引出了非均匀量化。

2.4.2 非均匀量化

非均匀量化的宗旨是：在不增大量化级数 N 的前提下，利用降低大信号的量化信噪比来提高小信号的量化信噪比（大信号的量化信噪比远远满足要求，即使下降一点也没关系）。为了达到这一目的，非均匀量化大、小信号的量化间隔不同。信号幅度小时，量化间隔小，其量化误差也小；信号幅度大时，量化间隔大，其量化误差也大。

实现非均匀量化的方法有两种：模拟压扩法和直接非均匀编解码法。

1. 模拟压扩法

模拟压扩法方框图如图 2-15 所示。

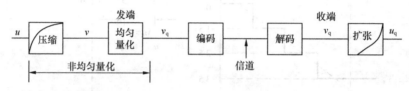

图 2-15 模拟压扩法方框图

在发端，抽样后的样值信号（u）首先经过压缩器处理后（压缩器对小信号放大，大信号压缩）变为 v，再对 v 进行均匀量化成 v_q，然后编码。收端解码后恢复为编码之前的 v_q，为了进行还原，将 v_q 送入扩张器，扩张特性与压缩特性正好相反（扩张器对小信号压缩，大信号放大），扩张器的输出为 u_q。

压缩器和扩张器特性如图 2-16 所示（以 5 折线为例）。

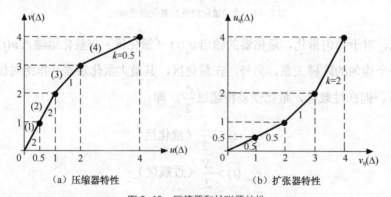

(a) 压缩器特性　　　　　　　(b) 扩张器特性

图 2-16 压缩器和扩张器特性

由图可见，压缩器特性是小信号时斜率大于 1，大信号时斜率小于 1，即压缩器对小信号放大，对大信号压缩。把经过压缩器处理后的信号再进行均匀量化，其最后的等效结果就是对原信号的非均匀量化。

扩张器特性是小信号时斜率小于 1，大信号时斜率大于 1，即扩张器对小信号压缩，对大信号放大，与压缩器的作用相互抵消。

这里有两个问题需要说明如下。

● 上述为了分析问题方便，压缩特性采用 5 折线（正、负合起来有 5 段折线）。实际压缩特性常采用 μ 律压缩特性、A 律压缩特性及 A 律 13 折线等。

● 对压缩特性的要求是：当输入 $u = 0$ 时，输出 $v = 0$；当输入 $u = U$（过载电压）时，输出 $v = U$。而且要求扩张特性要严格地与压缩特性相反，以使压缩——扩张的总传输系数为 1，否则会产生失真。但这在实际中很难做到，所以模拟压扩法已不采用。

应当指出，虽然已不采用模拟压扩法，但它还是比较重要的。原因有两条：一是分析量化信噪比时是借助于压缩特性的；二是下面要介绍的直接非均匀编解码法是在模拟压扩法的基础上发展而来的。

2. 直接非均匀编解码法

实现非均匀量化的方法，目前一般采用直接非均匀编解码法。所谓直接非均匀编解码法就是：发端根据非均匀量化间隔的划分直接将样值编码（非均匀编码），在编码的过程中相当于实现了非均匀量化，收端进行非均匀解码。

举例说明如下：5 折线压缩特性横坐标量化间隔的划分及编码安排如表 2-2 所示。

表 2-2　　　　　　　　　　5 折线压缩特性量化间隔的划分及编码安排

	量化间隔（Δ）	折叠二进码（$l = 3$）
	2～4	1 1 1
正	1～2	1 1 0
	0.5～1	1 0 1
	0～0.5	1 0 0
	0～−0.5	0 0 0
负	−0.5～−1	0 0 1
	−1～−2	0 1 0
	−2～−4	0 1 1

假如一个样值为 1.7Δ，通过判断它在 $1～2\Delta$ 范围内，可直接编出相应的码字为 1 1 0（一个样值编 l 位码，l 位码的组合称为一个码字）。

有关直接非均匀编解码法的详细内容后述。

以上介绍了均匀量化与非均匀量化，尽管非均匀量化与均匀量化相比，小信号的量化信噪比得到改善，但两者的量化噪声是不可避免的。量化信噪比的分析计算是数字通信系统中的一个重要问题，下面就加以讨论。

2.4.3　量化信噪比

量化信噪比的定义式为

$$(S/N_q)_{dB} = 10 \lg \frac{S}{N_q} (dB) \tag{2-17}$$

式中，S 为语音信号平均功率；N_q 为总量化噪声功率。

$$N_q = \sigma^2 + \sigma'^2 \tag{2-18}$$

σ^2 为量化区内的量化噪声功率；σ'^2 为过载区内的量化噪声功率。

式（2-17）是量化信噪比的通用定义式，既适合于均匀量化，也适合于非均匀量化。

1. 均匀量化信噪比

利用概率理论等知识可求出语音信号平均功率 S，未过载时量化噪声功率 σ^2 和过载时量化噪声功率 σ'^2，代入式（2-17），可推导出以下结论（令 $x_e = \dfrac{u_e}{U}$，为语音信号电压有效值（均方根值））。

（1）当 $x_e \leqslant \dfrac{1}{10}$ 时，$\sigma'^2 \approx 0$（推导过程从略），此时 $N_q \approx \sigma^2$，则有

$$
\begin{aligned}
(S/N_q)_{均匀} &\approx 20\lg\sqrt{3}N + 20\lg x_e \\
&= 20\lg\sqrt{3} \cdot 2^l + 20\lg x_e \\
&= 20\lg x_e + 6l + 4.8
\end{aligned} \tag{2-19}
$$

（2）当 $x_e > \dfrac{1}{10}$ 时，$\sigma^2 \approx 0$，此时 $N_q \approx \sigma'^2$，则有

$$(S/N_q)_{均匀} \approx \frac{6.14}{x_e} \tag{2-20}$$

根据式（2-19）和式（2-20）可定性地画出均匀量化信噪比曲线，如图 2-17 所示。

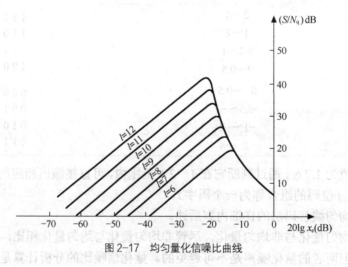

图 2-17　均匀量化信噪比曲线

可以看出，当 $x_e \leqslant \dfrac{1}{10}$（$20\lg x_e \leqslant -20\,\mathrm{dB}$）时，$(S/N_q)_{均匀}$ 与 N（或 l）成正比，与信号大小成正比；当 $x_e > \dfrac{1}{10}$（$20\lg x_e > -20\,\mathrm{dB}$）时，$(S/N_q)_{均匀}$ 与 N（或 l）无关，与信号大小成反比。

根据电话传输标准的要求，长途通信经过 3～4 次音频转接后仍应有较好的语音质量。同

时根据语音信号统计结果，对通信系统提出如下要求：在信号动态范围≥40dB 的条件下，量化信噪比应不低于 26dB。按照这一要求，利用式（2-19）计算得到

$$-40 + 6l + 4.8 \geqslant 26$$
$$l \geqslant 10.2$$

取 $l \geqslant 11$。

为了保证量化信噪比的要求，编码位数 $l \geqslant 11$。这么多的码位数，不仅设备复杂，而且使比特速率过高，以致降低信道利用率。但如果减少码位数又会降低 $(S/N_q)_{均匀}$。在此进一步看出，为了解决这一矛盾，需采用非均匀量化方法。

例 2-3　画出 $l=8$ 时的 $(S/N_q)_{均匀}$ 曲线（忽略过载区量化噪声功率）。

解

$$l = 8, N = 256$$
$$(S/N_q)_{均匀} = 20\lg\sqrt{3} \times N + 20\lg x_e$$
$$= 20\lg\sqrt{3} \times 256 + 20\lg x_e = 53 + 20\lg x_e$$

$(S/N_q)_{均匀}$ 曲线如图 2-18 所示。

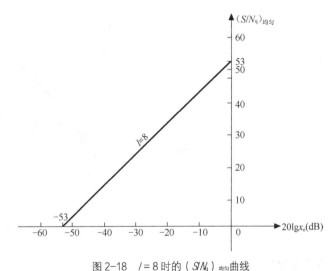

图 2-18　$l=8$ 时的 $(S/N_q)_{均匀}$ 曲线

2. 非均匀量化信噪比

这里重点分析 A 律压缩特性的 $(S/N_q)_{非均匀}$，而且为分析简化起见，忽略过载时的量化噪声功率 σ'^2（信号很少出现过载情况），认为 $N_q \approx \sigma^2$，下面首先介绍 A 律压缩特性。

（1）A 律压缩特性

为了分析方便，现将压缩特性的横坐标 u 和纵坐标 v 都以过载电压 U 为单位作归一化处理，即令

$$x = \frac{u}{U}; \quad y = \frac{v}{U}$$

当 $u = \pm U, v = \pm U$ 时，　$x = \pm 1, y = \pm 1$

非均匀量化信噪比 $(S/N_q)_{均匀}$ 的推导过程是与压缩特性的方程式有关的。使 $(S/N_q)_{非均匀}$ ＝ 常数，其压缩特性称为理想压缩特性，方程式为

$$y = 1 + k \ln x \tag{2-21}$$

如图 2-19 所示。

这种压缩特性不满足 $x = 0$ 时，$y = 0$ 的条件，即压缩特性曲线没有通过原点，不符合对压缩特性的要求，因此需要对它作一定修改。

为了修改理想压缩特性不通过原点的缺陷，从原点对理想压缩特性作一切线，切点为 a，切点的横坐标 $x_1 = \dfrac{1}{A}$（A 是一个常数）。oa 直线＋ab 曲线称为 A 律压缩特性，如图 2-20 所示。

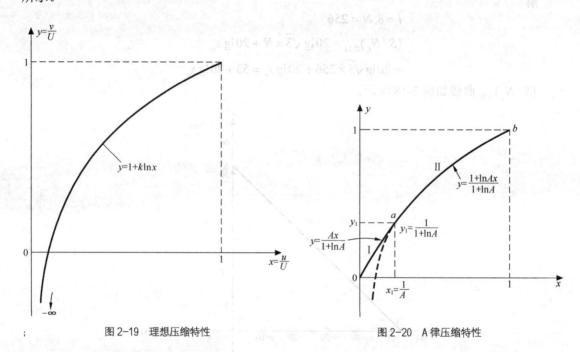

图 2-19 理想压缩特性　　　　　　图 2-20 A 律压缩特性

其中，直线 oa 段的方程为

$$y = \frac{Ax}{1 + \ln A}, \quad 0 \leqslant x \leqslant \frac{1}{A} \tag{2-22}$$

其斜率

$$\frac{\mathrm{d}y}{\mathrm{d}x} = \frac{A}{1 + \ln A} \tag{2-23}$$

曲线 ab 段的方程为

$$y = \frac{1 + \ln(Ax)}{1 + \ln A}, \quad \frac{1}{A} < x \leqslant 1 \tag{2-24}$$

其斜率为

$$\frac{\mathrm{d}y}{\mathrm{d}x} = \frac{1}{1 + \ln A} \cdot \frac{1}{x} \tag{2-25}$$

曲线 ab 与直线 oa 的交界点为 a，其坐标为

$$x_1 = \frac{1}{A}, y_1 = \frac{1}{1 + \ln A}$$

其中 A 是一个重要的参量，A 取值不同，A 律压缩特性曲线的形状则有所不同，图 2-21 给出几种 A 的取值时 A 律压缩特性曲线。

由图 2-21 可见，$A=1$ 时，由于 $y = x$，$\frac{dy}{dx} = 1$，属均匀量化；当 $A > 1$ 时，属非均匀量化。

在小信号区域（$0 \leqslant x \leqslant \frac{1}{A}$），$A$ 愈大，则斜率愈大，Q 愈大；

在大信号区域（$\frac{1}{A} < x \leqslant 1$），$A$ 越大，则斜率愈小，Q 愈小。

一般取 A = 87.6（原因后述）。

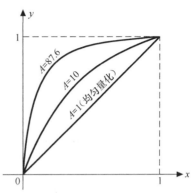

图 2-21 A 律压缩特性与 A 值的关系

（2）A 律压缩特性的非均匀量化信噪比

根据推导得出 A 律压缩特性的非均匀量化信噪比为

$$(S/N_q)_{非均匀} = 20\lg\sqrt{3}N + 20\lg x + 20\lg\frac{dy}{dx} \tag{2-26}$$

其中

$$(S/N_q)_{均匀} = 20\lg\sqrt{3}N + 20\lg x \quad (x = x_e)$$

令 $Q = 20\lg\frac{dy}{dx}$ 为信噪比改善量，式（2-26）可写成

$$(S/N_q)_{非均匀} = (S/N_q)_{均匀} + Q \tag{2-27}$$

需要说明的是，式（2-27）不只适用于 A 律压缩特性，它是一个通用的式子，只不过当压缩特性不同，Q 值有所不同罢了。

现求 A 律压缩特性两段的 Q 值。

oa 段：

$$Q = 20\lg\frac{dy}{dx} = 20\lg\frac{A}{1 + \ln A}, \quad 0 \leqslant x \leqslant \frac{1}{A} \tag{2-28}$$

ab 段：

$$Q = 20\lg\frac{dy}{dx} = 20\lg\frac{1}{1 + \ln A} - 20\lg x, \quad \frac{1}{A} < x \leqslant 1 \tag{2-29}$$

将式（2-28）、式（2-29）分别代入式（2-26），得出 A 律压缩特性的非均匀量化信噪比。

oa 段：

$$(S/N_q)_{非均匀} = 20\lg\sqrt{3}N + 20\lg x + 20\lg\frac{A}{1 + \ln A}, \quad 0 \leqslant x \leqslant \frac{1}{A} \tag{2-30}$$

ab 段：

$$(S/N_{\mathrm{q}})_{\text{非均匀}} = 20\lg\sqrt{3}N + 20\lg\frac{1}{1+\ln A}, \quad \frac{1}{A} < x \leq 1 \tag{2-31}$$

设 $l = 8, A = 87.6$，可画出 A 律压缩特性的非均匀量化信噪比如图 2-22 所示。

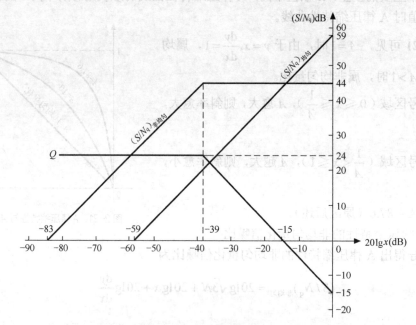

图 2-22　$l = 8, A = 87.6$ 时 A 律压缩特性的非均匀量化信噪比

由图 2-22 可如，小信号时，即 $20\lg x \leq -15\,\mathrm{dB}$，由于信噪比改善量 $Q > 0$，所以 $(S/N_{\mathrm{q}})_{\text{非均匀}} > (S/N_{\mathrm{q}})_{\text{均匀}}$；大信号时，即 $20\lg x > -15\,\mathrm{dB}$，由于信噪比改善量 $Q < 0$，所以 $(S/N_{\mathrm{q}})_{\text{非均匀}} < (S/N_{\mathrm{q}})_{\text{均匀}}$。

由此可以看出，非均匀量化是利用降低大信号的量化信噪比来提高小信号的量化信噪比，以做到在不增大量化级数 N 的条件下，使信号在较宽动态范围内的量化信噪比达到指标要求。

（3）A 律 13 折线压缩特性及量化信噪比

为了便于编码，便于数字化实现，希望非均匀量化间隔的划分严格地成 2 的倍数关系（像 5 折线压缩特性那样）。而 A 律压缩特性基本上是一条平滑变化的曲线，由此决定的横坐标量化间隔的划分不可能严格地成 2 的倍数关系，所以，用若干段折线去逼近 A 律压缩特性，由此得出了 A 律 13 折线。

具体的方法是：对 x 轴在 $0\sim1$（归一化值）范围内以递减规律分成 8 个不均匀段，其分段点是 $\dfrac{1}{2}, \dfrac{1}{4}, \dfrac{1}{8}, \dfrac{1}{16}, \dfrac{1}{32}, \dfrac{1}{64}$ 和 $\dfrac{1}{128}$。对 y 轴在 $0\sim1$（归一化值）范围内以均匀分段方式分成 8 个均匀段落，它们的分段点是 $\dfrac{7}{8}, \dfrac{6}{8}, \dfrac{5}{8}, \dfrac{4}{8}, \dfrac{3}{8}, \dfrac{2}{8}$ 和 $\dfrac{1}{8}$。将 x 轴和 y 轴相对应的分段线在 $x-y$ 平面上的相交点连线就是各段的折线，即将 $x=1, y=1$ 连线的交点同 $x=\dfrac{1}{2}, y=\dfrac{7}{8}$ 连线的交点相

连接的折线，就称做第 8 段的折线。这样信号从大到小由 8 个直线段连成的折线分别称做第 8 段、第 7 段……第 1 段。图 2-23 就是 A 律 13 折线压缩特性。

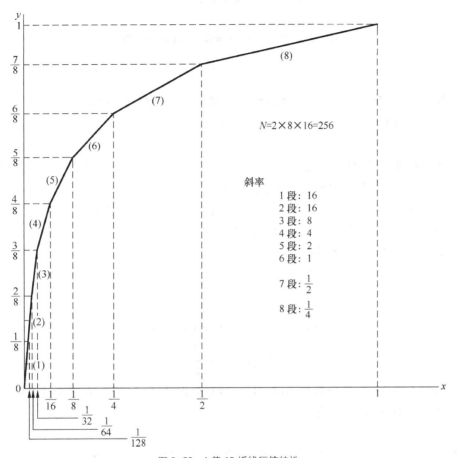

$N=2\times8\times16=256$

斜率

1 段：16
2 段：16
3 段：8
4 段：4
5 段：2
6 段：1
7 段：$\dfrac{1}{2}$
8 段：$\dfrac{1}{4}$

图 2-23　A 律 13 折线压缩特性

经过计算得出 A 律 13 折线压缩特性各段折线的斜率及信噪比改善量，如表 2-3 所示。

表 2-3　　　　　　　A 律 13 折线压缩特性各段折线的斜率及信噪比改善量

段号	1	2	3	4	5	6	7	8
斜率	16	16	8	4	2	1	1/2	1/4
Q（dB）	24	24	18	12	6	0	−6	−12

由表中可见，第 1 段、第 2 段（属小信号）的斜率相同，且它们与 $A=87.6$ 的 A 律压缩特性小信号时（oa 段）的斜率相同，即

$$\left(\frac{\mathrm{d}y}{\mathrm{d}x}\right)_A=\frac{A}{1+\ln A}=\frac{87.6}{1+\ln 87.6}=16$$

由此得出 $A=87.6$，这就是 A 取 87.6 的原因。

上述情况表明，以 $A = 87.6$ 代入 A 律压缩特性的直线段（oa 段）与 13 折线压缩特性第 1、2 段折线的斜率相等，对其他各段近似情况，可用 $A = 87.6$ 代入上式计算 y 与 x 的对应关系，并与按 A 律 13 折线关系计算之值对比列于表 2-4 中。

表 2-4　　　　　　　　A 律压缩特性、A 律 13 折线 y 与 x 的对应关系

x ＼ y	1/8	2/8	3/8	4/8	5/8	6/8	7/8	1
按 A 律求 x	1/128	1/60.6	1/30.6	1/15.4	1/7.8	1/3.4	1/2	1
按折线求 x	1/128	1/64	1/32	1/16	1/8	1/4	1/2	1

以上在分析各种压缩特性曲线及相应公式时，只考虑的正值。其实语音信号是双极性的信号，对于 A 律 13 折线在 $-1 \sim 0$ 范围内也同样可分成 8 段，且靠近零点的两段（负的 1、2 段）的斜率也都等于 16。这样靠近零点的正、负四段就可连成一条直线，因此在 $x = -1 \sim 1$ 范围内形成总数为 13 段直线的折线（简称 13 折线）。

对于 A 律 13 折线，量化信噪比可按下式计算

$$(S/N_q)_{(13)} = (S/N_q)_{均匀} + [Q]_{(13)} \tag{2-32}$$

其中

$$(S/N_q)_{均匀} = 20\lg\sqrt{3}N + 20\lg x$$

$$[Q]_{(13)} = 20\lg\frac{dy}{dx}$$

各段斜率不同信噪比改善量也不同。经计算可得出 A 律 13 折线压缩特性各量化段范围及信噪比改善量 Q 如表 2-5 所示。

表 2-5　　　　　　　　A 律 13 折线压缩特性各量化段范围及信噪比改善量 Q

量化段	x	$20\lg x$(dB)	Q(dB)
1	$0 \sim 1/128$	$-\infty \sim -42$	24
2	$1/128 \sim 1/64$	$-42 \sim -36$	24
3	$1/64 \sim 1/32$	$-36 \sim -30$	18
4	$1/32 \sim 1/16$	$-30 \sim -24$	12
5	$1/16 \sim 1/8$	$-24 \sim -18$	6
6	$1/8 \sim 1/4$	$-18 \sim -12$	0
7	$1/4 \sim 1/2$	$-12 \sim -6$	-6
8	$1/2 \sim 1$	$-6 \sim 0$	-12

由此可画出 A 律 13 折线量化信噪比，如图 2-24 所示。

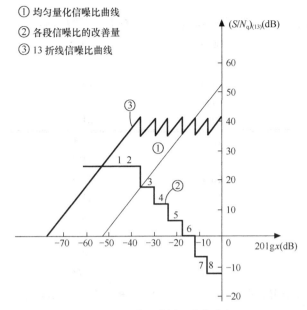

① 均匀量化信噪比曲线
② 各段信噪比的改善量
③ 13 折线信噪比曲线

图 2-24 A 律 13 折线量化信噪比

2.5 编码与解码

2.5.1 二进制码组及编码的基本概念

1. 二进制码组

由二进制数字码的定义可知，每一位二进制数字码只能表示两种状态之一，以数字表示就是 1 或 0。两位二进制数字码则可有四种组合：00、01、10、11。其中每一种组合叫作一个码组，这四个码组可表示四个不同的数值。码组中码位数越多，可能的组合数也就越多，二进制码组的码位数和所能表示的数值个数 N 的关系可表示为

$$N = 2^l$$

目前常见的二进制码组有以下 3 种。

- 一般二进码
- 格雷二进码
- 折叠二进码

表 2-6 是以四位码构成的码组为例，说明各种码组与所表示的数值的对应关系。

表 2-6		四位码构成的码组（$N=16$）		
电平序号	电平极性	一般二进码 $a_1 a_2 a_3 a_4$	格雷二进码 $b_1 b_2 b_3 b_4$	折叠二进码 $c_1 c_2 c_3 c_4$
0		0000	0000	0111
1	负	0001	0001	0110
2		0010	0011	0101

电平序号	电平极性	一般二进码 $a_1a_2a_3a_4$	格雷二进码 $b_1b_2b_3b_4$	折叠二进码 $c_1c_2c_3c_4$
3		0011	0010	0100
4		0100	0110	0011
5	负	0101	0111	0010
6		0110	0101	0001
7		0111	0100	0000
8		1000	1100	1000
9		1001	1101	1001
10		1010	1111	1010
11	正	1011	1110	1011
12		1100	1010	1100
13		1101	1011	1101
14		1110	1001	1110
15		1111	1000	1111

注：对于双极性的语音信号来说，第 1 位码为极性码，极性码 = 1 表示幅值为正；极性码 = 0 表示幅值为负。余下几位码为幅度码。

（1）一般二进码（简称二进码）

在一般二进码中，各位码（幅度码）有一固定的权值。设 l 位的码字为 $a_1, a_2, \ldots a_l$，其权值依次是 $2^{l-1}, 2^{l-2}, \ldots 2^0$。一个码字与其所表示数值的对应关系是

$$A = a_1 2^{l-1} + a_2 2^{l-2} + \ldots + a_l 2^0 \tag{2-33}$$

一般二进码简单易记，但对于双极性的信号来讲，不如折叠二进码方便。

（2）折叠二进码

折叠二进码的第 1 位极性码 b_1 仍与一般二进码相同，同时幅值为正的幅度码也与一般二进码相同。所不同的只是幅值为负的幅度码，它是由幅值为正的幅度码（上半部）对折而成，由此得名为折叠二进码。在折叠二进码中，只要样值的绝对值相同，则其幅度码也相同。用它来表示双极性的量化电平是很方便的，可以简化编码设备。另外，从统计的观点看，折叠二进码的抗误码性比一般二进码强。

对一般二进码来说，不论是哪一量化级的码字，当发生极性码误码时，将要产生 $N/2$ 个量化级的电平差。例如：表 2-6 中 {1000} 码字误为 {0000} 码字时，电平序号 8 误为电平序号 0；{1001} 码字误为 {0001} 码字时，电平序号 9 误为电平序号 1。

但折叠二进码的极性码误码所造成的电平误差是与信号电平的大小有关。由表 2-6 可知，其最大电平误差是发生在 {1111} 码字误为 {0111} 码字（或相反情况），其误差为（$N-1$）个量化级。但最小电平误差却为 1 个量化级（从 1000 码字误为 0000 码字，或相反）。但从语音信号的概率密度分布来看，小信号出现的机会较多，因此从统计观点来看，折叠二进码具有抗误码性能强的特点。

（3）格雷二进码

格雷二进码的特点是：任一量化级过渡到相邻的量化级时，码字中只有一位码发生变化。例如，从电平序号 7 过渡到电平序号 6 时，码字从 0100 码变为 0101 码。通常将两组码字的对应位的码元互不相同的总数称为码距。格雷二进码的相邻电平码字的码距总是为 1，而其

他码型就不具有这一特点。另外，格雷二进码除极性码外，具有幅值绝对值相同，且幅度码也相同的特点。格雷二进码又称反射二进码。

格雷二进码 c_i 与一般二进码 a_i 的变换关系是：

$$c_1 = a_1 \qquad （极性码相同）$$
$$c_i = a_{i-1} \oplus a_i \qquad （幅度码不同）$$

式中，$\oplus$ 是模二加符号。

格雷二进码也具有折叠二进码的优点，但在电路实现上较折叠二进码要复杂一些。因此，当前在 PCM 系统中广泛采用折叠二进码。

2．编码的基本概念

（1）编码的概念

编码是把模拟信号样值变换成对应的二进制码组（实际的编码器都是直接对样值编码，在编码的过程中相当于实现了量化）。

从概念上讲，编码过程可以用天平称某一物体重量的过程类比。当用天平称物体重量时，一边放被测物体，另一边放砝码，如图 2-25 所示。

假如天平有三个标准砝码——4g、2g、1g，它所能称的最大重量为 7g，即被测物体的重量范围是 0～7g。测量的方法是：先将被测物体放于天平左侧，在右侧最先放置的砝码应是接近可称总重量一半的一个砝码，即 4g 的砝码。判定被测物体比砝码重还是轻，如果物体比砝码重，则就要将砝码保留；如果物体比砝码轻，就要去掉砝码。然后再用重量为前一个砝码重

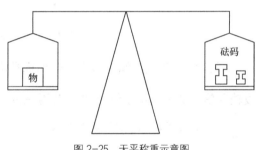

图 2-25 天平称重示意图

量一半的砝码重复上述过程，这样依次测定即可测得物体重量。例如，被测物体重量为 5.2g，先放 4g 砝码，应保留；再放 2g 砝码，应去掉；最后放 1g 砝码。这样依次测定，其结果是：4g（保留）＋2g（去掉）＋1g（保留）＝5g。如果用二进制数字信号 1、0 分别表示砝码的"留"、"去"，则对应的码组就是 101。如以样值幅度对应为被测物体，则用类比于天平称重的过程就可构成电信号的编码器。

从上述过程还可以看出，编码的过程自然完成了量化。在上述的例子中。5.2g 的物体重量量化后用 5g 表示，量化误差为 0.2g。

（2）编码的分类

① 线性编码——具有均匀量化特性的编码，即根据均匀量化间隔的划分直接对样值编码。

② 非线性编码——具有非均匀量化特性的编码，即根据非均匀量化间隔的划分直接对样值编码。

PCM 一般采用非线性编码与解码。后面将重点介绍非线性编码与解码，在此之前先简单讨论几种线性编码与解码方法。

2.5.2 线性编码与解码

线性编码的特点是码组中各码位的权值是定数，它不随输入信号幅度的变化而变化。实现线性编码与解码的方法很多，如级联逐次比较型编码、反馈型编码、加权求和解码等，这里简单介绍其编码或解码电路及其工作原理。

1. 级联逐次比较型编码器

级联逐次比较型编码器就是参照前述的天平称重的原理构成的，编码电路构成框图如图 2-26 所示。

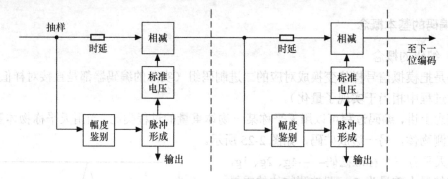

图 2-26 级联逐次比较编码器原理框图

图 2-26 中各级的幅度鉴别阈值和标准电压分别等于输入信号最大幅度值的 $\frac{1}{2}, \frac{1}{4}, \frac{1}{8}$ ……。设输入信号的最大幅度值为 7V，若用三位码编码，则各级的幅度鉴别阈值和标准电压分别为 $\frac{7}{2}, \frac{7}{4}, \frac{7}{8}$，即 3.5V、1.75V 和 0.875V。

编码器的工作过程如下：假定输入样值幅度是 4.8V，4.8V 的样值信号送入第一级编码电路的时延电路和幅度鉴别电路，因为信号幅度超过 3.5V 的鉴别阈值，所以第一级"脉冲形成"电路输出逻辑"1"，并控制"标准电压"产生一个 3.5V 的脉冲电压。经过延时的 4.8V 样值与 3.5V 的标准电压相减（时延时间刚好等于幅度鉴别和脉冲形成电路的时延），其差值为 1.3V。相减输出的 1.3V 再送入第二级编码电路，由于 1.3V 小于第二级编码的判决阈值，则第二级"脉冲形成"电路输出逻辑"0"。这时，第二级编码的"标准电压"输出是 0V。所以，相减输出的就是 1.3V。这样，又将 1.3V 信号送入第三级编码。按照上述过程，第三位编码输出逻辑"1"。最后把这三位并行码经并/串变换，则编码输出为 101。这样，就完成了一个样值的编码。

2. 反馈型线性编码器

目前比较有实用价值的是采用数字电路方式实现的反馈型编码器。反馈型线性编码器原理框图如图 2-27 所示。它主要由比较器和本地解码器两部分组成。本地解码器对输出的编码信号逐位解码，其解码输出与输入样值进行比较，比较一次有一位编码输出，直至使输入样值与所有码位的解码加权总和值之差变得很小，或接近于零，一个样值的编码才算完成。在下一个样值输入时，再以同样的过程进行编码。

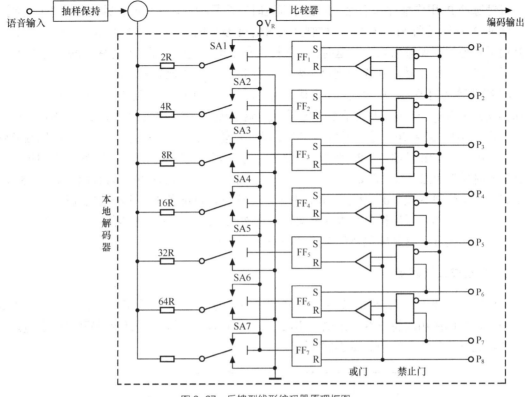

图 2-27　反馈型线形编码器原理框图

　　下面以图 2-27 所示 7 位反馈型线性编码器为例来说明其工作原理。抽样保持电路在一个样值编码的时间内保持抽样的瞬时幅度不变。由禁止门、或门、触发器、控制开关及解码网络组成的本地解码器，完成对输出编码的本地解码，以提供进行比较的基准电压。比较器使输入样值幅度与本地解码输出的基准电压进行比较，如前者大于后者，就输出"1"码；反之，则输出"0"码。

　　图 2-28 所示是输入样值幅度为 93 时的编码过程波形。

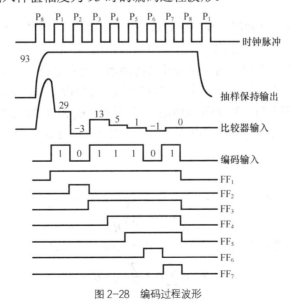

图 2-28　编码过程波形

　　时钟脉冲 P_8 用作抽样和清除，P_8 脉冲到达时对信号抽样，并使所有触发器置"0"状态。时钟脉冲 P_1 使触发器 FF_1 置"1"，控制开关 SA_1 使参考电压 V_R 加于电阻 R，电阻 R 的设计刚好使得本地解码器输出为 64。这时，输入样值与本地解码输出的 64 之差为 29，这 29 作为比较器的输入。比较器以 0 作为判决门限值，由于 29>0，则比较器输出一个"1"码。这一个"1"码使禁止门关闭，从而使得 FF_1 保持置"1"。当时钟脉冲 P_2 到达时，又使 FF_2 置"1"，从而驱动开关 SA_2 使电阻 $2R$ 接于参考电压 V_R，这就使本地解码输出增加 32，使本地解码器的总输出为 $64+32=96$。输入样值与这时的解码器输入相减为-3，由于-3<0，则比较器输出一个"0"码。当时钟脉冲 P_3 到达时再使 FF_2 置"0"，并使 FF_3 置"1"。重复上述过程，一直到时钟脉冲 P_7 到达，完成 7 个码位的编码，编码输出为 1011101。时钟脉冲 P_8 到达时，使所有触发器恢复为置"0"状态，并抽取下一个样值，以准备下一个样值的编码。

　　反馈型编码器是采用样值与本地解码输出逐次比较的方法进行编码的，每一比特比较一次并编出一个码元，这种编码器的编码过程是逐次逼近的。

3．加权求和解码网络

　　解码网络的作用是把 PCM 数字码组转换成相应的电压或电流幅度。前述反馈型线性编码器中本地解码所用的解码网络是电流相加型解码网络，它是加权求和解码网络的变型。加权求和解码网络的电路结构如图 2-29 所示。

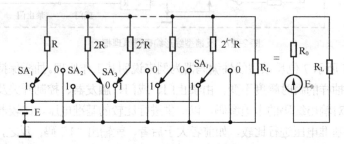

图 2-29　加权求和解码网络

　　图中所示是将 i 位二进制码组变换成对应的电压值的解码网络。变换的过程是：每一位码控制一个开关，当相应的码位 i 为二进制"1"时，则对应的开关 SA_i 就倒向标准电源 E；反之，若码位为二进制"0"时，则对应的开关就接地。因为这是一个线性电阻网络，故可用叠加定理来分析。为了分析简单，通常采用等效电路的分析方法。如图 2-29 右侧所示等效电路，其 E_0 为等效电源电势，R_0 为等效内阻。下面讨论 E_0 和 R_0 的具体求法。首先设任意第 i 位码 $a_i=1$，则对应开关 SA_i 接标准电压 E，其它的开关均接地。这时，输出的等效电源电势为

$$E_{0i} = \frac{\dfrac{1}{2^{i-1}R}}{\dfrac{1}{2^0R}+\dfrac{1}{2^1R}+\cdots+\dfrac{1}{2^{l-1}R}} \cdot E = \frac{2^{l-i}}{2^l-1} \cdot E \qquad (2\text{-}34)$$

　　按叠加定理，总的等效电势 E_0 是各分量电势之和，可写成

$$E_0 = \sum_{i=1}^{l} a_i \cdot \frac{2^{l-i}}{2^l-1} \cdot E \qquad (2\text{-}35)$$

式中，$a_i = 1$ 或 $a_i = 0$，随输入码组而定。

按负载开路求等效内阻的方法求得网络等效内阻 R_0 为

$$R_0 = \cfrac{1}{\cfrac{1}{R} + \cfrac{1}{2R} + \cdots + \cfrac{1}{2^{l-1}R}} = \frac{R}{2\left(1 - \cfrac{1}{2^l}\right)} \tag{2-36}$$

上述加权求和型网络也可构成电流相加型解码网络，如图 2-30 所示。

图中 E 为恒压源，l 表示码组位数。网络的理想工作条件是 $R_L \ll R_0$ 在输入码组的控制下，解码电流可表示为

$$L = \sum_{i-1}^{l} a_i \cdot \frac{E}{2^{i-1} \cdot R} \tag{2-37}$$

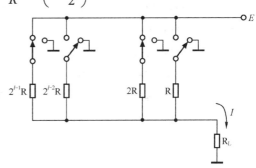

图 2-30　电流相加型解码框图

2.5.3　非线性编码与解码

前面提到，PCM 一般采用非线性编码与解码。用得比较多的是根据 A 律 13 折线非均匀量化间隔的划分直接对样值编码，收端再解码。所以这里首先介绍 A 律 13 折线的码字安排。

1. A 律 13 折线的码字安排

前面介绍了 A 律 13 折线，它在正轴从 0 到 U（归一化后为 1）逐次对分为 8 段，每一段称为一个量化段。由于语音信号是双极性的，所以 A 律 13 折线的正、负非均匀量化段是对称的，共有 16 个量化段。为了减少编码误差，每一量化段内又均匀等分为 16 份，每一份称为一个量化级，其长度为量化间隔 Δ_i（$i = 1 \sim 8$）。所以 A 律 13 折线的量化级数 $N = 8$(量化段)$\times 16$(等分)$\times 2$(正、负极性)$= 256$，根据码字位数 l 与量化级数 N 的关系（即 $N = 2^l$），当 $N = 256$ 时，$l = 8$（即每个样值编 8 位码），这对于远距离通信（经过 $3 \sim 4$ 音频转接）仍能满足在干线上通信的质量要求。

一个码字的 8 位码是这样安排的：信号正、负极性用极性码 a_1 表示；幅值为正（或负）的 8 个非均匀量化段用三位码 $a_2 a_3 a_4$ 表示，称段落码（为非线性码）；每一量化段内均匀分成 16 个量化级，用 $a_5 a_6 a_7 a_8$ 四位码表示，称段内码（为线性码）。如表 2-7 所示。

表 2-7　码字安排

极性码	幅度码	
a_1	段落码	段内码
信号为正时，$a_1 = 1$		
信号为负时，$a_1 = 0$	$a_2 a_3 a_4$	$a_5 a_6 a_7 a_8$

A 律 13 折线采用折叠二进码进行编码，绝对值相同的正或负样值其幅度码相同。

令 $\Delta_1 = \Delta$，表 2-8 中列出了 A 律 13 折线正 8 段的每一量化段的电平范围、起始电平、量化间隔、段落码（$a_2 a_3 a_4$）及段内码（$a_5 a_6 a_7 a_8$）对应的权值。

表 2-8 　　　　A 律 13 折线正 8 段的电平范围、起始电平、量化间隔和对应码字

量化段序号	电平范围（Δ）	段落码 $a_2a_3a_4$	起始电平（Δ）	量化间隔 Δ_i（Δ）	段内码对应权值（Δ）$a_5a_6a_7a_8$			
8	1 024～2 048	1 1 1	1 024	64	512	256	128	64
7	512～1 024	1 1 0	512	32	256	128	64	32
6	256～512	1 0 1	256	16	128	64	32	16
5	128～256	1 0 0	128	8	64	32	16	8
4	64～128	0 1 1	64	4	32	16	8	4
3	32～64	0 1 0	32	2	16	8	4	2
2	16～32	0 0 1	16	1	8	4	2	1
1	0～16	0 0 0	0	1	8	4	2	1

由表 2-8 可以看出以下两点。

- 由段落码可确定出各量化段的起始电平（若样值是电流，起始电平以 I_{Bi} 表示；若样值是电压，起始电平以 U_{Bi} 表示。）与各量化段的量化间隔 Δ_i（$i=1\sim8$）。
- 各量化段段内码对应的权值是随 Δ_i 值变化而变化，这是非均匀量化形成的。

2．A 律 13 折线编码方法

这里介绍的是根据 A 律 13 折线非均匀量化间隔的划分，直接将样值编成相应的码字（采用折叠二进码编码）。

样值可能是电流（以 i_S 表示），也可能是电压（以 u_S 表示）。下面以 i_S 为例说明编码方法。

（1）极性码

$$i_S \geqslant 0 \text{ 时，} a_1 = 1$$
$$i_S < 0 \text{ 时，} a_1 = 0$$

（2）幅度码

① 编码规则

设 $I_S = |i_S|$

幅度码与极性码不同，它需要将判定值 I_{Ri} 与样值的绝对值 I_S 进行比较后，才能判决幅度码 $a_i=1$ 还是 $a_i=0$。判决的规则如下：

若 $I_S \geqslant I_{Ri}$，则 $a_i=1$

若 $I_S < I_{Ri}$，则 $a_i=0$　　　　（$i=2\sim8$）

②判定值的确定

判定值是各量化段或量化级的分界点电平（表示为 I_{Ri}）。对 $l=8(N=256)$ 的编码器，判定值共有 $n_R = \dfrac{N}{2}-1 = 127$ 种。那么如何从 127 种判定值中确定一个样值的 7 位幅度码所需的 7 个判定值呢？

判定值的确定规则如下。

- 段落码判定值的确定——以量化段为单位逐次对分，对分点电平依次为 $a_2 \sim a_4$ 的判

定值。例如，A 律 13 折线 8 个量化段前四段后四段对分，第一次对分点电平就是 a_2 码的判定值 $I_{R2} = 128\Delta$。若 $I_S \geq I_{R2}$ 则 $a_2 = 1$，I_S 属于对分后的上四段（即 5，6，7，8 段），再将上四段对分，其对分点电平就是 a_3 码的判定值 $I_{R3} = 512\Delta$；如果 $I_S < I_{R2}$，则 $a_2 = 0$，I_S 属于对分后的下四段（即 1，2，3，4 段），所以将下四段再进行对分，则其对分点电平就是码的判定值 $I_{R3} = 32\Delta$。如此类推可以确定 a_4 码的判定值 I_{R4}（其可能值为 $16\Delta, 64\Delta, 256\Delta, 1024\Delta$）。段落码判定值的确定过程如图 2-31 所示。

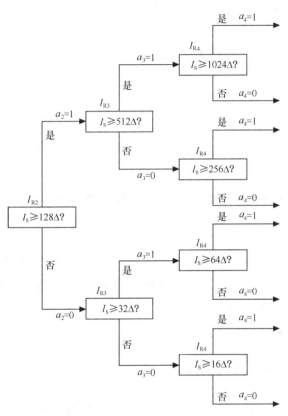

图 2-31　段落码判定值的确定过程

　　一旦段落码确定之后，就可确定出该量化段的起始电平（I_{Bi}，$i = 2\sim 8$）和量化段的量化隔 Δ_i，为编段内码作准备。

　　● 段内码判定值的确定——以某量化段（由段落码确定第几量化段）内量化级为单位逐次对分，对分点电平依次为 $a_5 \sim a_8$ 的判定值。具体确定方法与段落码相同。可以得出段内码的判定值为

$I_{R5} = I_{Bi} + 8\Delta_i$（试探值）

$I_{R6} = I_{Bi} + 8\Delta_i \times a_5 + 4\Delta_i$（试探值）

$I_{R7} = I_{Bi} + 8\Delta_i \times a_5 + 4\Delta_i \times a_6 + 2\Delta_i$（试探值）

$I_{R8} = I_{Bi} + 8\Delta_i \times a_5 + 4\Delta_i \times a_6 + 2\Delta_i \times a_7 + \Delta_i$（试探值）

由以上判定值的确定过程可以看出：除 a_2 码外，其他各位码的判定值均与先行码（已编好的前几位码）的状态（是"1"还是"0"）有关。

前面介绍了编码规则及判定值的确定，下面举例说明如何进行编码。

例 2-4 某 A 律 13 折线编码器，$l=8$，一个样值为 $i_S = -182\Delta$，试将其编成相应的码字。

解 $\because i_S = -182\Delta < 0$ $\quad\quad \therefore a_1 = 0$

$$I_S = |i_S| = 182\Delta$$

$\because I_S > I_{R2} = 128\Delta$ $\quad\quad \therefore a_2 = 1$

$\because I_S < I_{R3} = 512\Delta$ $\quad\quad \therefore a_3 = 0$

$\because I_S < I_{R4} = 256\Delta$ $\quad\quad \therefore a_4 = 0$

段落码为 100，样值在第 5 量化段，$I_{B5} = 128\Delta, \Delta_5 = 8\Delta$

$$I_{R5} = I_{B5} + 8\Delta_5 = 128\Delta + 8 \times 8\Delta = 192\Delta$$

$\because I_S < I_{R5}$ $\quad\quad\quad\quad\quad \therefore a_5 = 0$

$$I_{R6} = I_{B5} + 4\Delta_5 = 128\Delta + 4 \times 8\Delta = 160\Delta$$

$\because I_S > I_{R6}$ $\quad\quad\quad\quad\quad \therefore a_6 = 1$

$$I_{R7} = I_{B5} + 4\Delta_5 + 2\Delta_5 = 128\Delta + 4 \times 8\Delta + 2 \times 8\Delta = 176\Delta$$

$\because I_S > I_{R7}$ $\quad\quad\quad\quad\quad \therefore a_7 = 1$

$$I_{R8} = I_{B5} + 4\Delta_5 + 2\Delta_5 + \Delta_5 = 128\Delta + 4 \times 8\Delta + 2 \times 8\Delta + 8\Delta = 184\Delta$$

$\because I_S < I_{R8}$ $\quad\quad\quad\quad\quad \therefore a_8 = 0$

码字为 01000110。

这里需要说明的是：前面介绍编码方法时是以电流 i_S 为例的，如果样值是电压 u_S，其编码方法与电流 i_S 完全一样，只不过所有电流的符号改成电压的符号（具体为：$U_S = |u_S|$，判定值为 U_{Ri}，量化段起始电平为 U_{Bi}）。

3．码字的对应电平

（1）编码电平与编码误差（绝对值）

① 编码电平（码字电平）

编码器输出的码字所对应的电平称为编码电平（也叫码字电平），以 I_C（或 U_C）表示（取的是绝对值）。以电流为例，编码电平为

$$I_C = I_{Bi} + (2^3 \times a_5 + 2^2 \times a_6 + 2^1 \times a_7 + 2^0 \times a_8) \times \Delta_i \quad\quad (2\text{-}38)$$

② 编码误差

$$e_C = |I_C - I_S| \quad\quad (2\text{-}39)$$

例 2-5 接上例 2-4，求此码字对应的编码电平及编码误差。

解 码字为 01000110

编码电平为

$$\begin{aligned}
I_C &= I_{B5} + (2^3 \times a_5 + 2^2 \times a_6 + 2^1 \times a_7 + 2^0 \times a_8) \times \Delta_5 \\
&= 128\Delta + (8 \times 0 + 4 \times 1 + 2 \times 1 + 1 \times 0) \times 8\Delta \\
&= 176\Delta
\end{aligned}$$

编码误差为

$$e_C = |I_C - I_S| = |176\Delta - 182\Delta| = 6\Delta$$

可以算出，该码字所属的量化级电平范围是

$$128\Delta + (6 \sim 7) \times 8\Delta = (176 \sim 184)\Delta$$

由此可见，编码电平是该量化级的最低电平，它比量化值低 $\Delta_i/2$ 电平。因此在解码时，应补上 $\Delta_i/2$ 项。

（2）解码电平与解码误差（绝对值）

① 解码电平

解码电平是解码器的输出电平（有关解码器后面介绍）。以 I_D（或 U_D）表示（取的是绝对值）。以电流为例，解码电平为

$$I_D = I_C + \frac{\Delta_i}{2} \tag{2-40}$$

② 解码误差为

$$e_D = |I_D - I_S| \tag{2-41}$$

例 2-6　接上例 2-4，求此码字对应的解码电平及解码误差。

解　解码电平为

$$I_D = I_C + \frac{\Delta_5}{2} = 176\Delta + \frac{8\Delta}{2} = 180\Delta$$

解码误差为

$$e_D = |I_D - I_S| = |180\Delta - 182\Delta| = 2\Delta$$

可见，解码电平是样值所在量化级的中间值，值得注意的是，以上编、解码电平和编、解码误差取的都是绝对值。

4．逐次渐近型编码器

A 律 13 折线编码器也叫逐次渐近型编码器，因为其判定值的确定过程（从 $I_{R2} \sim I_{R8}$）是逐步逼近码字电平的，逐次渐近型编码器的方框图如图 2-32 所示。

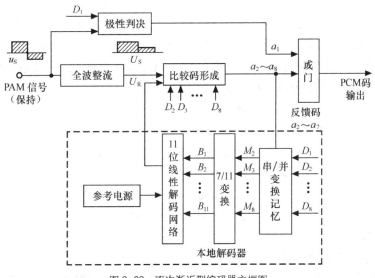

图 2-32　逐次渐近型编码器方框图

它的基本电路结构是由两大部分组成：码字判决与码形成电路和判定值的提供电路——本地解码器。

（1）码字判决与码形成电路

① 极性判决

经过保持（将样值展宽）后的 PAM 信号分作两路，一路送入极性判决电路，在位脉冲 D_1 时刻进行极性判决编出 a_1 码，$a_1 = 1$ 表示正极性，$a_1 = 0$ 表示负极性。

② 全波整流

PAM 信号的另一路信号经全波整流变成单极性信号。对编码用全波整流器的要求是：对大、小信号都能整流，同时具有良好的线性特性。对于普通的二极管整流器来讲，由于二极管的结电压以及伏安特性的非线性，上述两点要求均无法实现。为此通常采用运算放大器的折叠放大电路来组成全波整流电路。

③ 比较码形成

全波整流后的单极性信号送比较码形成电路与本地解码器产生的判定值进行比较编码。其比较是按时序位脉冲 $D_2 \sim D_8$ 逐位进行的，根据比较结果形成 $a_2 \sim a_8$ 各位幅度码。幅度码与极性码通过汇总电路（或门）汇总输出。

（2）本地解码器

本地解码器由串/并变换记忆电路、7/11 变换及 11 位线性解码网络组成，其作用是产生幅度码（$a_2 \sim a_8$）的判定值。具体过程为：将 $a_2, a_3, a_4, a_5, a_6, a_7$ 码逐位反馈经串/并变换，并存储在记忆电路中，记忆电路输出为 $M_2, M_3, ..., M_8$，$M_2 \sim M_8$ 这 7 位非线性码经 7/11 变换，变换成 11 位线性码，再经 11 位线性解码网络，就可得到判定值 $U_R(I_R)$。

① 串/并变换记忆电路

根据前面介绍编码方法时已得知，除 a_2 码外，$a_3 \sim a_8$ 幅度码的判定值是与先行码的状态有关的。所以本地解码器产生判定值时，要把先行码的状态反馈回来。

先行码（反馈码）$a_2 \sim a_7$ 串行输入串/并变换记忆电路，其并行输出 $M_2 \sim M_8$。这里要强调指出的是：反馈码不总是同时有 $a_2 \sim a_7$，只是先行反馈回来，可能只有 a_2，或者 $a_2 \sim a_4$，也可能全有 $a_2 \sim a_7$，还可能一位反馈码也没有。例如，产生 a_2 码的判定值时，a_2 码没有先行码，所以此时一个反馈码也没有；产生 a_3 码的判定值时，反馈码为 a_2；依此类推，产生 a_8 码的判定值时，反馈码为 $a_2 \sim a_7$。那么 $M_2 \sim M_8$ 与反馈码的对应关系如何呢？

对于先行码（已编好的码）：$M_i = a_i$

对于当前码（正准备编的码）：$M_i = 1$

对于后续码（尚未编的码）：$M_i = 0$

例如：已经编出 $a_2 = 1, a_3 = 0, a_4 = 0$，准备编 a_5 码，确定其判定值，则有

$$M_2 = a_2 = 1, M_3 = a_3 = 0, M_4 = a_4 = 0$$
$$M_5 = 1$$
$$M_6 = 0, M_7 = 0, M_8 = 0$$

② 7/11 变换

• 7/11 变换的作用及目的

7/11 变换是将 7 位非线性码 $M_2 \sim M_8$（相当于 7 位非线性幅度码）转换为 11 位线性幅

度码 $B_1 \sim B_{11}$（这个过程称为数字扩张；反过来，若将 11 位线性码转换成 7 位非线性码，称为数字压缩）。$B_1 \sim B_{11}$ 各位码的权值如表 2-9 所示。

表 2-9 $B_1 \sim B_{11}$ 各位码的权值

幅度码	B_1	B_2	B_3	B_4	B_5	B_6	B_7	B_8	B_9	B_{10}	B_{11}
权值(Δ)	1 024	512	256	128	64	32	16	8	4	2	1

如果将表 2-9 中的 11 个权值称为恒流源，可以得出结论：$a_2 \sim a_8$ 码的判定值等于几个（可能 1~5 个）恒流源相加。正因为如此，为了产生判定值，要得到 11 个恒流源，所以要 7/11 变换。

- 7/11 变换的方法

非线性码与线性码的变换原则是：变换前后非线性码与线性码的码字电平相等。在进行 7/11 变换时，非线性码 $M_2 \sim M_8$ 看作是 $a_2 \sim a_8$，其码字电平如式（2-29）所示。而 $B_1 \sim B_{11}$ 11 位线性码的码字电平为

$$I_{CL} = (1024B_1 + 512B_2 + 256B_3 + \cdots\cdots + 2B_{10} + B_{11})\Delta \tag{2-42}$$

根据非线性码与线性码的变换原则及表 2-8，可得出 7 位非线性幅度码与 11 位线性幅度码的变换关系，如表 2-10 所示。

表 2-10   7 位非线性幅度码与 11 位线性幅度码的变换关系

量化段序号	起始电平(Δ)	段落码	段内码的权值(Δ) $a_5a_6a_7a_8$				B_1 1 024	B_2 512	B_3 256	B_4 128	B_5 64	B_6 32	B_7 16	B_8 8	B_9 4	B_{10} 2	B_{11} 1
8	1 024	111	512	256	128	64	1	a_5	a_6	a_7	a_8	0	0	0	0	0	0
7	512	110	256	128	64	32	0	1	a_5	a_6	a_7	a_8	0	0	0	0	0
6	256	101	128	64	32	16	0	0	1	a_5	a_6	a_7	a_8	0	0	0	0
5	128	100	64	32	16	8	0	0	0	1	a_5	a_6	a_7	a_8	0	0	0
4	64	011	32	16	8	4	0	0	0	0	1	a_5	a_6	a_7	a_8	0	0
3	32	010	16	8	4	2	0	0	0	0	0	1	a_5	a_6	a_7	a_8	0
2	16	001	8	4	2	1	0	0	0	0	0	0	1	a_5	a_6	a_7	a_8
1	0	000	8	4	2	1	0	0	0	0	0	0	0	a_5	a_6	a_7	a_8

例 2-7 某 7 位非线性幅度码为 1 0 0 0 1 1 0，将其转换为 11 位线性幅度码。

解 段落码为 1 0 0，起始电平为 128Δ，B_4 的权值为 128Δ，所以 $B_4 = 1$，参照表 2-10，可得出 11 位线性幅度码为

$$0 0 0 1 0 1 1 0 0 0 0$$

例 2-8 某 11 位线性幅度码为 0 0 1 1 1 0 1 0 0 0 0，将其转换为 7 位非线性幅度码。

解 $B_3 = 1$，其权值为 256Δ，等于第 6 量化段的起始电平，参照表 2-10，可得出 7 位非线性幅度码为

1011101

③ 11 位线性解码网络

7/11 变换电路的输出为 $B_1 \sim B_{11}$，它们受 $M_2 \sim M_8$ 的控制，有的 $B_i = 1$，有的 $B_i = 0 (i = 1 \sim 11)$，11 位线性解码网络的作用是将 $B_i = 1$ 所对应的权值（恒流源）相加，以产生相应的判定值。

线性解码网络主要有权电阻解码网络和电阻梯型解码网络等，下面重点介绍电阻梯型解码网络。

R-2R 电阻梯型解码网络如图 2-33 所示。

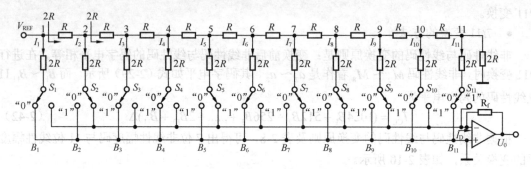

图 2-33 R-2R 电阻梯型解码网络

这种解码网络的特点如下。

• 不论 $B_i = 1$ 时的 I_i 或 $B_i = 0$ 时的 I_i 均不等于零，而且两者的电流近似相等（因运放输入端为虚地）；

• 从任一节点（1～11 点）向右看进去的阻抗都为 2R，因此每个 2R 支路中的电流 I_i 自左向右以 1/2 系数逐步递减。

从图中可知各个支路电流 I_i 分别为

$$I_1 = V_{REF} / 2R = (V_{REF} / 2R) \cdot 2^0$$
$$I_2 = I_1 \cdot 2^{-1} = (V_{REF} / 2R) \cdot 2^{-1}$$
$$\vdots$$
$$I_{11} = (V_{REF} / 2R) \cdot 2^{-10}$$

而送到运放输入端的总电流 I_D 决定于幅度码 $B_1 \sim B_{11}$ 的状态，即当 $B_i = 1$ 码时，I_i 才送到运放输入端，因此总电流 I_D 为

$$I_D = (V_{REF} / 2R)(B_1 + B_2 \times 2^{-1} + B_3 \times 2^{-2} + \cdots + B_{11} \times 2^{-10}) \tag{2-43}$$

令 $(V_{REF} / 2R) \cdot 2^{-10} = \Delta$，则上式可写成：

$$I_D = (1024B_1 + 512B_2 + 256B_3 + \cdots + 2B_{10} + B_{11})\Delta$$

由于这种梯型解码网络只有 R 和 2R 两种电阻值，比较简单，容易满足解码精度要求，故被广泛应用。

以上介绍了判定值的产生过程，这里有如下两个问题需要说明。

• 判定值产生电路输入的是反馈码，输出的是判定值（相当于一个电平），可见，判定值的产生类似于解码，所以称判定值的产生电路为本地解码器（以区别收端解码器）。

- 编码器输出的码型是占空比 = 1 的单极性码。

5. A 律 13 折线解码器

解码的作用是把接收到的 PCM 信码还原成解码电平。

A 律 13 折线解码器的方框图如图 2-34 所示。它与图 2-32 中本地解码器相似，但又有所不同。

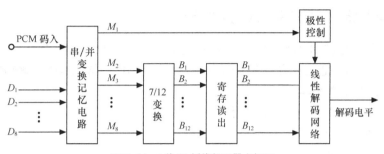

图 2-34　A 律 13 折线解码器方框图

其原理为：接收到的 PCM 串行码 $a_1 \sim a_8$ 通过串/并变换记忆电路转变为并行码 $M_1 \sim M_8$，并在记忆电路 M 中记忆下来，通过 7/12 变换将 7 位非线性码 $M_2 \sim M_8$ 转换为 12 位线性幅度码 $B_1 \sim B_{12}$，寄存读出后，再通过线性解码网络输出相应的解码电平。

A 律 13 折线解码器和逐次渐近型编码器中的本地解码器不同点如下。

（1）串/并变换记忆电路的输出 $M_i (i = 1 \sim 8)$ 与 PCM 码 a_i 是一一对应的，即 $M_i = a_i$。

（2）增加了极性控制部分。根据接收到的 PCM 信号中的极性码 a_1 是 "1" 码还是 "0" 码来辨别解码电平的极性。极性码的状态记忆在寄存器 M_1 中，由 $M_1 = 1$ 或 $M_1 = 0$ 来控制极性电路，使解码后的解码电平的极性得以恢复成与发端相同的极性。

（3）数字扩张部分由 7/11 变换改成 7/12 变换。该解码器采用线性解码网络，需要将非线性码变换成线性码。为了保证收端解码后的量化误差不超过 $\dfrac{\Delta_i}{2}$，在收端应加入 $\dfrac{\Delta_i}{2}$ 的补差项。由于编码电平等于样值所在量化级的最低电平，所以解码电平为

$$U_D = U_C + \frac{\Delta_i}{2}$$

即解码电平是样值所在量化级的中间值，这样便可保证解码误差不超过 $\dfrac{\Delta_i}{2}$。

根据观察可以得出：编码电平也等于 $B_1 \sim B_{11}$ 的 11 个权值（恒流源）中的几个相加，而解码电平又增加一个 $\dfrac{\Delta_i}{2}$，A 律 13 折线第 3~8 段的 $\dfrac{\Delta_i}{2}$ 恰好在 11 个恒流源范围内，但第 1、2 段中的 $\dfrac{\Delta_i}{2} = \dfrac{\Delta}{2}$，它不在 11 个恒流源范围之内，所以要增加一个恒流源 $\dfrac{\Delta_i}{2}$，令 B_{12} 的权值为 $\dfrac{\Delta_i}{2}$。因此，收端解码器要进行 7/12 变换，即将 $M_2 \sim M_8$ 变换成 $B_1 \sim B_{12}$。

（4）寄存读出是接收端解码器中所特有的。它的作用是把经 7/12 变换后的 $B_1 \sim B_{12}$ 码存入寄存器中，适当的时候送到线性解码网络中去。

（5）线性解码网络是 12 位线性解码网络。

另外需要说明的是：A 律 13 折线解码器输出的是解码电平，它近似等于 PAM 信号样值，但有一定的误差，这误差就是前面介绍的解码误差。

2.6 单片集成 PCM 编解码器

2.6.1 单片集成 PCM 编解码器的分类

目前，大规模集成的单片编解码器已商品化生产。由于 PCM 数字通信，特别是数字电话通信均为双工通信，通信双方均有编码和解码过程。因此，常把编码和解码集成在一块芯片中，称为单路 PCM 编解码器。

常用的单片集成 PCM 编解码器如下。

- 2914 PCM 单路编解码器；
- MC 14403 单路编解码器；
- TP 3067 单路编解码器等。

下面主要介绍 2914PCM 单路编解码器的特性及功能。

2.6.2 2941PCM 单路编解码器

2914PCM 编解码器的功能框图如图 2-35 所示。该编解码器由三大部分组成：发送部分、接收部分及控制部分。

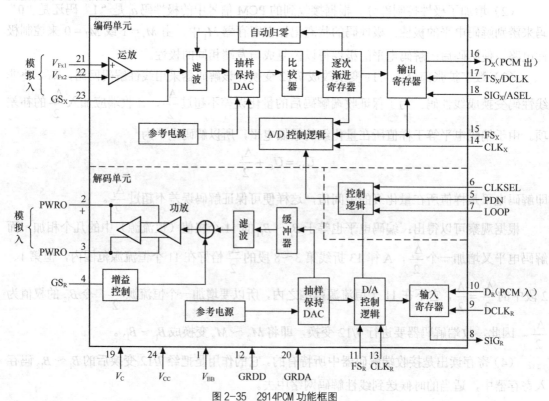

图 2-35 2914PCM 功能框图

1．发送部分

发送部分包括：输入运放、带通滤波器、抽样保持和 DAC（数模转换）、比较器、逐次逼近寄存器、输出寄存器以及 A/D 控制逻辑、参考电源等。

待编码的模拟语音信号首先经过运算放大器放大，该运算放大器有 2.2V 的共模抑制范围，增益可由外接反馈电阻控制。运放输出的信号，经通带为300～3 400 Hz 的带通滤波器滤波后，送到抽样保持、比较、本地 D/A 变换（DAC）等编码电路进行编码，在输出寄存器寄存，由主时钟（CGR 方式）或发送数据时钟（VBR 方式）读出，由数据输出端输出。整个编码过程由 A/D 控制逻辑控制。此外，还有自动调零电路来校正直流偏置，保证编码器正常工作。

2．接收部分

接收部分包括：输入寄存器、D/A 控制逻辑、抽样保持和 DAC、低通滤波器和输出功放等。在接收数据输入端出现的 PCM 数字信号，由时钟下降沿读入输入寄存器，由 D/A 控制逻辑控制进行 D/A 变换，将 PCM 数字信号变换成 PAM 样值并由样值电路保持，再经缓冲级送到低通滤波器，还原成语音信号，经输出功放后送出。功放由两级运放电路组成，是平衡输出放大器，可驱动桥式负载，需要时也可单端输出，其增益可由外接电阻调整，可调范围为 12dB。

3．控制部分

控制部分主要是一个控制逻辑单元，通过 $\overline{PDN}$（低功耗选择）、CLKSEL（主时钟选择）、LOOP（模拟信号环回）三个外接控制端控制芯片的工作状态。

2914PCM 编解码器采用 24 脚引线，其典型应用电路如图 2-36 所示。

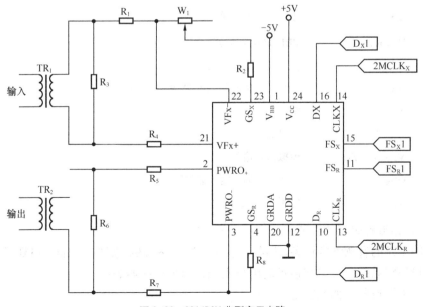

图 2-36　2914PCM 典型实用电路

2914PCM 编解码器各引脚具体功能如表 2-11 所示。

表 2-11　　　　　　　　　　　　　　**2914PCM 编解码器引脚及功能**

引脚编号	名称	功能说明
1	V_{BB}	电源（−5V）
2，3	PWRO₊，PWRO₋	功放输出
4	GS_R	接收信号增益调整
5	$\overline{PDN}$	低功耗选择，低电平有效，正常工作接 + 5V
6	CLKSEL	主时钟选择，CLKSEL $= V_{BB}$ 时，主时钟频率为 2 048 kHz
7	LOOP	模拟信号环回，高电平有效；接地则正常工作，不环回
8	SIG_R	收信令比特输出，A 律编码时不用
9	$DCLK_R$	VBR 时为接收数据速率时钟，CGR 时接−5V
10	D_R	接收信道输入（收 PCM 信号入）
11	FS_R	接收同步时钟，即接收路时隙脉冲 TSn
11	TS_R	接收帧同步和时隙选通脉冲，该脉冲为正时数据被时钟下降沿收下
12	GRDD	数字地
13	CLK_R	接收主时钟，即收端 2 048 kHz 时钟
14	CLK_X	发送主时钟，即发端 2 048 kHz 时钟
15	FS_X	发送帧同步时钟即发端路时隙脉冲 TSn
15	TS_X	发送帧同步和时隙选通脉冲，该脉冲为正时输出寄存器数据被时钟上升沿送出
16	D_X	发送数字输出，即发端数据输出
17	$\overline{TX_x}$	数字输出的选通
17	$DCLK_X$	VBR 时发送数据速率时钟
18	SIG_X	发送数字信令输入
18	ASEL	μ 律、A 律选择，接−5V 时选 A 律
19	NC	空
20	GRDA	模拟地
21，22	VF_{X+}，VF_{X-}	模拟信号输入
23	GS_X	增益控制端（输入运放）
24	V_{CC}	电源（+5V）

目前，单路编解码器的主要应用有如下四个方面。

- 传输系统的音频终端设备，如各种容量的数字终端机（基群、子群）和复用转换设备；
- 用户环路系统和数字交换机的用户系统、用户集线器等；
- 用户终端设备，如数字电话机；
- 综合业务数字网的用户终端。

小　　结

（1）所谓语音信号的编码指的就是模拟语音信号的数字化，即信源编码。

根据语音信号的特点及编码的实现方法，语音信号的编码可分为波形编码（主要包括 PCM、ADPCM 等）、参量编码和混合编码（如子带编码）三大类型。

（2）脉冲编码调制（PCM）是模/数变换（A/D 变换）的一种方法，它是对模拟信号的瞬时抽样值量化、编码，以将模拟信号转化为数字信号。若模/数变换的方法采用 PCM，由此构成的数字通信系统称为 PCM 通信系统。

采用基带传输的 PCM 通信系统由三个部分构成：模/数变换（包括抽样、量化、编码三步）、信道部分（包括传输线路及再生中继器）和数/模变换（包括解码和低通两部分）。

（3）抽样就是每隔一定的时间间隔 T，抽取模拟信号的一个瞬时幅度值（样值）。抽样可以分为低通型信号的抽样和带通型信号的抽样。

（4）低通型信号的抽样定理为 $f_s \geqslant 2f_M$，为了留有一定的防卫带，抽样频率取 $f_s > 2f_M$。不满足抽样定理的后果是 PAM 信号产生折叠噪声，收端就无法用低通滤波器准确地恢复原模拟语音信号。

语音信号的抽样频率为 $f_s = 8\,000$ Hz，（防卫带为 $8\,000 - 6\,800 = 1\,200$ Hz），$T = 125\mu s$。

低通型信号的抽样信号频谱中有原始频带 $f_0 \sim f_M$，nf_s 的上、下边带。

（5）带通型信号的抽样频率范围为 $\dfrac{2f_M}{n+1} \leqslant f_s \leqslant \dfrac{2f_0}{n}$，一般取 $f_s = \dfrac{2(f_0 + f_M)}{2n+1}$，$n = \left(\dfrac{f_0}{B}\right)_I$。

带通型信号抽样信号频谱中所含频率成分与低通型信号一样，只不过各频带的排列顺序不一样。

（6）量化是将时间域上幅度连续的样值序列变换为时间域上幅度离散的量化值。量化分为均匀量化和非均匀量化两种。

（7）均匀量化是在量化区内（即从 $-U \sim +U$）均分为 N 等份，$\Delta = \dfrac{2U}{N}$。量化区内的量化值取各个量化间隔的中间值，过载区内的量化值取量化区内最大的量化值（指绝对值）。量化值的数目等于量化级数 N（$N = 2^l$）。

量化误差 $e(t) =$ 量化值 - 样值 $= u_q(t) - u(t)$，量化区的 $e_{max}(t) \leqslant \dfrac{\Delta}{2}$，过载区的 $e_{max}(t) > \dfrac{\Delta}{2}$。

均匀量化的特点是：在 N（或 l）大小适当时，均匀量化小信号的量化信噪比太小，不满足要求，而大信号的量化信噪比较大，远远满足要求（数字通信系统中要求量化信噪比 $\geqslant 26$dB）。为了解决这个问题，若仍采用均匀量化，需增大 N（或 l），但 l 过大时，一是使编码复杂，二是使信道利用率下降，所以引出了非均匀量化。

（8）非均匀量化的宗旨是：在不增大量化级数 N 的前提下，利用降低大信号的量化信噪比来提高小信号的量化信噪比。为了达到这一目的，非均匀量化大、小信号的量化间隔不同。信号幅度小时，量化间隔小，其量化误差也小；信号幅度大时，量化间隔大，其量化误差也大。

实现非均匀量化的方法有两种：模拟压扩法和直接非均匀编解码法，目前一般采用直接非均匀编解码法。所谓直接非均匀编解码法就是：发端根据非均匀量化间隔的划分直接将样值编码（非均匀编码），在编码的过程中相当于实现了非均匀量化，收端进行非均匀解码。

（9）衡量量化噪声对信号影响的指标是量化信噪比。

均匀量化信噪比（忽略过载区的量化噪声功率）为

$$(S/N_q)_{均匀} \approx 20\lg\sqrt{3N} + 20\lg x_e。$$

A律压缩特性的非均匀量化信噪比（忽略过载区的量化噪声功率）为

$$(S/N_q)_{非均匀} = (S/N_q)_{均匀} + Q，（Q = 20\lg\frac{dy}{dx}信噪比改善量）$$

$$(S/N_q)_{均匀} = 20\lg\sqrt{3} \times N + 20\lg x$$

oa 段：$Q = 20\lg\dfrac{A}{1+\ln A} = 20\lg\dfrac{87.6}{1+\ln 87.6} = 24$ \qquad\qquad ($20\lg x \leqslant -39\text{dB}$)

ab 段：$Q = 20\lg\dfrac{1}{1+\ln A} - 20\lg x = 20\dfrac{1}{1+\ln 87.6} - 20\lg x = -15 - 20\lg x$

$$(-39\text{dB} < 20\lg x \leqslant 0)$$

A律13折线是A律压缩特性的近似曲线，第1~8段折线的斜率分别为16、16、8、4、2、1、1/2、1/4。

（10）常见的二进制码组有：一般二进码、循环码和折叠二进码。一般采用折叠二进码进行编码。

编码可分为：线性编码与解码、非线性编码与解码。

（11）A律13折线正8段的每一量化段的起始电平、量化间隔、段落码（$a_2a_3a_4$）及段内码（$a_5a_6a_7a_8$）对应的权值见表2-8。

编码方法：先编极性码，$i_S \geqslant 0$时，$a_1 = 1$；$i_S < 0$时，$a_1 = 0$。编完极性码对样值取绝对值再编幅度码，编码规则为：若$I_S \geqslant I_{Ri}$，则$a_i = 1$；若$I_S < I_{Ri}$，则$a_i = 0$（$i = 2$~8）。

编幅度码的关键是确定判定值。段落码判定值的确定是以量化段为单位逐次对分，对分点电平依次为$a_2 \sim a_4$的判定值；段内码判定值的确定是以某量化段（由段落码确定第几量化段）内量化级为单位逐次对分，对分点电平依次为$a_5 \sim a_8$的判定值。

编码电平为（以电流为例）$I_C = I_{Bi} + (2^3 \times a_5 + 2^2 \times a_6 + 2^1 \times a_7 + 2^0 \times a_8) \times \Delta_i$，编码误差为$e_C = |I_C - I_S|$；解码电平为$I_D = I_C + \dfrac{\Delta_i}{2}$，解码误差为$e_D = |I_D - I_S|$。

（12）逐次渐近型编码器基本电路结构是由两大部分组成：码字判决与码形成电路和判定值的提供电路——本地解码器。码字判决与码形成电路用于编各位码。本地解码器作用是产生幅度码（$a_2 \sim a_8$）的判定值。

本地解码器由串/并变换记忆电路、7/11变换及11位线性解码网络组成。

串/并变换记忆电路中$M_2 \sim M_8$与反馈码的对应关系为：对于先行码（已编好的码）$M_i = a_i$；对于当前码（正准备编的码）$M_i = 1$；对于后续码（尚未编的码）$M_i = 0$。

7/11变换是将7位非线性码$M_2 \sim M_8$（相当于7位非线性幅度码）转换为11位线性幅度码$B_1 \sim B_{11}$。非线性码与线性码的变换原则是变换前后非线性码与线性码的码字电平相等。

11位线性解码网络的作用是将$B_i = 1$所对应的权值（恒流源）相加，以产生相应的判定值。

（13）A 律 13 折线解码器的原理为：接收到的 PCM 串行码 $a_1 \sim a_8$ 通过串/并变换记忆电路转变为并行码 $M_1 \sim M_8$，并在记忆电路 M 中记忆下来，通过 7/12 变换将 7 位非线性码 $M_2 \sim M_8$ 转换为 12 位线性幅度码 $B_1 \sim B_{12}$，寄存读出后，再通过线性解码网络输出相应的解码电平。

A 律 13 折线解码器和逐次渐近型编码器中的本地解码器不同点主要为：$M_i = a_i$；增加了极性控制部分；7/11 变换改成 7/12 变换；线性解码网络是 12 位线性解码网络等。

习　　题

2-1　语音信号的编码可分为哪几种？

2-2　PCM 通信系统中 A/D 变换、D/A 变换分别经过哪几步？

2-3　某模拟信号频谱如题图 2-1 所示，（1）求满足抽样定理时的抽样频率 f_S 并画出抽样信号的频谱（设 $f_S = 2f_M$）。（2）若 $f_S = 8\mathrm{kHz}$，画出抽样信号的频谱，并说明此频谱出现什么现象？

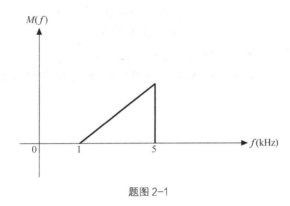

题图 2-1

2-4　某模拟信号的频谱如题图 2-2 所示，求抽样频率并画出抽样信号的频谱。

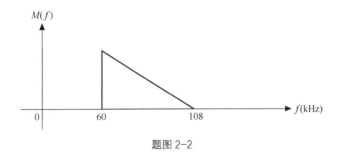

题图 2-2

2-5　均匀量化时量化区和过载区的最大量化误差分别为多少？

2-6　均匀量化的缺点是什么？如何解决？

2-7　画出 $l = 7$ 时的 $(S/N_q)_{均匀}$ 曲线（忽略过载区量化噪声功率）。

2-8　实现非均匀量化的方法有哪些？

2-9　非均匀量化与均匀量化相比的好处是什么？

2-10 非均匀量化信噪比与均匀量化信噪比的关系是什么（假设忽略过载区量化噪声功率）？

2-11 对 A 律压缩特性，求输入信号电平为 0dB 和-40dB，非均匀量化时的信噪比改善量。

2-12 设 $l=8, A=87.6$，试画出 A 律压缩特性的非均匀量化信噪比曲线（忽略过载区量化噪声功率）。

2-13 为什么 A 律压缩特性一般 A 取 87.6？

2-14 A 律 13 折线编码器，$l=8$，一个样值为 $i_S = 98\Delta$，试将其编成相应的码字，并求其编码误差与解码误差。

2-15 某 A 律 13 折线编码器，$l=8$，过载电压 $U=4096\text{mV}$，一个样值为 $u_S = 796\text{mV}$，试将其编成相应的码字，并求其编码电平与解码电平。

2-16 逐次渐近型编码器，假设已编出 $a_2 = 1, a_3 = 0, a_4 = 1$，正准备编 a_5 码（要确定其判定值），此时串/并变换记忆电路的输出 $M_2 \sim M_8$ 分别等于多少？

2-17 某 7 位非线性幅度码为 0110101，将其转换成 11 位线性幅度码。

2-18 逐次渐近型编码器中，11 位线性解码网络的作用是什么？

2-19 A 律 13 折线解码器中 M_i 与 a_i 的关系是什么？

2-20 A 律 13 折线解码器中为什么要进行 7/12 变换？

2-21 某 7 位非线性幅度码为 0101011，将其转换成 12 位线性幅度码。

第 3 章　语音信号压缩编码

语音信号压缩编码的目的是使用尽可能低的比特率以获得尽可能好的合成语音质量，同时还要使编码过程的计算量尽可能小。经过 PCM 编码得到的数字语音信号，其比特率较高，因而限制了数字语音信号在某些应用场合的应用。在无线通信应用中，无线信道资源是很宝贵的。为了提高信道利用率，适应现代移动通信技术和 IP 电话技术的发展，需要对语音信号进行压缩。

本章主要介绍语音压缩编码的基本概念、常用的语音压缩编码方法、语音压缩编码标准和语音压缩编码应用。

3.1　语音信号压缩编码的基本概念

1. 语音压缩编码的概念

经过 PCM 编码得到数字语音的比特率是 64 kbit/s，通常把码速率低于 64kbit/s 的语音编码技术统称为语音压缩编码技术。语音压缩编码研究的基本问题是在给定编码质量、编码延时及算法复杂程度的条件下，如何降低语音编码所需要的比特率。我们能够对语音信号进行压缩的依据是在语音信号中存在很多的冗余以及人类听觉的感知机理。可以从时间域和频率域以及人类的听觉特性来说明语音信号中多种多样的冗余。

从时间域来看，冗余信息包括以下几方面。

（1）语音信号的小幅度值出现的概率大而大幅度值出现的概率小，多数信息集中在低功率信号上。

（2）采样数据样值间的数据相关性。相邻样本数据有很强的相关性。

（3）周期间相关性。表现在浊音的短时准周期特性，波形表现的是重复的图形。

（4）全双工通话时存在通话间隙，在较长的时间间隔上存在相关性。

从频率域来看，冗余信息包括以下几方面。

（1）长时功率谱密度的非均匀性存在固定的冗余度。从一个相当长的时间内统计平均来看，语音信号的功率谱呈现较强的非平坦性，这表明语音信号对给定的频段利用不够充分。

（2）语音信号的短时功率谱密度在某些频率上存在高振峰，而在另外一些频率上是低谷值。这些峰值频率是能量较大的频率，也称为共振峰。语音频谱的特征主要由三个共振峰频率决定。

从人类听觉特性来看，冗余信息包括以下几方面。

（1）人耳听觉的掩蔽效应。从人耳听觉的感觉来看，一个较强的声音能够抑制另一个相对较弱的声音。根据此掩蔽效应性质，就可以抑制与信号同时存在的量化噪声。

（2）人耳对不同频段声音的敏感程度是不一样的。一般来说，人耳对低频段的声音比对高频段的声音更为敏感。从频谱分析来看，这主要是因为语音浊音的周期和共振峰都在低频段。

（3）人耳对语音信号的相位变化不敏感。人耳可以容忍一定的相位失真。凡是人耳听不到或者感知不灵敏的语音信号都可以看做是冗余，可以利用这些特性实现语音数据的压缩。

数字语音传输的比特率或存储的容量与系统的价格和语音质量密切相关。在 1980 年以前，语音压缩编码的价格高而质量低，这使得语音压缩编码很少被使用。随着数字信号处理硬件的处理能力大为增强，再加上低速率语音压缩编码研究的进展，这种情况已经大为改观。语音压缩编码技术得到了突飞猛进地发展，出现了多个国际标准和区域标准，语音压缩编码进入了实用阶段。

2．语音编码的分类

根据语音编码器的实现机理，语音编码可以分为三类：波形编码、参量编码和混合编码。这三种编码方法在语音信号压缩方面有较大的差异。

波形编码是出现较早且成熟的语音编码技术。波形编码是从语音信号的波形出发，对波形的抽样值、预测值和预测误差进行编码。它是以重建语音信号波形为目的，力求使重建语音信号波形接近原始语音信号波形。波形编码的优点是适应能力强，重建语音质量最好；缺点是编码速率较高，码速率通常在 16～64 kbit/s。如自适应增量调制（ADM）、自适应差分编码调制（ADPCM）、自适应预测编码（APC）、自适应子带编码（ASBC）和自适应变换编码都属于波形编码。

参量编码是通过构造人的发声模型，提取语音产生的一些特征参数来进行编码，在接收端利用这些特征参数来合成语音。参量编码的优点是码速率低，通常是在 4.8 kbit/s 以下；缺点是语音的音质和自然度较差，很难辨别说话人是谁。典型的参量编码是线性预测编码（LPC），它被公认为是目前参数编码中最有效的编码方法。

混合编码结合了上述波形编码和参量编码的优点，采用线性技术构造声道模型，它不只传输预测参数和清浊音信息，而且也同时传输预测误差信息。在接收端根据接收的相关信息构成新的激励去激励预测参数构成的合成滤波器，使得合成滤波器输出后的信号波形与原始信号波形达到最大程度的拟合，从而获得较高质量的语音。混合编码的关键是如何高效地传输预测误差信息。根据对激励信息的不同处理，混合编码有码激励线性预测编码（CELP）、多脉冲线性预测编码（MPLPC）、规则脉冲激励线性预测编码（RPELPC）、低时延码激励线性预测编码（LD-CELPC）。混合编码是在参量编码的基础上引入了波形编码的一些特征。可以在 4～16 kbit/s 的范围内达到良好的语音质量，但有时时延较大。

语音压缩编码的极限是多少呢？从人说话的角度来说，语音最基本的元素是音素，最多大概有 256 个。按照通常说话的速度来看，每秒平均发出 10 个音素，可以计算出信息速率为 $I = \log_2 256^{10} = 80 \text{bit/s}$。如果把发音看成是以语音速率发送，那么语音编码的极限速率就是 80 bit/s。从数字化语音编码速率 64 kbit/s 到语音编码极限速率 80 bit/s，不论是对于理论研究还是具体编码都是很有吸引力的。

目前在电话交换网中广泛采用的 PCM 语音编码，其比特率是 64 kbit/s。语音压缩编码就是相对于这个速率而言的。PCM 编码采用波形编码，若采用 ADPCM 编码，可以将比特率压缩到 32 kbit/s。若要提高信道利用率，就必须对其进行进一步的压缩。当压缩比特率低于 16 kbit/s，语音质量就很差了，此时波形编码已难以胜任。若想获得更低的比特率，就必须采用新的编码方法，如子带编码和参量编码。利用参量编码实现语音编码的设备也称为声码器（vocoder），它是通过模拟人的发声机制来构造发声模型，提取模型参数并对参数进行量化编码来降低语音信号编码速率的。参量编码方法虽然提出的很早，但由于其算法过于复杂、延时很大而未能进入实用。直到 20 世纪 90 年代，随着高性能的数字信号处理专用芯片的问世，才使声码器技术得以应用。目前的 GSM、CDMA 移动通信系统及 IP 电话系统都已大量使用了语音压缩编码技术。

3. 语音质量评价

语音质量评价分为主观评价和客观评价，一般采用主观评价较多。主观评价反应了评听者对语音质量好坏程度的一种主观印象。在实际语音系统评价中，平均意见分（Mean Opinion Score MOS）使用最为普遍。平均意见分 MOS 由 20～60 个非专业测试者对所听的语音进行综合打分，然后进行统计分析，采用 5 级计分制，如表 3-1 所示。

表 3-1 　　　　　　　　　　　　　　　　　MOS 级计分制

MOS 分	含义
5	Excellent（优）
4	Good（良）
3	Fair（中）
2	Poor（差）
1	Bad（劣：不可接受）

通常按 MOS 分的高低对编码器质量进行分类。MOS≥4.0，为长途质量，恢复的信号和原信号几乎不可区分。MOS 为 3.5～4.0，通信质量，可用于普通电话通信，但有明显可感失真。MOS<3.0，虽可懂，但已缺乏自然性，难以识别发音者。

3.2 自适应差值脉冲编码调制（ADPCM）

自适应差值脉冲编码调制（ADPCM）是用预测编码方法来压缩数据的，它结合了 ADM 的差分信号与 PCM 二进制码的方法，是一种性能比较好的编码方法。该算法利用了语音信号样点间的相关性，并针对语音信号的非平稳特点，使用了自适应预测和自适应量化，在 32kbit/s 速率上能给出较好的语音质量。在介绍 ADPCM 之前先要了解差值脉冲编码调制（DPCM）和子带编码。

3.2.1 差值脉冲编码调制（DPCM）的原理和子带编码

前述 PCM 方式使用的是波形编码技术，即首先对模拟信号波形进行抽样，而后再根据样值幅度值进行量化和编码。从语音信号的相关性分析可知，当以一定的时间间隔抽样时，其所得的样值幅度是有一定相关关系的。当将这些有一定相关关系的样值按 PCM 方式进行编码时会使编码信号中含有一定的冗余信息。这样就使得编码信号的速率有一些不必要的增高，实际上就是降低了传输速率。所以，利用语音信号的相关特性降低编码速率是实现语音信号高效编码的有效方法之一。

子带编码是一种以信号频谱为依据的波形编码方法，它首先用一组带通滤波器将输入信号按频谱分开，然后对每路子信号进行 PCM 编码并进行复接，在接收端经过分接和解码再复合成原始信号。

1. DPCM 原理及实现

DPCM 就是考虑利用语音信号的相关性找出可反映信号变化特征的一个差值量进行编码的。根据相关性原理，这一差值的幅度范围一定小于原信号的幅度范围。因此，在保持相同量化误差的条件下，量化电平数就可以减少，也就是压缩了编码速率。

差值编码一般是以预测的方式来实现的。预测就是指当我们知道了冗余性（有相关性）信号的一部分时就可对其余部分进行推断和估值。具体地说，如果知道了一个信号在某一时间以前的状态，则可对它的未来值做出估值。举例来说，设以 $\dfrac{1}{T_S}$ 的速率对信号 $S(t)$ 抽样，在 $t=nT_S$ 时刻前可得到 $S(nT_S - T_S)$、$S(nT_S - 2T_S)$、$\cdots\cdots S(nT_S - NT_S)$ 等一组样值。以前面 N 个样值作为基础对 $S(nT_S)$ 的预测值为

$$\tilde{S}(nT_S) = \sum_{i=1}^{N} W_i S(nT_S - iT_S) \tag{3-1}$$

式中，W_i 是不同时刻样值的加权系数。根据相关性情况，可设 W_i 为常量或变量。图 3-1 所示横截滤波器就是可以实现式（3-1）所给的预测值的原理框图。

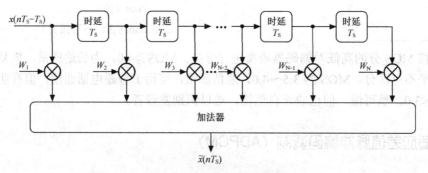

图 3-1 实现预测的横截滤波器

如图 3-1 所示，在每个抽样时刻到来时，滤波器输出将会给出下一个样值的预测值。一般来说，在抽样时刻 $t = (nT_S)$ 时所得的预测值 $\tilde{S}(nT_S)$ 与真正的样值 $S(nT_S)$ 并不相同。所谓差值脉冲编码就是对真正的样值 $S(nT_S)$ 与过去的样值为基础得到的估值 $S(nT_S)$ 之间的差值进行量化和编码。

图 3-2 是 DPCM 实现的原理框图。如前面所述，DPCM 方式的发送端就是将现有样值与预测值之差进行量化编码的方式来实现的，而在接收端为了恢复原信号也必须进行与发送端相同的预测。图 3-2 显示出了两种实现方式，图 3-2（a）是由输入信号进行预测的 DPCM 系

统，这种方式中发送端与接收端的预测器处理信号略有不同，即发送端是对输入信号预测的，接收端是对解码输出信号预测的，这会对恢复信号的质量有一定的影响，但该方式的实现比较简单。图 3-2（b）是由解码信号进行预测的 DPCM 系统，它两端预测的信号相同，发送端预测的信号相同，发送端编码器与解码器间的反馈保证了发送预测器输入的信号 $S_r(nT_S)$ 中的误差，就是样值 $e(nT_S)$ 的量化误差，并且对以前的量化误差没有累积。

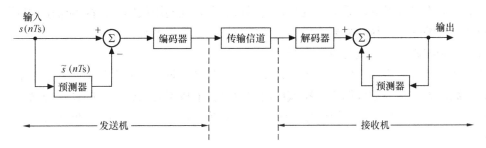

（a）由输入信号进行预测的 DPCM 系统

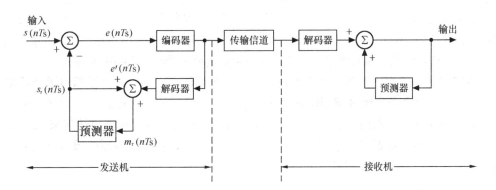

（b）由解码信号进行预测的 DPCM 系统

图 3-2　DPCM 系统原理框图

如图 3-3 所示是用预测方式实现 DPCM 的波形示意图。

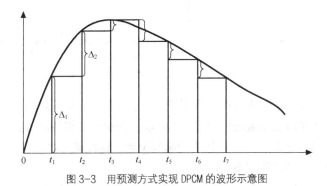

图 3-3　用预测方式实现 DPCM 的波形示意图

如图 3-3 所示，第一次样值是 0，第二次样值是 Δ_1，也就是第二次样值与前一次样值之差。第三次所传的差值是 Δ_2，接收端再加上预测延迟的 Δ_1 就是 t_2 时刻的样值。以后，依此类推，就可以得到各时刻的样值。

2. 子带编码 SBC 原理及实现

人耳对语音的不同频段感觉是不一样的，子带编码就是根据这一特点来进行语音压缩的。在实际应用中，子带编码一般是同波形编码结合使用，如 G.722 使用的是 SB-ADPCM 技术。但子带的划分更多是对频域系数的划分，这样可以更好地利用低频带比高频带感觉重要的特点，故在子带编码中，往往先要应用某种变换方法得到频域系数。

（1）子带编码的基本概念及工作原理

子带编码是首先将输入信号分割为几个不同的频带分量，然后再分别将各个频带进行编码，这类编码方式称为频域编码。频域编码将信号分解成不同频带分量的过程去除了信号的冗余度，得到了一组互不相关的信号。这同 DPCM 方式的机理虽然不同，但从去除冗余度来看，这两者又是相似的。

把语音信号分成若干子带进行编码主要有两个优点。首先如果对不同的子带合理地分配比特数，就可能分别控制各子带的量化电平数目以及相应的重建信号的量化误差方差值，使误差谱的形状适应人耳听觉特性，获得更好的主观听音质量。由于语音的能量和共振峰主要集中在低频段，它们要求保存比较高的精度，所以对低频段的子带可以用较多的比特数来表示，而高频段可以分配比较少的比特数。其次，子带编码的另一个优点是各子带的量化噪声相互独立且被束缚在各自的子带内，这样就能避免输入电平较低的子带信号被其他子带的量化噪声所淹没。

子带编码实现的原理框图如图 3-4 所示。在子带编码中，用带通滤波器将语音频带分割为若干个子带，每个子带经过调制将各子带变成低通型信号（图中未画出）。这样就可使抽样速率降低到各子带频宽的两倍。各子带经过编码的子带码流通过复接器复接起来，送入信道。在接收端，先经过分接器将各子带的码流分开，经过解码、移频到各原始频率位置上。各子带相加就恢复出原来的语音信号。

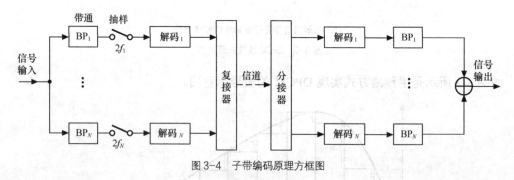

图 3-4 子带编码原理方框图

由于各子带是分开编码的，因此可以根据各子带的特性，选择适当的编码方式，以使量化噪声很小。例如在低频子带可安排编码位数多一些，以便保持音节和共振峰的结构；而高频子带对通信的重要性略低于低频子带，可安排较少的编码位数，这样就可以充分地压缩编码速率。

（2）子带编码的比特分配及编码速率

在子带编码器的设计中，必须考虑子带数目、子带划分、编码的参数、子带中比特的分配、每样值编码比特和带宽等主要参数。

在子带编码中，各子带的带宽 ΔB_k 可以是相同的，也可以是不同的。前者称为等带宽子带编码，后者称为变带宽子带编码。等带宽子带编码的优点是易于用硬件实现，也便于进行理论分析。在这种情况下带宽 ΔB_k 为

$$\Delta B_k = \Delta B = B/m \tag{3-2}$$

式中，$k = 1，2，3 \cdots m$，m 是子带总数；B 是编码信号总的带宽。

在变带宽编码中，常用的子带划分是令各子带宽度随 k 的增加而增加，即

$$\Delta B_{k+1} > \Delta B_k \tag{3-3}$$

也就是低频段的子带带宽较窄，高频段较宽。这样划分不仅和语音信号的功率相匹配，而且也和语音信号的可懂度或清晰度随频率变化的关系相匹配。研究表明，语音信号频带中具有相同带宽的各子带对语音可懂度的影响是不同的，低频段的影响大，高频段的影响小，因此，将低频段的子带分得细一点，量化精度高一点。但是，在等宽分割时，对不同的子带分不同的比特数，等带宽子带编码也能获得很好的质量。

在子带编码中，每一个子带信号 $X_k(t)$ 按照频率 f_{sk} 经过抽样后，其每个样点使用 R_k 比特来进行数字编码，因此编码所需要的总速率 I 为

$$I = \sum_{k=1}^{m} f_{sk} R_k \tag{3-4}$$

对于等带宽子带编码有 $\Delta B_k = \Delta B = B/m$，则

$$f_{sk} = 2\Delta B = 2B/m \tag{3-5}$$

这时，式（3-4）可简化为

$$I = 2B/m \sum_{k=1}^{m} R_k (\text{bit}/\text{s}) \tag{3-6}$$

如果 R 表示各子带每样点编码所用比特数的平均值，即

$$\sum_{k=1}^{m} R_k = mR \tag{3-7}$$

则式（3-6）可写成

$$I = 2BR \tag{3-8}$$

这也就是通常熟知的全带时域编码传输速率的表示式。可以看到，在等带宽子带编码中，总传输速率 I 与 R_k 的和成正比。这样，等带宽分割在进行比特分配时，关系就比较简单。

例如，一个 4 个子带的 SBC 系统，子带分别为[0～800]，[800～1 600]，[1 600～2 400]，[2 400～3 200]，如果忽略同步的边带信息，子带的比特分配分别为 3，2，1，0 比特/样值，则 SBC 编码系统总的传输速率为

$$I = \frac{2B}{m} \sum_{k=1}^{m} R_k \tag{3-9}$$

设 $B = 3200\,\text{Hz}$，$m = 4$，$R_1 = 3$，$R_2 = 2$，$R_3 = 1$，$R_4 = 0$，则总的传输速率为

$$I = \frac{2 \times 3\,200}{4}(3 + 2 + 1 + 0) = 9.6\,\text{kbit/s}$$

全样取样编码的平均比特数为

$$R = \frac{1}{m}\sum_{k=1}^{m}R_k = \frac{1}{4}(3+2+1+0) = 1.5 \text{ bit}$$

3.2.2 自适应差值脉冲编码调制（ADPCM）的原理

前述概要地介绍了 DPCM 的工作原理，但为了能进一步提高 DPCM 方式的质量，还需采取一些辅助措施，即自适应措施。语音信号的变化是因人、因时而不同的，为了能在相当宽的变化范围内能得到最佳的性能，DPCM 也需要自适应系统，这里的自适应包括自适应预测和自适应量化，称为 ADPCM。

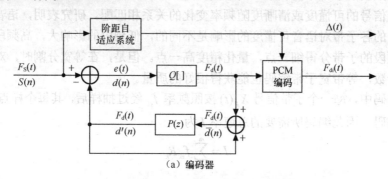

（a）编码器

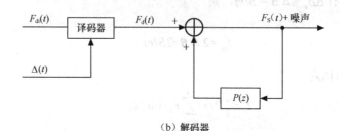

（b）解码器

图 3-5 前馈自适应量化 ADPCM

图 3-5 和图 3-6 所示为采用固定预测并带有自适应量化的 ADPCM 系统。图 3-5 为前馈自适应量化的 ADPCM 系统，图 3-6 为反馈自适应量化的 ADPCM 系统。图中多电平量化与调制器用 $Q[\ ]$ 表示，而积分器则用 $P(z)$ 组成的预测系统表示。

自适应量化的基本思想是：让量化间隔 $\Delta(t)$ 的变化，与输入信号方差相匹配，即量化器阶距随输入信号的方差而变化，它正比于量化器输入信号的方差。现有的自适应量化方案有两类：一类是其输入幅度或方差由输入信号本身估算，这种方案称为前馈自适应量化器。另一类是其阶距根据量化器的输出来进行自适应调整，或等效地用输出编码信号进行自适应调整，这类自适应量化方案称为反馈自适应量化器。

不论是采用前馈式还是反馈式，自适应量化都可以改善动态范围及信噪比。反馈控制的主要优点是量化阶距的信息由码字序列提取，因此不需要传输或存储额外的阶距信息。但是在重建输出信号时，传输中的误码对质量的影响比较敏感。在前馈控制时，要求码字和阶距一起，以用来得出信号。这样是增加了其复杂性，但它有可能在差错控制保护下传输阶距，从而大大改善高误码率传输时的输出信号质量。不论是前馈型还是反馈型自适应量化都可以希望得到超过相同电平数固定量化的 10～12dB 的改善。

　　为了进一步有效地克服语音通信过程中的不平稳性，要考虑量化器和预测器都适应匹配于语音信号瞬时变化，又设计了同时带有自适应量化和自适应预测的 ADPCM 系统。自适应量化和自适预测都可以是前馈型的或是反馈型的。对 ADPCM 来说，预测系统的预测系数的选择是较重要的。如果信号 $F_S(t)$ 的样值用 $S(n)$ 表示，$F_d'(t)$ 的样值用 $d'(n)$ 表示，$\overline{F_d}(t)$ 的样值用 $\overline{d}(n)$ 表示，则当采用线性预测，即 $d'(n)$ 是以前量化值的线性组合时，其预测值为

$$d'(n) = \sum_{k=1}^{p} a_k(n)\overline{d}(n-k) \tag{3-10}$$

式中 P 为预测器的阶数。

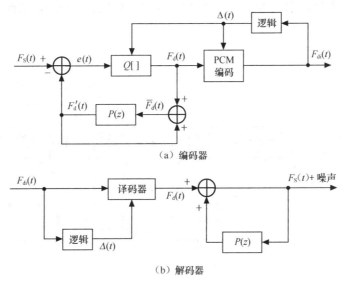

（a）编码器

（b）解码器

图 3-6　反馈自适应量化 ADPCM

　　要使预测系数 $a_k(n)$ 自适应时，通常是假定短时间内语音信号的参量保持恒定，并使短时间内的均方预测误差为最小值来选择预测系数。图 3-7 给出了固定和自适应两种情况时的预测增益，从图中可以看出，固定和自适应预测 DPCM 系统性能的合理上限分别为 10.5dB 和 14dB。

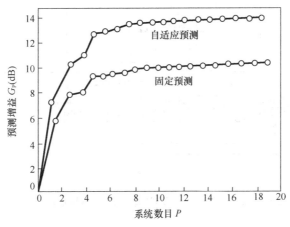

图 3-7　固定和自适应 DPCM 系统性能

3.2.3 波形编码压缩标准

在此介绍采用波形编码方式的压缩标准 G.721 和 G.722。

1. ADPCM 编码标准 G.721

1984 年 ITU-T 公布了 G.721 32 kbit/s ADPCM 标准，并于 1986 年做了进一步的修改。这种系统的语音质量十分接近 G.711 A 律或 μ 律 64 kbit/s PCM 的语音质量。

由于 G.721 32 kbit/s ADPCM 主要用来对现有 PCM 信道扩容，即把 2 个 2 048 kbit/s 30 路 PCM 基群信号转换成 1 个 2 048 kbit/s 60 路 ADPCM 信号，因此，ADPCM 编码器的输入与解码器的输出都采用标准 A 律或 μ 律 PCM 信号码。G.721 32 kbit/s ADPCM 编码器与解码器工作原理框图如图 3-8 所示。

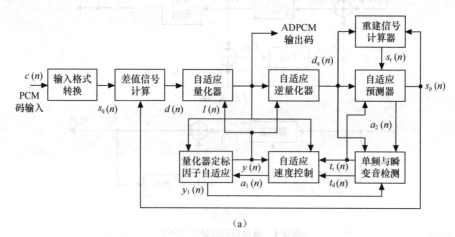

（a）

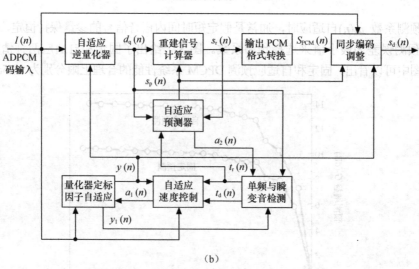

（b）

图 3-8 G.721 32 kbit/s ADPCM 编码器与解码器工作原理框图

编码器输入端先将输入的 8 位 PCM 码转换成 14 位线性码 $s(n)$，然后，同预测信号 $s_p(n)$ 相减产生差值信号 $d(n)$，再对 $d(n)$ 进行自适应量化，产生 4 bit ADPCM 代码 $I(n)$。一方面要把 $I(n)$ 送给解码器，另一方面利用 $I(n)$ 进行本地解码，得到量化后的差值信号 $d_q(n)$，再同预测信号 $s_p(n)$ 相加得到本地重建信号 $s_r(n)$，自适应预测器采用二阶极点、六阶零点的混合预测器，它利用 $s_r(n)$、$d_q(n)$ 以及前几个时刻的值，对下一时刻将要输入的信号 $s_I(n+1)$ 进行预测，计算出 $s_p(n+1)$。为了使量化器能适应语音信号、带内数据信号及信令信号等具有不同统计特性以及不同幅度的输入信号，自适应要依输入信号的特性自动改变自适应速度参数来控制量阶。这一功能由量化器定标因子自适应、自适应速度控制、单音及过渡音检测等三个功能单元完成。

解码器的解码过程实际上已经包含在编码器中，但多了一个线性码到 PCM 码转换以及同步编码调整单元。同步编码调整的作用是防止多级同步级联编解码工作时产生误差累积，以保持较高的转换质量。同步级联是指 PCM —— ADPCM —— PCM —— ADPCM……多级数字转换链接的形式，在多节点的数字网中经常会遇到这种情况。解码器最后输出的是 8 位 A 律或 μ 律 PCM 码，因此在得到重建信号 $s_r(n)$ 后，还需将它转换成相应的 PCM 码。

2．子带自适应差值脉冲编码调制 SB-ADPCM 标准 G.722

G.722 标准是针对调幅广播质量的音频信号制定的压缩标准，音频信号质量较高。调幅广播质量的音频信号频率范围是 50 Hz～7 kHz。此标准是在 1988 年由 ITU-T 制定的，全称为"数据率为 64 kbit/s 的 7 kHz 声音信号编码"。此标准采用的编码方法是子带 ADPCM（SB-ADPCM）编码方法，将语音频带划分为高和低两个子带，高子带和低子带之间以 4kHz 频率为界限进行划分。在两个子带内都采用自适应差值脉冲编码调制 ADPCM 方式。其信号的采样频率为 16 kHz，编码比特数为 14 bit，编码后的信号速率为 224 kbit/s。G.722 标准能将 224 kbit/s 的调幅广播质量信号速率压缩为 64 kbit/s，而质量又保持一致，可以在视听多媒体和会议电视方面得到应用。对语音信号来说，提高语音信号的采样频率对压缩语音质量的提高并没有太多改善，但对于音乐信号的改善却是很明显的。由于 G.722 将信号的低端截止频率扩展到 50 Hz，这就改善了音频信号的自然度。为了简化回音控制，G.722 编码器所引入的延迟时间限制在 4 ms 之内。在某些应用场合，希望能从 64 kbit/s 信道中让出一部分信道来传送其他的数据。因此，G.722 定义了 3 种音频信号的传送速率，即 48 kbit/s（附加数据速率为 16 kbit/s）、56 kbit/s（附加数据速率为 8 kbit/s）和 64 kbit/s。

G.722 编译码系统采用了子带自适应差分脉冲编码调制（Sub-Band Adaptive Differential Pulse Code Modulation，SB-ADPCM）技术。用正交镜像滤波器（QMF）将频带分割为两个相同带宽的子带，分别是高频子带和低频子带，对每个子带中的信号都采用 ADPCM 方式进行编码。编码时，对高频子带每个样值分配 2 个比特，编码的码速率为 16 kbit/s；低子带根据不同传输需求可以使用 4、5 和 6 比特每样点，因此总的传输速率为 48 kbit/s、56 kbit/s 和 64 kbit/s。主观测试表明，48 kbit/s、56 kbit/s 和 64 kbit/s 的平均 MOS 对应为 3.7、4.0 和 4.1，均达到了比较满意的效果。如图 3-9 所示为 G.722 的简化原理框图。

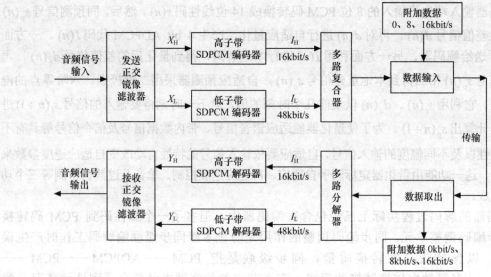

图 3-9   G.722 编译码原理图

3.2.4 单片集成 ADPCM 编解码器

1. MC145532 ADPCM 代码转换器

（1）技术特点

- 满足 ITU-T 建议 G.721—1988；
- 全双工、单信道工作；
- 选择引脚 μ 律或 A 律编码；
- 同步或异步工作；
- 容易与摩托罗拉的 PCM 编解码器、滤波器等接口；
- 串行 PCM 和 ADPCM 数据传输速率为 64 kbit/s～5 120 kbit/s；
- 省电能力用于低电流的消耗；
- 简单时隙分配定时用于代码转换器；
- 单 5V 电源。

（2）MC145542 引脚符号与功能

MC145532 引脚排列图如图 3-10 所示。

图 3-10   MC145532 引脚排列图

MC145532 引脚符号与功能如表 3-2 所示。

表 3-2   **MC145532 引脚符号与功能表**

引脚号	符号	功能	引脚号	符号	功能
1	MODE	模式选择	9	APD	绝对省电
2	DDO	译码器数据输出	10	SPC	信号处理器时钟
3	DOE	译码器输出使能	11	EIE	编码器输入使能
4	DDC	译码器数据时钟	12	EDI	编码器数据输入
5	DDI	译码器数据输入	13	EDC	编码器数据时钟
6	DIE	译码器输入使能	14	EOE	编码器输出使能
7	RESET	复位	15	EDO	编码器数据输出
8	V_{SS}	接电源负端	16	V_{DD}	接电源正端

（3）应用电路

MC145532 ADPCM 代码转换器/编解码器应用电路如图 3-11 所示。

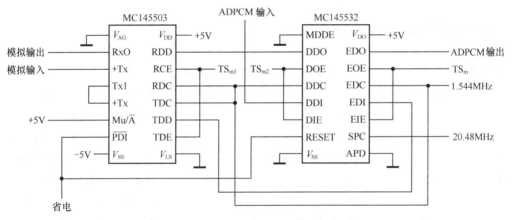

图 3-11   MC145532 ADPCM 应用电路

2. MC145540 ADPCM 编/解码器

（1）技术特点

- 单电源工作(2.7～5.25V)；
- 3V 时典型功耗为 60mW，省电时为 15μW；
- 最小噪声的差分模拟电路设计；
- 完全 μ 律或 A 律压扩 PCM 编解码器滤波器；
- 64 kbit/s，32 kbit/s，24 kbit/s 和 16 kbit/s 数据率 ADPCM 代码转换器；
- 通用可编程双音频发生器；
- 可编程发送增益、接收增益和侧音增益；
- 用于与话筒接口的低噪声、高增益、三端输入运算放大器。

（2）MC145540 引脚符号与功能

MC145540 引脚排列如图 3-12 所示。

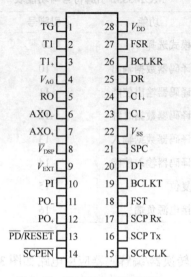

图 3-12 MC145540 引脚排列图

MC145540 引脚符号与功能如表 3-3 所示。

表 3-3   MC145540 引脚符号与功能表

引脚号	符号	功能	引脚号	符号	功能
1	TG	发送增益	15	SCPCLK	串行控制口时钟输入
2	TI_	发送模拟输入(反相)	16	SCP T_X	串行控制口发送输出
3	TI_+	发送模拟输入（同相）	17	SCP R_X	串行控制口接收输入
4	V_{AC}	模拟地输出	18	FST	帧同步，发送
5	RO	接收模拟输出	19	BCLKT	比特时钟，发送
6	AXO_	辅助音频功率输出（反相）	20	DT	数据，发送
7	AXO_+	辅助音频功率输出（同相）	21	SPC	信号处理器时钟
8	V_{DSP}	数字信号处理器电源输出	22	V_{SS}	接电源负端
9	V_{EXT}	外部电源输入	23	CL_	电荷激励电容器引脚
10	PI	功率放大器输入	24	CL_+	电荷激励电容器引脚
11	PO_	功率放大器输出（反相）	25	DR	数据，接收
12	PO_+	功率放大器输出（同相）	26	BCLKR	比特时钟，接收
13	$\overline{PDI/RESET}$	省电输入/复位	27	FSR	帧同步接收
14	$\overline{SCPEN}$	串行控制口使能输入	28	V_{DD}	正电源输入/输出

（3）应用电路

MC145540 手持机应用电路如图 3-13 所示。

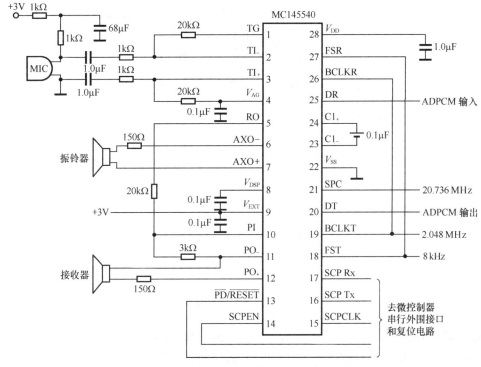

图 3-13　MC145540 手持机应用电路图

3.3　参量编码

　　参量编码的原理和设计思想与波形编码完全不同。波形编码的基本思路是忠实地再现语音的时域波形，为了降低比特率，可充分利用抽样点之间的信息冗余性对差分信号进行编码，在不影响语音质量的前提下，比特率可以降至 32 kbit/s。

　　参量编码根据对语音形成机理的分析，着眼于构造语音生成模型。该模型以一定精度模拟发出语音的发声声道，接收端根据该模型还原生成发话者的音素，根据频域分析可知该模型就对应为具有一定零极点分布的数字滤波器。编码器发送的主要信息就是该模型的参数，相当于该语音信号的主要特征，而并非具体的语音波形幅值。由于模型参数的更新频度较低，并可利用抽样值间的一定相关性，故可有效地降低编码比特率。因此，目前小于 16 kbit/s 的低比特率语音编码都采用参量编码。它在移动通信、多媒体通信和 IP 网络电话应用中起到了重要的作用。

3.3.1　参量编码的基本原理

　　由前述说明可知，要了解参量编码原理，首先必须了语音形成机理及语音信号特征分析。

1. 语音形成机理

人类语音形成的大致过程如图 3-14 所示。

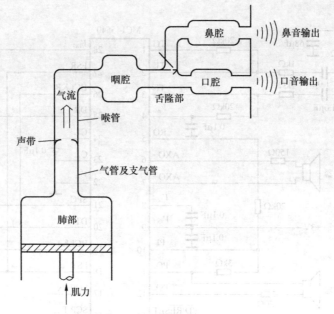

图 3-14 语音形成过程

从肺部压出的空气由气管到达声门，气流流经声门时形成声音，然后再经咽腔，由口腔或鼻腔送出。其中咽腔、口腔、鼻腔等构成声道，当腔体呈不同形状，舌、齿、唇等处于不同位置时，相当于形成一个具有不同零极点分布的滤波器，气流通过该滤波器后产生相应的频响输出，从而发出不同的音素。

从语音信号分析可知，音素分为两类:伴有声带振动的音称为浊音;声带不振动的音称为清音。由于声带振动有不同的频率，因此浊音就有不同的音调，称为基音频率。男性基音频率一般为 50～250 Hz，女基音频率一般为 100～500 Hz。另外，气流压出的不同强度就对应为声音的音量大小。

2. 浊音与基音

浊音又称有声音，发声时声带在气流的作用下激励起准周期的声波，如图 3-15 所示。

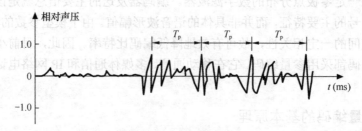

图 3-15 语音声波波形图

由图 3-12 可见，浊音声波具有明显的准周期特性，这一准周期音称为基音，其基音周期为 4～18 ms 相当于基音频率在 50～250 Hz 范围内。

对语音信号的频谱分析可知，语音信号除基音外还存在基音的多次谐波，浊音信号的能量主要集中在各基音谐波的频率附近，而且主要集中在低于 3 kHz 的范围，其浊音的频谱特性如图 3-16 所示。图 3-13 中虚线所示频谱包络中的峰值所对应的频率为口腔共振体的共振峰频率。

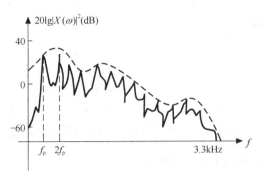

图 3-16 浊音频谱特性

3．清音

清音又称无声音。由声学和力学理论可知，当气流速度达到某一临界速度时，就会引起湍流，此时声带不振动，声道被噪声状随机波激励产生较小幅度的声波，其波形与噪声相似，这就是清音，其波形示意图如图 3-17 所示。

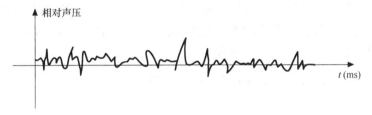

图 3-17 清音波形示意图

清音没有周期特性，典型的清音波形频谱如图 3-18 所示。从清音的频谱分析可知，清音中不含具有周期或准周期特性的基音及其谐波成分。从频谱分析还可看出，清音的能量集中，在比浊音更高的频率范围内。

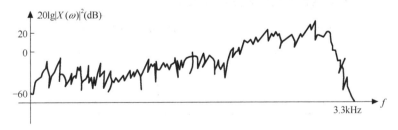

图 3-18 清音频谱示意图

4．语音信号产生模型

根据上面对实际发声器及语音的分析可知。语音信号发生过程可抽象为如图 3-19 所示模型。

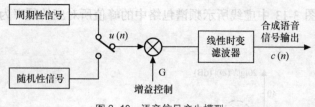

图 3-19 语音信号产生模型

图 3-16 中所示周期信号源表示浊音激励源;随机噪声信号源表示清音激励。图中 $u(n)$ 表示波形产生的激励参量，即是表示清音/浊音和基音周期的参量。$c(n)$ 是合成的语音输出，声道特性可以看成是一个线性时变系统，G 是增益控制，增益控制代表语音强度。

3.3.2 线性预测编码（LPC）基本概念

线性预测编码（Linear Predictive Coding, LPC）是一种非常重要的编码方法。从实现原理上讲，LPC 是通过分析语音形成波形来产生声道激励信号和转移函数的参数，对声音波形的编码实际就转化为对这些相关参数的编码，这就使对声音编码的数据量大大减少。在接收端使用 LPC 方法分析所得到的参数，通过语音合成器重构语音。合成器实际上是一个离散的随时间变化的时变线性滤波器，它代表人的语音生成系统模型。时变线性滤波器既当作预测器使用，又当作合成器使用。分析语音波形时，主要是当作预测器使用；在合成语音时当作语音生成器使用。随着语音波形的变化，周期性地使模型的参数和激励条件适合新的要求。

线性预测器是使用过去的 P 个样本值来预测现时刻的采样值 $x(n)$。如图 3-20 所示，预测值可以用过去 P 个样本值的线性组合来表示。

$$x_{pre}(n) = -[a_1 x(n-1) + a_2 x(n-2) + \cdots + a_p x(n-p)]$$

$$= -\sum_{i=1}^{p} a_i x(n-i) \tag{3-11}$$

为方便起见，式中采用了负号。残差误差(residual error)即线性预测误差为

$$e(n) = x(n) - x_{pre}(n) = \sum_{i=0}^{p} a_i x(n-i) \tag{3-12}$$

这是一个线性差分方程。其预测的过程用图 3-20 来表示。

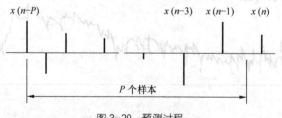

图 3-20 预测过程

在给定的时间范围里，如 $[n_0, n_1]$，使 $e(n)$ 的平方和为最小，这样可使预测得到的样本值更精确。通过求解偏微分方程，可找到系数 a_i 的值。如果把发音器官等效成滤波器，这些系数值就可以理解成滤波器的系数。这些参数不再是声音波形本身的值，而是发音器官的激励参数。在接收端重构的语音也不再具体复现真实语音的波形，而是合成的声音。

虽然LPC声码器和ADPCM一样都采用基于线性预测的分析方法来实现对语音信号的压缩编码，但是它们之间是有本质区别的。LPC声码器主要是考虑使重建信号在主观感觉上与输入语音信号保持一致，并不考虑重建语音信号的波形与原语音信号波形相同，所以不需要对预测残差进行传输和量化，只需要传输LPC的相关系数、重构激励信号的基音周期和清浊音信息。

参量编码器也被称作声码器。声码器的实现方式很多，如通道声码器、共振峰声码器、线性预测编码（LPC）声码器等，其中LPC声码器是最成功的低速率语音编码器，其比特率可以达到 2.4 kbit/s 甚至更低。这种声码器基于全极点声道模型的假定，采用线性预测分析合成原理，对模拟参数和激励参数进行编码传输。

3.3.3 参量编码的声码器

1. 线性预测编码(LPC)声码器

如前所述，若简单地将语音分成浊音和清音两大类，LPC是典型的二元激励语音编码模型。根据语音线性预测模型，清音可以模型化为白色随机噪声激励；而浊音的激励信号为准周期脉冲序列，其周期为基音周期 T_P。由语音信号短时分析及基音提取方法，能逐帧将语音信号用少量特征参量，如清/浊音判决 u/v，基音周期 T_P，声道模型参数 $\{a_i\}$ 和增益 G 来表示，再把这些参量进行量化和编码。

这里的参量主要体现在线性时变系统参数 $\{a_i\}$ 和基音周期 T_P、清浊音判决 u/v 和代表语音强弱的增益控制参量 G。线性时变系统参数，即线性时变滤波器系数 $\{a_i\}$ 可以通过线性预测技术获得，在一般情况下需要有 12 个系数 $\{a_i\}$（$i=1$，2，…，12），再加上基音周期 T_P、清浊音判决 u/v 和代表语音强弱的增益控制参量 G，一共有 15 个参量。这 15 个参量就决定了语音信号所包含的主要信息。可以通过对每帧语音信号进行分析求出这 15 个参量，然后将它们量化、编码传给接收端。接收端用收到的这 15 个参量和发声机制模型综合，复制出语音信号。

采用这种编码方式进行语音信号有效传输的系统称为线性预测编码（LPC），如图 3-21 所示是采用开环方式实现的方框图。开环方式的特点是实现简单，它只是对模型粗糙的近似，而且解码后的语音与原始语音波形差异较大，所以合成语音质量不高。

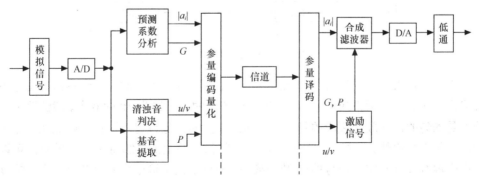

图 3-21 线性预测编码(LPC)实现方框图

在发送端，原始语音输入 A/D 变换器，以 8 kHz 速率抽样并变换成数字化语音。然后以每 180 个样值为一帧（帧周期 22.5ms），以帧为处理单元逐帧进行线性预测系数分析，并作相应的清/浊音判决和基音提取，最后把这些参量进行量化、编码并送入信道传送。

在接收端，经参量解码分出参量 $\{a_i\}$、G、T_P 和 u/v 等。G、T_P 以及 u/v 用作语音信号的合成产生，$\{a_i\}$ 用作形成合成滤波器的参数。最后将合成产生的数字化语音信号再经 D/A 变换即还原为接收端合成产生的语音信号。

为了有较高的预测精度以获得满意的综合语音质量，一般每个预测系数 $\{a_i\}$ 需用 11bit 编码，这样 12 个预测系数就需要 $11 \times 12 = 132$ bit，再加上音调 6 bit，增益 5 bit，清浊音判决 1 bit，总共一帧内需要 144 bit，若语音信号按每 10 ms 一帧计算，则总比特率就需要 14.4 kbit/s，这对 LPC 方式来说显然速率偏高。为了进一步降低编码速率目前在实用系统中又采用了矢量量化技术等，但这些方面的技术都是与复杂性成正比的，所以用复杂性换取技术性是今后的一个方向。

2. 通道声码器

通道声码器是在 1939 年由美国的 Homer Dudley 发明的，是最早的语音编码装置。由于通道声码器语音质量较差、体积很大且造价高，以至于在很长时间里都没能获得广泛的应用。通道声码器的发送端通过若干个并联的通道对语音信号进行粗略的频谱估计，而在接收端产生的信号其频谱与发送端所规定的频谱相匹配。通道声码器的原理框图如图 3-22 所示。

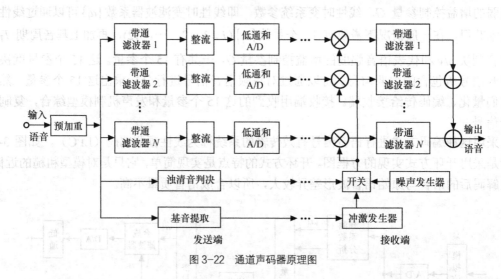

图 3-22　通道声码器原理图

在发送端，输入的语音信号通过滤波器组和基音提取装置，滤波器组将语音信号的频率范围分成许多相邻的子频带或子通道，一般滤波器组的个数选为 10～20 个。滤波器组对频带的划分不是均匀的，一般低频段的带宽较窄而高频段的带宽较宽，这样可以保证对低频带信号有较高的频率分辨能力。整流电路取出各子频带信号的幅值，低通和 A/D 的目的可以避免采样后产生混叠失真并完成信号的模/数变换。每一个子频带输出信号对应该频带的幅度谱的均值，这一组数据就反应了信号频谱的包络。将其与清浊音判决信号和基音周期一起编码后发送到接收端。

在接收端，通过清浊音判决信号和基音周期来提供声门激励信号，并用频谱包络信号对其进行调制，经带通滤波器输出后叠加在一起就合成为输出语音信号。

通道声码器的主要缺点是需要进行基音检测和清浊音判决，而要精确地求出这两组数据是非常困难的，而且其误差会对合成语音的质量造成很大的影响。此外，由于通道数量有限，可能几个谐波分量会落入同一个通道，在合成时它们将被赋予相同的幅度，结果会导致合成信号的频谱畸变。

3．共振峰声码器

与通道声码器将语音信号划分成多个频段不同，共振峰声码器是对整体的语音信号进行分析，提取信号中共振峰的位置、幅度、带宽等参数，构成对应清音和浊音的两个声道滤波器。清音滤波器一般采用 1 个极点和 1 个零点的数字滤波器；浊音滤波器采用全极点滤波器，由多个二阶滤波器级联而成。如图 3-23 所示为共振峰声码器的合成器结构图。其中共振峰 F_1、F_2、F_3 是浊音滤波器的参数，极点 F_p 和零点 F_z 为清音滤波器的参数，F_0 为基音频率，A_u、A_v 是清音和浊音增益系数。

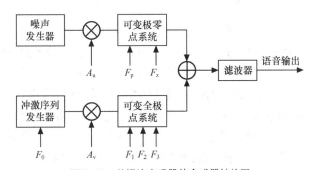

图 3-23　共振峰声码器的合成器结构图

与通道声码器相比，共振峰声码器合成的语音质量较好，而且比特率可以压缩的更低。共振峰声码器也只是对语音信号简单的划分为清音和浊音。

3.3.4　线性预测编码标准 LPC-10

美国的 Homer Dudley 最早在 1939 年开发出了以滤波器为主的通道声码器。20 世纪 60 年代，Sato、Itakura 和 Atal、Schroeder 将"线性预测编码（LPC）"技术应用到语音分析和合成中，研究出了实用的共振峰声码器；1966 年，J.L.Flanagan 提出了以瞬时频率为基础的相位声码器；1969 年，A.V.Oppenheim 提出了以倒谱为基础的同态声码器。在众多的声码器中，以线性预测编码（LPC）为基础的声码器以其成熟的算法和参数的精确估计成为主流，并逐步走向实用。1982 年，美国国家安全局（NSA）公布了 2.4 kbit/s 的 LPC-10 声码器标准（FS-1015）。利用这个算法可以合成清晰、可懂的语音，但是其抗噪声能力和自然度还是有缺陷。

线性预测编码 LPC-10 是一个 10 阶的线性预测声码器，该声码器所采用的压缩算法简单明了。如图 3-24 所示为 LPC-10 的原理框图。

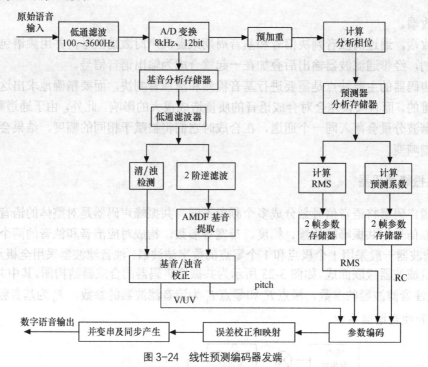

图 3-24　线性预测编码器发端

图 3-24 中，原始语音信号先经过一个锐截止的低通滤波器，再输入到一个 A/D 变换器，取样频率为 8kHz，采用 12 bit 量化，得到数字化的语音信号。以 180 个样点为一帧进行处理，帧长是 22.5 ms，提取语音的特征参数并对这些特征参数进行编码传送。A/D 变换器输出分成两个支路，一个支路进行基音周期提取和清/浊音判决，另一个支路用于提取预测系数和增益因子。在基音周期提取支路，基音分析存储器对数字化语音进行缓存，再经低通滤波器、2 阶逆滤波后，用平均幅度差函数（AMDF）计算基音周期，经过基音/浊音校正得到该帧的基音周期。同时，还要对低通滤波器输出的另一路数字语音经过清/浊音检测，加上对应的标志。在提取声道参数支路，通过预加重来加强语音谱中的高频共振峰，使语音的短时谱和线性预测分析中的残差频谱变得较为平坦，从而可以提高谱参数估值的精确性。RMS 表示增益，根据预加重的数字语音和分析帧长度来得到。

在 LPC-10 中，并没有直接对预测系数进行量化，而是转换成反射系数（Reflection Coefficient，RC），或者部分相关系数（Partial Correlation，PARCOR）来代替预测系数进行量化编码。这是为了保证综合滤波器的稳定性，因为预测系数的微小变化会引起极点位置很大的变化。

在 LPC-10 的传输码流中，帧的长度是 54 bit，是由 10 个 PARCOR 系数、增益 RMS、基音周期 Pitch、清/浊音（V/U）和同步信号共同组成的。由于每秒传输 44.4 帧，因此总的传输速率为 2.4 kbit/s。

LPC-10 虽然有很好的压缩率，但缺点也很明显。首先是语音的自然度很差，这是由于 LPC-10 声码器只采用简单的二元激励，使合成语音听起来不自然。其次是系统的抗干扰能力差，在噪声的影响下，基音周期的提取和清浊音的判决都不是很容易做到，准确性会降低。当背景噪声较强时，系统性能会显著恶化。

为了改善 LPC-10 的性能，需要进行改进。这就是增强型的 LPC-10e 声码器，它是与 LPC-10 兼容的，所做的主要改进措施就是采用混合激励的方式来代替原来的二元激励，使得合成的语音质量得到改善。美国的第三代保密电话（STU-3）就是采用 2.4 kbit/s 的 LPC-10e

声码器作为语音处理设备的。

3.4 混合编码

经过几十年对语音编码的研究，人们已经认识到导致 LPC 声码器性能不佳的主要原因不在于声道模型本身，而在于对激励信号的表示过于简单，因为只是采用了清音和浊音两种激励源。若想进一步提高语音质量，必须改进原来使用准周期脉冲或白噪声信号作为编码器激励源的方法。20 世纪 80 年代以来，人们提出了一系列高音质的混合编码算法。

混合编码多以线性预测编码（LPC）为基础，依据对激励信息的不同处理，混合编码方法主要有：多脉冲线性预测编码（MPLPC）、规则脉冲激励线性预测编码（RPELPC）、码激励线性预测编码（CELPC）、低时延的码激励线性预测编码（LD-CELPC）。

3.4.1 混合编码的基本概念

混合编码结合了波形编码和参量编码的优点，采用线性技术构成声道模型。它不只传输预测参数和清浊音信息，而且也同时传输预测误差信息；在接收端构成新的激励信号去激励预测参数构成的合成滤波器，使得合成滤波器输出的信号波形与原始语音信号的波形最大程度的拟合，从而获得自然度较高的语音。

实现混合编码基本方法是以参量编码特别是线性预测编码 LPC 为基础，适当考虑波形编码中能够反映波形编码个性特征的因素，重点在于改进过于简单的二元激励方式，以改善自然度。可以从三个方面考虑改进线性预测编码：改进语音生成模型、二元激励源结构和线性合成滤波器结构；改进语音参量的量化和传输方法；采用自适应技术，改进语音系统中语音信源和传输信道间的匹配关系。混合编码中主要采用的是合成分析 AbS 方法。

为了得到音质高而码速率又低的编译码器，历史上出现过很多不同形式的混合编译码器，其中最成功并且普遍使用的编译码器是时域合成—分析（Analysis-by-Synthesis，AbS）编译码器。这种编译码器使用的声道线性预测滤波器模型与线性预测编码 LPC 使用的模型相同，不同之处在于：不使用两个状态（有声/无声）的模型来寻找滤波器的输入激励信号，而是试图寻找这样一种激励信号，使用这种信号激励产生的波形尽可能接近于原始语音的波形。AbS 编译码器由 Atal 和 Remde 在 1982 年首次提出，并命名为多脉冲激励（Multi-Pulse Excited，MPE）编译码器，在此基础上随后出现的是等间隔脉冲激励（Regular-Pulse Excited，RPE）编译码器、码激励线性预测（Code Excited Linear Predictive，CELP）编译码器和混合激励线性预测（Mixed Excitation Linear Prediction，MELP）等编译码器。

AbS 编译码器的一般结构如图 3-25 所示。

根据语音信号短时平稳的特性，AbS 编译码器把输入语音信号分成许多帧（frames），一般来说，每帧的长度为 20 ms。合成滤波器输出的参

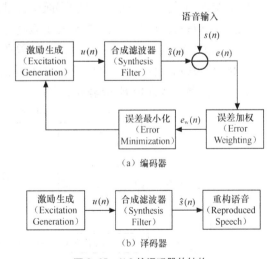

图 3-25　AbS 编译码器的结构

数按帧计算，然后确定滤波器的激励参数。从图 3-25（a）可以看到，AbS 编码器是一个负反馈系统，通过调节激励信号 $u(n)$ 可使语音输入信号 $s(n)$ 与重构的语音信号 $\hat{s}(n)$ 之差为最小，也就是重构的语音信号与实际的语音信号最接近。这就是说，编码器通过"合成"许多不同的近似值来"分析"输入语音信号，这也是"合成—分析编码器"名称的来由。在表示每帧的合成滤波器的参数和激励信号确定之后，编码器就把它们存储起来或者传送到译码器。在译码器端，激励信号馈送给合成滤波器，合成滤波器产生重构的语音信号，如图 3-25（b）所示。

混合编码器克服了原有波形编码器与声码器的弱点，而结合了它们的优点，在 4 kbit/s～16 kbit/s 速率上能够得到高质量合成语音。在本质上具有波形编码的优点，有一定抗噪和抗误码的性能，但时延较大。

合成—分析法 AbS 的基本原理可以进一步说明如下：假定原始信号可以用一个模型来表示，这个模型又是由一组参数来决定的，随着这组参数的变化，模型所产生的合成信号就会改变，原始信号与合成信号之间的误差也随之而变化。为了使模型参数能更好地适应原始信号，可以规定一个误差准则：当误差越小，模型合成信号就和原始信号越接近。这样总能找到一组参数，使误差最小，此时这组参数决定的模型就可以使用。一般在编码端配备编码和本地解码两个部分。配备本地解码的目的是完成合成功能，以便计算原始语音信号与合成语音信号之间的误差值。在图 3-25 中之所以采用反馈控制，是为了求出最佳模型参数，使合成语音与原始语音在某种准则下最为接近。

基于合成—分析法的线性预测编码的过程实质上就是不断地改变模型参数，使模型更好地适应原始语音信号的过程。

3.4.2 混合编码的编码方法

1. 多脉冲线性预测编码

1982 年，Bishnu S.Atal 和 Joel R. Remde 提出了多脉冲线性预测编码（Multi-Pulse Linear Predictive Coding，MPLPC），其实就是合成—分析编码方法的具体实现。国际海事卫星组织 INMARSAT 的 9.6 kbit/s 语音编码航空标准就是采用这种编码方法。在这种编码方法中不再提取基音和进行清浊音判决。方案规定激励脉冲系列在一定的时间间隔中只能出现数目有限的非零点脉冲；然后对每个非零点脉冲的位置和幅度用合成分析法和感觉加权误差最小判决准则进行优化；最后用优化的脉冲序列表示残差信号，并作为合成滤波器的激励源。如图 3-26 所示为多脉冲激励线性预测编码器的原理框图。

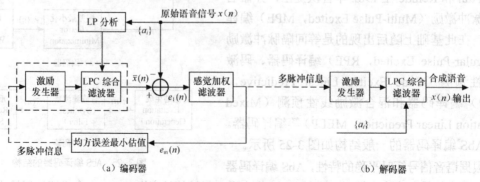

图 3-26　多脉冲激励线性预测编码器的原理框图

在图 3-26 的原理框图中，原始语音信号 $x(n)$ 以帧为单位进行处理，帧长通常为 10～20 ms。对每帧原始语音信号，首先采用线性预测分析方法计算出预测系数 $\{a_i\}$；然后在当前帧范围内每 5 ms 或 10 ms 用合成分析法估计出一组激励脉冲的幅度和位置，将其输入合成器（虚线框内部分）得到合成语音 $\bar{x}(n)$，再将合成语音 $\bar{x}(n)$ 与原始语音 $x(n)$ 相减并输入感知加权滤波器 $M(z)$，得到加权误差信号 $e_m(n)$；最后根据最小均方误差准则，分析估计出一组脉冲位置及幅度最佳的激励脉冲，与线性预测系数一起编码送入信道。

MPLPC 的关键问题是如何求出 K 个脉冲的位置和幅度，使合成语音与原始语音的感觉加权均方误差最小。MPLPC 合成语音有较好的自然度，可以保证一定的抗噪声能力，但其最大的缺点是，即使采用了准最优化激励参数估值方法，分析时的运算量仍然很大，对语音编码的实时性要求难以满足。

2. 规则脉冲激励线性预测编码器

规则脉冲激励线性预测编码器（Regular Pulse Excitation Linear Predictive Coding，RPELPC）是由 Ed. F. Deprettere 和 Peter Kroon 在 1985 年提出的。RPELPC 采用一组间距一定的非零规则脉冲代替残差信号。GSM 全速率标准就是采用规则脉冲激励线性预测编码（RPELPC）算法。因为各个非零脉冲的相互位置是固定的，所以它的计算量和编码速率与 MPLPC 相比要小得多。如图 3-27 所示为规则脉冲激励线性预测编码器的原理框图。

语音信号首先经过 p 阶 LPC 逆滤波器 $A(z)$ 得到残差信号 $r(z)$，将 $r(z)$ 和 $v(n)$ 的差输入到感觉加权滤波器，则滤波器的输出就是感觉加权误差 $e(n)$，通过调整激励信号 $v(n)$ 可以使 $e(n)$ 在一定范围内取得平方和最小。

编码过程是将一帧（一般是 20 ms）语音激励信号分为若干个子帧，用 L 表示激励子帧的长度，一般是用样点的数量来表示。在采用 8 kHz 采样时，子帧长度 L 的典型值是 40 个样点，相当于 5 ms。在每个激励子帧内都采用间隔相同的规则脉冲串作为激励信号。当脉冲间隔确定时，脉冲串所能采用的模式种类就应该是确定的。

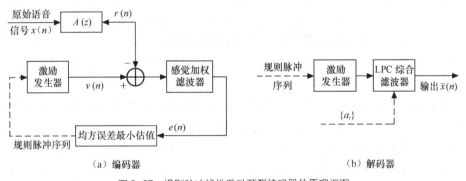

（a）编码器　　　　　　　　　　　　　（b）解码器

图 3-27　规则脉冲线性激励预测编码器的原理框图

3. 码激励线性预测编码器

码激励线性预测（CELP）编码是非常成功的语音压缩编码方法。码激励线性预测编码是采用合成—分析法的语音编码，是一种典型的混合编码方案。在中低速率（4.8～16 kbit/s）能够给出高质量的合成语音，而且抗噪声和多次转接性能好，是目前语音编码算法中的主要选择。基于 CELP 原理的编码方案有：美国政府标准 4.8 kbit/s CELP 声码器、EIA/TIA 的 8 kbit/s VSELP 声码器、Qualcomm 公司的 QCELP 编码以及 LD-CELP G.728 建议、CS-ACELP G.729 建议和双码率 ACELP/MP-MLQ G.723.1 建议等。

码激励线性预测编码 CELP 采取分帧技术进行编码。依据语音的短时平稳特性，语音帧长度一般取为 20～30 ms，每一语音帧再被分成 2～5 个子帧，在每个子帧内搜索最佳的码字矢量（简称码矢量）作为激励信号，CELP 编码的流程如图 3-28 所示。

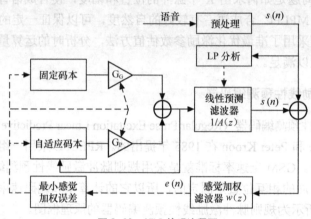

图 3-28　CELP 编码流程图

带宽为 300～3 400 Hz 的模拟语音信号经 8 kHz 取样后，先进行线性预测 LP 分析，以便去除语音信号的相关性；将语音信号表示为线性预测滤波器系数，并由此构成编译码器中的合成滤波器。CELP 在线性预测 LP 声码器的基础上，引进一定的波形准则，采用了合成分析 AbS 和感觉加权矢量量化（VQ）技术，通过合成分析 AbS 的搜索过程搜索到最佳矢量。码本中存储的每一个码矢量都可以代替 LP 余量信号作为可能的激励信号源。激励由两部分码本组成，分别模拟浊音和清音。CELP 一般用一个自适应码本中的码矢量逼近语音的长时周期性（基音 Pitch）结构；用一个固定的随机码本中的码矢量来逼近语音经过短时、长时预测后的余量信号。CELP 编码算法将预测误差看作纠错信号，将残余分成矢量，然后通过两个码本搜寻来找出最接近匹配的码矢量，乘以各自的最佳增益后相加，代替 LP 余量信号作为 CELP 激励信号源来纠正线性预测模型中的不精确度。

最佳激励搜索是在感觉加权准则下使它产生的合成语音尽量接近原始语音，即将误差激励信号输入 P 阶（一般取 $P=10$）LP 合成滤波器 $1/A(z)$，得到合成语音信号 $\hat{s}(n)$，$\hat{s}(n)$ 与原始语音 $s(n)$ 的误差经过感觉加权滤波器 $w(z)$ 后得到感觉加权误差 $e(n)$。CELP 用感觉加权的最小平方预测误差（Minimum Squared Prediction Error，MSPE）作为搜索最佳码矢量及其幅度的度量准则。此时使感觉加权误差平方最小的码矢量就是最佳码矢量。

CELP 编码器的计算量主要是对码本中最佳码矢量及幅度的搜索。计算复杂度和合成语音的质量取决于码本的大小。自适应码本和随机码本的搜索过程在本质上是一致的，不同之处在于码本结构和目标矢量的差别。为减少计算量，一般采用两级码本顺序搜索的方法。第一级自适应码本搜索的目标矢量是加权 LP 余量信号，第二级随机码本搜索的目标矢量是第一级搜索的目标矢量减去自适应码本搜索得到的最佳码矢量激励合成加权滤波器的结果。

4. 混合激励线性预测（MELP）语音编码器

1996 年 3 月，美国政府数字语音处理协会（DDVPC）选择了码速率为 2.4 kbit/s 混合激励线性预测（MELP）语音编码器作为窄带保密语音编码器以及各种应用的新标准。由于 MELP 音质良好、码率很低、抗误码特性佳，可以应用在 IP 电话、移动通信、卫星通信等领域，尤其在需要大量存储语音的场合和保密通信等方面，因此其发展前景很广阔。

MELP 算法复杂度较高，因此实时实现必须借助于高性能的数字信号处理芯片。MELP 声码器的采样率为 8 kHz，每个样点值用 16 bit 量化，每 180 个样点为 1 帧，帧长 22.5 ms，每帧量化为 54 bit，总的速率为 2.4 kbit/s。

MELP 编码器是建立在传统的二元激励 LPC 模型基础上，采用了混合激励、非周期脉冲、自适应谱增强、脉冲整形滤波和傅里叶级数幅度值 5 项新技术，使得合成语音能更好地拟合自然语音。如图 3-29 所示为 MELP 编解码原理框图。

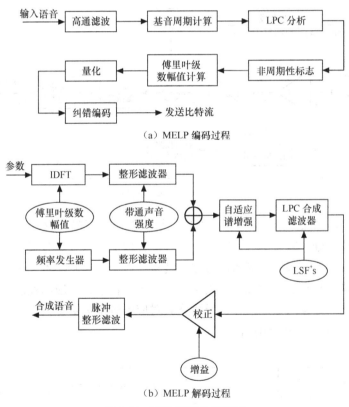

图 3-29　MELP 编解码原理框图

3.4.3　混合编码国际标准

采用混合编码的国际标准有 G.728、G.729 和 G.723.1。一些国家和地区标准虽然也有很好的应用，但由于时延较大而没有纳入国际标准。下面分别来介绍。

1. G.728 标准

ITU-T 于 1992 年制定了 G.728 标准，该标准所涉及的音频信息主要是应用于公共电话网中的。G.728 是采用 AbS 编码方法、感知加权矢量量化和线性预测技术。其编码速率为 16 kbit/s，质量与速率是 32kbit/s 的 G.721 标准相当。该标准采用的压缩算法是低延时码激励线性预测（LD-CELP）方式。线性预测器使用的是反馈型后向自适应技术，预测器系数是根据上帧的语音量化数据进行更新的，因此算法延时较短，只有 625μs，重建语音质量可以达到 MOS4.0。帧长一般选为 20～30ms，子帧占 5 个抽样点的时间，对每一子帧输入矢量信号。由于使用反馈型自适应方法，因此不需要传送预测系数，唯一需要传送的就是激励信号的量化值。此编码方案是对所有取样值以矢量为单位进行处理的，并且采用了线性预测和增益自适应的新研究成果。G.728 的码本总共有 1 024 个矢量，即量化值需要 10 个比特，因此其比特率为 10/625=16 kbit/s。

如图 3-30 所示为 G.728 的编码器结构简化框图。

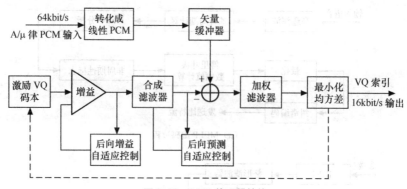

图 3-30　G.728 编码器结构

如图 3-27 所示，64kbit/s 的 A/μ 律 PCM 非线性码流首先经转换模块转换成线性 PCM 码流，然后进行分块划分，输入信号按照每 5 个连续样值信号为一组分成块。编码器对分块的信息进行处理，编码器对每块的输入信号逐个搜索 1 024 个激励码本矢量，每个矢量指示的激励信号通过增量控制和合成滤波器得到重构的信号，再求得对应的残差信号。按照加权的最小均方准则来选取最佳的激励信号，最后将其对应的码本矢量量化值发送到解码器。

如图 3-31 所示为解码器结构简图。

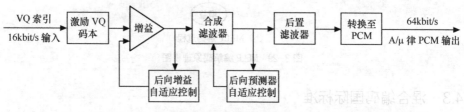

图 3-31　G.728 解码器结构

由于编码器是按照发送信息的块来进行处理的，所以解码器也是按照块来进行处理的。解码器在收到 10 个比特的码本矢量量化值后就开始执行查表操作，从激励码本中抽取对应的码本矢量，该矢量通过增益控制单元和合成滤波器生成恢复后的解码信号。合成滤波器的系数和增益按照和编码器相同的方式定期更新。后置滤波器是由相关的三个模块组成，即由长时相关滤波器、短时相关滤波器和增益控制三个部分组成。长时相关滤波器是梳状滤波器，它的频谱峰值是位于基音频率的倍频处，每 4 个矢量时间要更新一次。短时相关滤波器由一个 10 阶的全极点滤波器和一个 1 阶的全零点滤波器级联组成。与长时滤波器一样，短时滤波器也是每 4 个矢量更新一次。增量控制模块采用绝对值计算方法求得增益，增益值根据 1 个码本矢量的量化平均值计算得到。最后，由后置滤波器输出的 5 个抽样信号经过转换模块恢复为 A/μ 律 PCM 信号。

G.728 也是低速率的 ISDN 可视电话的推荐语音编码器标准，低的速率是从 56 kbit/s～128 kbit/s。由于这一标准具有反向自适应的特性，可以实现低的时延，但其复杂度较高。

2. G.729 标准

不断推出的标准是向着更低码率发展。1996 年 ITU-T 提出了 G.729 标准，G.729 是为低码率应用而制订的语音压缩标准。G.729 标准的码率只有 8 kbit/s，其压缩算法相对来说比较复杂，且延迟较短，采用的基本算法仍然是基于码激励线性预测技术。为了使合成语音的质量有所提高，在此算法中也采取了一些措施，所以算法也比 CELP 方法复杂，采用的算法称作共轭结构代数码激励线性预测（Conjugate Structure Algebraic Code Excited Linear Prediction，CS-ACELP）。该标准广泛应用于 IMT2000、PCS、IP 电话、多媒体网络通信以及各种手持设备中。

ITU-T 制订的 G.729 标准，其主要应用目标是第一代数字移动蜂窝移动电话，对不同的应用系统，其速率也有所不同，日本和美国的系统速率为 8 kbit/s 左右，GSM 系统的速率为 13 kbit/s。由于应用在移动系统，因此复杂程度要比 G.728 低，为中等复杂程度的算法。由于其帧长时间加大了，所需的 RAM 容量比 G.728 多一半。

G.729 标准也是以 AbS 为基础的。线性预测技术采用的是前馈型前向自适应技术，预测器的系数根据前一帧和部分下一帧语音数据进行更新，因此算法的时延相对于 G.728 来说比较长。其帧长取 10 ms，由 2 个帧组成。由于采用的是前馈型自适应技术，因此除了传送激励信号外，还需要传送预测器的系数。为了降低编码的比特率，线性预测系数、激励信号波形和激励增益都采用了矢量量化，并利用了多级量化和分割量化技术。激励信号码本则采用高效的共轭结构代数码本。

G.729 编码器的结构如图 3-32 所示。模拟语音信号经话带滤波后，进行 8 kHz 抽样并转换成 16 bit 线性 PCM 信号，此信号作为图 3-29 中编码器的输入语音信号。该语音信号首先经过预处理器，预处理器完成两个功能：一是信号定标，就是将信号幅度减半，以减少数字信号处理器 DSP 定点实现时的数据上溢概率；二是高通滤波，以阻止不希望的低频分量，采用的是 2 阶极/零点滤波器，截止频率为 140 Hz。

线性预测分析根据预处理后的输入信号进行线性预测分析，得到线性预测系数，即线性预测编码（LPC）的信息，利用该系数即可构成合成滤波器。激励信号经合成滤波器后生成重构信号，与输入信号相减后得到残差信号。该残差信号经误差加权滤波器处理，反馈回控制回路，根据使加权残差方差最小的原则确定激励信号及其增益。误差加权滤波器也是根据预测分析得到的 LPC 信息构成的。基音分析模块通过自相关分析推得基音的周期，根据此信息搜索自适应码本，确定最佳自适应码本矢量；然后再搜索固定码本，根据最小化加权均方差（MSE）的准则确定最佳固定码本矢量；最后再确定两个码本矢量的增益。

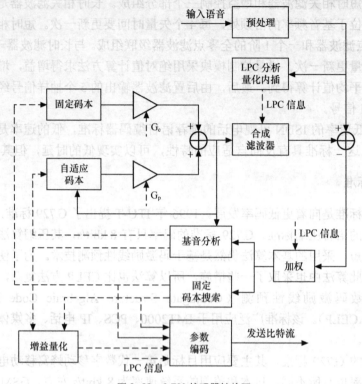

图 3-32　G.729 编码器结构图

上述过程所确定的线性预测信息、自适应码本信息、固定码本信息和矢量增益就构成完整的 G.729 声码器编码参数，所有这些参数均以码本矢量量化的形式发往接收端。

G.729 解码器的结构图如图 3-33 所示。由于其解码过程基本上是编码过程的逆过程，这里就不再重复。

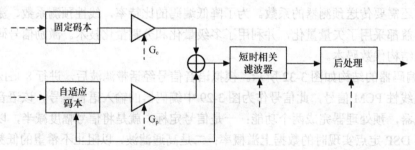

图 3-33　G.729 解码器结构图

3. G.723.1 标准

G.723.1 标准是国际电信联盟（ITU-T）于 1996 年制定的多媒体通信标准中的一个组成部分，可以应用于 IP 电话、H.263 会议电视等系统中。G.723.1 音频压缩标准是已颁布的音频编码标准中码率较低的。G.723.1 语音压缩编码是一种用于各种网络环境下的多媒体通信标准，编码速率根据实际的需要有两种，分别为 5.3 kbit/s 和 6.3 kbit/s。其中，5.3 kbit/s 码率编码器采用多脉冲最大似然量化技术（MP-MLQ），6.3 kbit/s 码率编码器采用代数码激励线性预测技术（ACELP）。G.723.1 标准的编码流程比较复杂，但其基本概念是基于 CELP 编码器，并结合了 AbS 的编码原理使其在高压缩率情况下仍保持良好的音质。

G.723.1 音频压缩标准的分析帧长是 30 ms，而且进一步的分成 4 个子帧。4 个子帧分别进行线性预测编码 LPC 分析，但只对最后一个子帧的 LPC 系数进行量化编码；语音信号的基音估计每 2 个子帧要进行一次，相对于 G.729 标准的 10ms 帧长要长。根据需要采用不同的码书，量化的方式也不同，分别进行自适应码书和固定码书的增益量化，自适应码书采用矢量量化，固定码书采用标量量化。这使得 G.723.1 编码有多速率的选择，能够适应网络环境的变化，输出 6.3 kbit/s 速率时，码激励采用多脉冲激励，输出 5.3kbit/s 速率时，码激励采用代数码激励。其原理框图如图 3-34 所示。

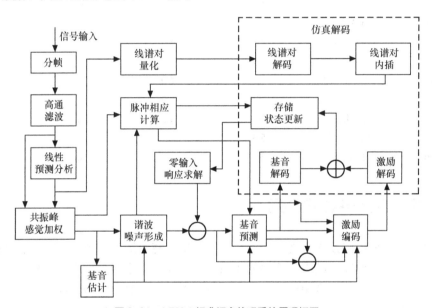

图 3-34　G.723.1 标准语音编码系统原理框图

输入信号为 16bit 线性 PCM 数字语音信号。编码器按帧进行处理，由分帧部分来完成。每帧由 240 个语音样值组成，相当于抽样频率 8 kHz 时的 30ms 帧长。由高通滤波器将每一帧分为等长的 4 个子帧，每子帧由 60 个样值组成，对每个子帧按照 Levinson-Durbin 求出其 10 阶的滤波器系数。4 个子帧中的最后一个子帧的 LPC 系数被转换成 LSP 系数，并对此系数进行矢量量化编码。4 个子帧的前 3 个子帧也要取得 LSP 系数，此系数的获得是通过对前一帧的解码 LSP 系数与第 4 子帧解码的 LSP 系数的线性内插获得的。各个子帧得到解码 LPC 系数后就可以构成合成滤波器。利用每个子帧未进行量化的 LPC 系数组成感觉加权滤波器。由基音估计对感觉加权的输出，按每 2 个子帧做一次开环基音估计，这样在一帧（240 个样值）中可以产生两个基音估计值，开环基音值是为了后面进行精确的闭环基音分析。由谐波噪声形成完成对加权语音的音质改进，脉冲响应计算完成组合滤波器的脉冲响应计算。零输入响应求解是为了去除组合滤波器的零输入响应，这是考虑到前后两帧间滤波器的影响。由基音预测器完成 CELP 系统中自适应码书的量化，它是一个 5 阶的 FIR 系统；由前面计算的开环基音值进行精确的闭环基音分析，对结果进行矢量量化（VQ）；最后进行固定码书的量化编码：对 6.3 kbit/s 速率信号采用多脉冲/最大似然量化。不同于普通多脉冲编码方案，在此方案中，各脉冲幅度是一样的，符号可以有所不同，并且各个脉冲的位置要么都在偶数号序列位置要么都在奇数号序列位置。对 5.3 kbit/s 速率信号采用 ACELP 方式编码。相比 6.3 kbit/s 来说，脉冲的个数减少了，且位置限制更严。以上所有编码工作完成后，对固定码书的编码状态进行更新，为下一次编码做好准备。

G.723.1 编码算法的计算量相当大，但可以在很低的码率上达到 MOS 分 3.5 以上。

表 3-4 是对上面所描述标准的总结。

表 3-4 各标准总结

标准	编码类型	比特率（kbit/s）	MOS	复杂性	时延(ms)
G.711	PCM	64	4.3	1	0.125
G.726	ADPCM	32	4.0	10	0.125
G.728	LD-CELP	16	4.0	50	0.625
GSM	RPE-LPT	13	3.7	5	20
G.729	CSA-CELP	8	4.0	30	15
G.729A		8	4.0	15	15
G.723.1	ACELP	6.3	3.8	25	37.5
	MP-MLQ	5.3			
US Dod	LPC-10	2.4		10	22.5

3.5 低速率语音压缩编码的应用

低速率语音压缩编码技术是现代语音通信的基础，随着通信方式的不断更新和扩展，低速率语音编码技术开始发挥越来越重要的作用。随着现代军事通信保密性的要求和个人移动通信的迅速发展，低速率语音编码器的需要也日益增加，同时对语音压缩编码质量的要求也在不断提高。实用语音压缩编码系统的最低压缩速率已经达到 2.4 kbit/s 甚至更低，在大大节省信道带宽的同时还保证了语音质量。由此可见，低速率语音编码技术在未来将有着广泛的发展与应用前景。低速率语音压缩编码技术在 IP 电话、信道扩容、保密通信、个人移动通信、语音存储和多媒体通信等领域都获得了很好的应用发展。

3.5.1 IP 电话系统技术简介

随着宽带移动通信网和 Internet 技术的发展，IP（Internet Protocol）技术以其价格低廉、应用丰富、组网简单的特点，得到了迅猛地发展，目前已经成为数据和语音通信中最具竞争力的技术之一。IP 电话是一种利用 Internet 技术或网络进行语音通信的新业务。IP 电话技术也称为 VoIP 技术。

IP 电话的基本原理：通过语音压缩算法对语音信号进行压缩编码处理，然后把这些语音数据按 TCP/IP 标准进行打包，经过网络把数据发送到接收端；接收端把这些语音数据包串起来，经过解压缩处理后恢复成原来的语音信号，从而达到由互联网传送语音的目的。

1．IP 电话的定义

IP 电话是计算机网络技术和通信技术发展的必然产物，并且随着相关技术的发展而演变。IP 电话在与传统 PSTN 电话的竞争中不断发展，同时也促进了 PSTN 业务向着多元化方向发展。所谓 IP 电话，是在 IP 网上通过 TCP/IP 协议实时传送语音信息的应用。

IP 电话始于 1995 年。最初的 IP 电话技术只是应用于计算机对计算机的语音传输技术，通信双方用户都必须与因特网联网，还要具备一套 IP 电话软件、音频卡、麦克风和扬声器等设置。由于这个阶段的应用范围很有限，还算不上是真正的 IP 电话。真正意义的 IP 电话出现在 1996 年 3 月，当时一家美国公司推出了用因特网传送国际长途电话的业务，实现了从普通电话机到普通电话机的 IP 电话传输。

IP 电话是在 IP 网上传送具有一定质量的语音业务，即在 IP 网上传送语音。由于 IP 网络采用的是分组交换技术，其传送的数据单元都是由控制部分和数据部分封装而成的独立的数据包，通常称为"分组"，因此从一般的意义上说，IP 电话是采用分组技术传送的语音业务。目前 IP 电话从形式上可分为 4 种：PC—PC、电话—PC、PC—电话、电话—电话。

2．IP 电话网的结构

IP 电话网的基本组成如图 3-35 所示。IP 电话系统一般由 3 部分组成：电话、网关和网守。

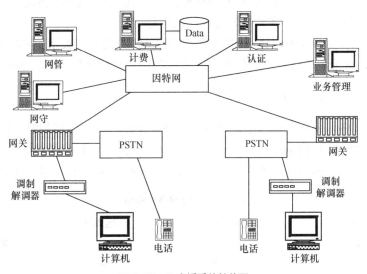

图 3-35　IP 电话系统结构图

电话是指可以通过电话网连到本地网关的电话终端。

网关是通过 IP 网络提供电话到电话连接，是完成语音通信的关键设备，即 Internet 网络与电话网之间的接口设备。通过它可完成语音压缩，将 64 kbit/s 的语音信号压缩成低码率的语音信号；完成寻址与呼叫控制；具有 IP 网络接口与电话网的互连接口。

网守（Gatekeeper）负责用户注册与管理，它应当具有的功能为：将被叫号码的前几位数字对应网关的 IP 地址；对接入用户的身份认证（即确认），防止非法用户接入；做呼叫记录并有详细数据，从而保证收费正确；完成区域管理，多个网关可由一个网守进行管理。

网关与网关之间的信息都是在因特网上传送的，网络层协议采用 IP。在网络层进行传输时都要进行 IP 数据包的封装。为了降低语音信号分组的速率以减少传输费用，在 IP 数据包封装之前要进行语音压缩编码处理。

3. IP 电话涉及的关键技术

IP 电话涉及一些关键技如下。

（1）语音压缩编码技术。语音压缩编码和解压缩技术主要是通过一些算法，设法使用较少的带宽并可以产生较小的延时。

（2）语音抖动处理技术。具体做法是等到语音包到达接收端时首先进入缓冲区暂存，系统以稳定平滑的速率将语音包从缓冲区中取出、解压、播放给受话者。

（3）前向纠错技术。语音和普通数据不同，丢失一些包不会丢失太多信息。前向纠错技术是网关采用的一项保证音质的技术，通过在同一语音包内加冗余数据来减少丢包。

（4）分组重建技术。此技术是将在传说过程中丢失的数据分组重新建立起来，以保证 IP 电话的通话质量。

（5）静音抑制技术。通常人们进行会话是半双工的，一方讲话另一方在收听。其中的一些静音阶段在它们被作为语音包通过网络传输前需要被抑制。静音抑制可以采用数字语音插空技术（DSI）来实现。抑制静音可以节省大量的网络带宽用于 进行其他的语音和数据传输。

（6）回音消除技术。回音消除器把从网络上接收到的语音数据和被发送的语音数据进行比较，通过在此线路上设置数字滤波器进行回波消除。

简而言之，语音信号在 IP 网络上的传输要经过从模拟信号到数字信号的转换、数字语音封装成 IP 分组、IP 分组通过网络的传送、IP 分组的解包和数字语音还原到模拟信号的过程。

3.5.2 移动通信 GSM 中的语音压缩编码

当前数字蜂窝移动通信技术中所使用的语音压缩编码技术均是采用的混合编码。由于采用的激励源不同，也就构成了不同的压缩编码方案。GSM 系统中有 4 种编解码器，分别是：全速率、增强型全速率（EFR）、自适应多速率（AMR）及半速率语音压缩编码。表 3-5 给出了有关参数。

表 3-5   4 种编解码器的有关参数

编解码器	比特率（kbit/s）	压缩比	编码器类型
全速率	13	8	RTE-LTP LPC
增强型全速率 ERF	12.2	8.5	ACELP
半速率	5.6	18.4	VSELP
自适应多速率 AMR	12.2～4.75	8.5～21.9	ACELP

全速率语音压缩编码是改进的线性预测编码。GSM 系统中使用长期预测（LTP）和规则脉冲激励（RPE）两种技术来改进 LPC 编码器的质量。即全球通（GSM）采用了规则脉冲激励—长时预测编码（RPE-LTP）方案，而北美数字移动通信系统采用的是半速率编码方案，即码本激励方法的改进型（VSELP）编码方案。

全球通（GSM）移动通信中所采用的压缩编码技术称为线性预测编码—长时预测—规则脉冲激励编码技术。RPE-LTP 采用间隔相等、相位和幅度优化的规则脉冲作为激励源，这样做可以使混合波形接近于原始信号波形。这种方法结合长期预测可以消除信号的冗余度，降低信号的编码速率；而且计算简单、计算量适中，易于硬件的实现。最后实现的语音质量也相当不错，MOS 得分可以达到 3.6。

GSM 编码器的方框图如图 3-36 所示。其中各部分的功能如下。

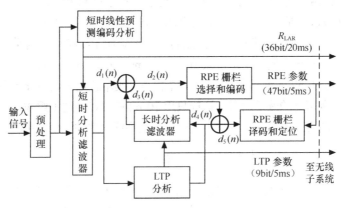

图 3-36　GSM 编码器原理框图

（1）预处理：语音信号进行预处理的目的是要去除直流分量并进行预加重。

（2）LPC 分析：经过预处理的语音信号进入线性预测编码 LPC 部分，进行线性预测分析参数的提取。共包括分帧、自相关、Schur 递归、反射系数映射到对数面积比转换以及对数面积比的量化与编码。

（3）短时分析滤波：对语音信号做短时预测分析，以产生短时残差信号；将信号加到预测滤波器，求出预测值，并求出残差值。

（4）长期预测：由于在 RPE 中是用规则脉冲来代替残差信号，直接用短时预测的残差信号未必最佳，所以需要进行长期预测，以去除冗余并进行优化。

（5）规则脉冲编码：取 20ms 为一帧，每帧做分帧处理分为 4 个子帧；每个子帧 5 ms，含 40 个样点。在每个子帧 40 个样点中，按 3:1 等间隔抽取 13 个样值，其他值均当 0 值处理。由于抽取位置有 4 种不同的排列，因此要比较几种可能的样点序列，选择对语音编码贡献最大的一种进行编码并传输。这样就将误差信号的样点数压缩到只有原来的三分之一，降低了编码速率。对误差信号的编码方法是：首先找到最大的非 0 点，对其做 6 bit 编码；再将 13 个非 0 样点做归一化处理，即最大样值为 1，其他样值均小于 1，这些样值分别用 3bitAPCM 进行编码。经过这样处理编码后，每 20 ms 共分为 4 个子帧，每个子帧最大样值为 6 bit，13 个样值共用 39 bit 编码，所以激励信号每 20 ms 共编码用 4×(6+39)=180 bit。

移动通信 GSM 全速率方式采用规则脉冲激励——长时预测（RPE-LTP）编码，使用在位置和幅度上都优化的脉冲序列来代替残差信号作为激励信号，以减少编码的比特数，压缩编码后的速率只有 13kbit/s，大大提高了移动通信信道的频谱利用率。测试表明，在较好的条件下，RPE-LTP 编码器的语音 MOS 质量可以达到 4。

CDMA 移动通信系统和其他移动通信系统一样也是采用语音压缩编码技术来达到降低语音速率的目的。CDMA 系统的语音压缩编码主要有从线性预测技术发展来的码激励线性预测编码（QCELP）和增强型可变速率编码（EVRC）。目前的 CELP 语音编码技术已经达到了有线长途的音质水平，我国已正式将 CELP 列入 CDMA 标准中。

QCELP 是美国 QUALCOMM 通信公司的专利语音编码算法，同时也是北美第二代数字移动通信（IS-95，CDMA）语音编码标准。QCELP 不仅可以工作于 4 个固定速率（4/4.8/8/9.6 kbit/s）上，而且也可以以可变速率方式工作在 800 bit/s～9 600 bit/s 范围内。所需速率是根据适当的门限值来实现的，门限值随背景噪声电平的变化而变化，即使在嘈杂的环境中，也可以得到良好的语音质量。QCELP 被认为是目前为止效率最高的语音压缩算法。CDMA 采用 QCELP 编码的系列技术，因而语音清晰、背景噪声小，其性能明显优于其他无线移动通信系统。

基本原理可以简要概述说明如下。每帧帧长为 20 ms，采用 8 kHz 取样，共 160 个样点，压缩后得到 40 个样点。用 10 bit 的编码来代表这 40 个样点，码本就是由这 10 bit 组成的 1 024 种序列来代表语音信号中各种可能的残差信号。这样只用 10 bit 就可以传送 1 组 40 个样点的残差信号。如果码本编的很好，所带来的误差就会很小，就可以达到低码率的压缩效果，而且语音质量也好。

3.5.3　第三代移动通信中的语音压缩编码

面对移动通信网络用户数及业务量的持续增长，运营商只有不断完善网络建设才能满足用户对网络性能和服务多样性的需求。如何解决移动通信网络容量和服务质量之间的矛盾，切实提高移动通信质量是运营商亟待解决的问题，而自适应多速率（AMR）压缩编码技术就是解决该问题的好办法。与传统的全速率和半速率移动通信技术相比，AMR 压缩编码技术可以根据信道的变化动态改变编码速率，可以大大提高移动网络的容量和质量。

第三代移动通信系统 W-CDMA 采用的就是自适应多速率（AMR）压缩编码技术。在全速率情况下共可以支持 8 种编码速率，从最小速率 4.75kbit/s 到最大速率 12.2kbit/s。AMR 压缩编码是以自适应码本激励线性预测编码（ACELP）技术为基础的。AMR 以更加智能的方式来解决信源编码和信道编码的速率分配问题，实际的语音编码速率是取决于应用时的信道条件。AMR 编码器采用自适应的算法选择最佳的语音编码速率，每一语音帧的编码速率取决于当时的无线信道环境。

AMR 语音压缩编码中的关键技术包括：语音激活检测技术(VAD)，速率判决技术（RDA），差错隐藏技术（ECU）和舒适背景噪声产生技术（CNA）。

如图 3-37 所示为移动通信系统中所使用的 AMR 系统模型。在该系统模型中，基站和移动台都是由以下功能模块组成：可变速率语音编码器、对应于可变速率语音编码器的可变速率信道纠错编码、信道估计单元和控制速率改变的控制单元。基站是系统的主要部分，由基站来决定上行和下行链路需要采用哪种速率模式；移动台会对采用的速率模式进行解密并将估计得到的下行信道信息传送给基站。均衡器产生并输出信道质量参数，此参数用于控制上行和下行链路编码速率模式。

自适应多速率（AMR）语音压缩编码是由 3GPP 制定的应用于第三代移动通信系统 WCDMA 的语音压缩编码，并还处于不断完善中。它通过预测信道的工作状况，自适应地选择最适合当前通信条件的编码速率模式，将语音通信质量和稳健性提高到了一个新的水平。

此外，cdma2000 应用中所采用的语音编码技术是改进的可变速率编码（EVRC）。这种可变速率编码可以根据外部的噪声情况使用 3 种不同的传输速率，即全速率、半速率和 1/8 速率，分别对应 9.6 kbit/s，4.8 kbit/s 和 1.2 kbit/s。平均编码速率为 8 kbit/s，而通话质量与 13kbit/s 的 QCELP 算法相当。

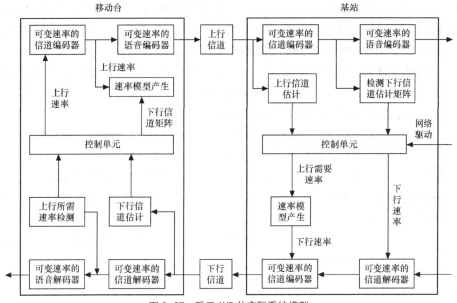

图 3-37　采用 AMR 的实际系统模型

3.5.4　语音压缩编码在软交换中的应用

中继媒体网关 TMG 在 IP 上的语音编码方式采用现有的编码标准 G.711、G.729、G.723.1 共 3 种，G.711 的编码比特率为 64 kbit/s，G.729 的编码比特率为 8 kbit/s，G.723.1 的编码比特率为 5.3 kbit/s 或 6.3 kbit/s。在 IP 网传输质量较好时，丢包和时延的问题可以忽略的前提下，3 种编码方式的语音质量相差不大。但如果在 IP 网传输过程中发生丢包或时延较大时，则 G.711 编码方式的语音质量明显优于 G.729 和 G.723.1 编码方式，而 G.729 与 G.723.1 的语音质量相差不大。从占用传输带宽资源来看，G.729 编码方式对传输带宽的占用仅为 G.711 编码方式的 1/8，而 G.723.1 比 G.729 节省的传输带宽有限。因此，对于 64 kbit/s 承载类业务，SS 控制 TMG 采用 G.711 编码方式；对于普通语音业务，SS 能够根据 IP 承载网络的资源情况，动态控制 TMG 采用 G.711 或 G.729 编码。在 IP 网资源能够满足传输要求情况下，优先选用 G.711 编码方式；当 IP 网资源较为紧张时，可以选用 G.729 编码方式。

在语音编码方面，固定软交换中使用 G.711、G.723 和 G.729 话音编码方式；而移动软交换中 MGW 则使用 AMR 语音编码方式；当与固网互通时 MGW 应支持 G.711、G.723 或 G.729。考虑到 TMG 在 IP 侧启动语音活动检测，对语音信号进行静音压缩，产生舒适噪声能够更为有效地控制 IP 承载网的业务负荷，在 TMG 中增加了静音压缩/舒适噪声功能。

小　结

（1）ADPCM 是利用相邻样本间的高度相关性和量化阶距的自适应来压缩数据的，是一种性能较好的波形编码技术。该技术首先要计算出每个当前样值与其预测值之间的差值，然后计算出下一个预测值用于计算下一个差值，并对差值进行量化编码，所以这种编码锁需要的比特数相对于对整个样值进行编码锁需要的比特数要少很多。编码时利用自适应量化阶距的大小，并且根据当前值进行预测，用于下次编码，使实际样本值和预测值之间的差值总是最小。

（2）子带编码是音频压缩方法的一种，一般是和波形编码一起来使用。它将输入的音频信号的频带分成若干个连续的频段，每个频带称为子带。然后针对各个子带进行频谱搬移，再对搬移后的低频信号进行 PCM 编码。子带编码存在的问题是编解码的延时比较长，约在 10～100ms 之间，这主要是由于滤波器组的延时造成的，这种延时对于一些质量要求较高的通信系统是不能接受的，因此子带编码主要用于音频存储、数字声广播以及一些允许延时较长的电话传输系统中。

（3）参量编码是根据对语音的形成机理进行分析，着眼于构造语音生成模型。该模型以一定精度模拟发出语音的发声声道，接收端根据该模型还原生成发音者的因素，根据频谱分析可知该模型就对应为具有一定零极点分布的数字滤波器。编码器发送的主要信息就是该模型的参数，相当于该语音信号的主要特征，而并非具体的语音波形幅值。由于模型参数的更新频度较低，并可利用抽样样值间的相关性，故可以有效地降低编码比特率。因此，目前小于 16 kbit/s 的低比特率语音编码都采用参量编码。参量编码在移动通信、多媒体通信和 IP 网络电话应用中得到了广泛的应用。

（4）线性预测编码（LPC）是典型的参量编码方法。LPC 是以语音信号产生模型为基础，在发送端分析提取表征声源和声道相关特性的参量，并对这些参量进行量化编码再发送到接收端，在接收端利用这些参量重新合成语音信号。

（5）20 世纪 80 年代后期，综合了参量编码的低比特率与波形编码的高质量优点的混合编码得到了广泛的应用。其中最典型的是码激励线性预测编码（CELP）。CELP 在比特率 4～16 kbit/s 时能够得到比其他算法更高的重建语音质量。得到广泛应用的是基于线性预测技术的合成—分析（LPAS）编码方法，通过线性预测来确定系统参数，并通过闭环或分析—合成方法来确定激励序列。

（6）编码标准反应了编码技术的发展水平。波形编码标准有 G.711 和 G.721；参数编码标准有美国的保密通信 LPC-10；混合编码标准有 G.728，G.729 和 G.723.1。

（7）IP 电话是一种利用 Internet 技术或网络进行语音通信的新业务。IP 电话的基本原理是：通过语音压缩算法对语音数据进行压缩，然后把这些语音数据按 IP 等相关协议进行打包，经过 IP 网络把数据包传输到接收地，再把这些语音数据包串起来，经过解压处理后，恢复成原来的语音信号，从而达到由 IP 网络传送语音的目的。

（8）第二代移动通信是数字蜂窝系统，其语音编码所用的是混合编码技术，所用激励源不同构成了不同的编码方案。RPE-LTP 是泛欧第二代蜂窝 GSM 系统所采用的语音编码方案，名为"规则脉冲激励长期预测，它采用间隔相等、相位和幅度优化的规则脉冲作为激励源，使混合波形接近原信号。这种方法结合长期预测，消除了信号多余度，降低了编码速率，它计算简单、易于硬件化，其语音质量相当不错。

（9）第三代移动通信系统中多采用自适应多速率（AMR）语音编码器。AMR 语音编码器是以智能的方式解决信源编码和信道编码的速率分配问题。实际的语音速率取决于信道条件，它是信道质量的的函数。

习 题

3-1 简述 ADPCM 技术原理。

3-2 简述子带编码原理。

3-3 简述参量编码原理。

3-4 简述混合编码原理。

第 4 章 时分多路复用及 PCM30/32 路系统

数字通信在实现多路通信时是采用时分制多路方式，如何实现时分制多路通信是非常重要的。本章对时分多路复用的基本概念、PCM30/32 路系统的帧结构及帧同步系统的工作原理、PCM30/32 路的系统构成做了介绍。

4.1 时分多路复用通信

4.1.1 时分多路复用的概念

1. 多路复用的概念

为了提高通信信道的利用率，使信号沿同一信道传输而互不干扰，这种通信方式称为多路复用。目前多路复用方法中用得最多的有两大类：频分多路复用（FDM）和时分多路复用（TDM）。频分多路复用方式用于模拟通信，如载波通信；时分多路通信方式用于数字通信，如 PCM 通信。

2. 时分多路复用的概念

所谓时分多路复用（即时分制）是利用各路信号在信道上占有不同的时间间隔的特征来区分各路信号的。具体来说，将时间分成为均匀的时间间隔，将各路信号的传输时间分配在不同的时间间隔内，以达到相互分开的目的，如图 4-1 所示。每一路所占有的时间间隔称为路时隙（简称时隙）。

下面通过一个示意图来对时分复用进行说明。图 4-2 所示为时分多路复用示意图，图中有两个高速电子开关，各路信号先经低通滤波器将信号频带严格限制在频率 3 400 Hz 以内，然后将各路信号连接到快速旋转的电子开关（也称为分配器）k_1 上，k_1

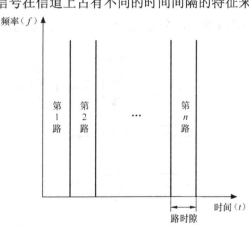

图 4-1 时分制示意图

旋转一周就依次对每一路信号进行了一次取样，k_1 开关不断重复地作匀速旋转，每旋转一周的时间等于一个抽样周期 T，这样就达到了对每一路信号每隔 T 秒时间抽样一次的目的。由此可见，在发端的分配器不仅起到对每一路信号抽样的作用，同时还完成了复用和路的作用。发端的分配器也称为和路门。和路后的信号送到编码器（一般共用一个编码器）进行量化和编码，变成数字信号后再送往信道。在接收端要将从发送端传输过来的各路信号进行统一解码，然后还原成 PAM 信号，经由收端分配器的旋转开关 k_2 依次接通每一路信号，经过低通重建，利用低通滤波器将每一路 PAM 信号恢复为原来的语音信号。由此可见，收端的分配器起到了时分复用的分路作用，所以收端分配器又称为分路门。

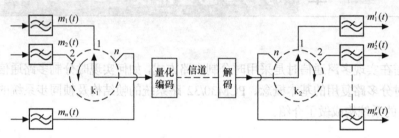

图 4-2　时分多路复用示意图

很显然，为了使通信正常的进行，在收、发两端的高速电子开关 k_1、k_2 必须同频同相。同频指的是高速电子开关 k_1、k_2 的旋转速度要完全相同，同相指的是发端的旋转开关 k_1 和发送端的旋转开关 k_2 要步调一致，即当发端旋转开关 k_1 接通第 1 路信号时，收端旋转开关 k_2 也必须接通第 2 路信号，否则收端接收不到本路信号。因此要求收端和发端必须保持严格的同步。

4.1.2　PCM 时分多路复用通信系统的构成

由对信号的抽样过程可知，抽样的一个重要特点是占用时间的有限性，这就可以使得多路信号的抽样值在时间上互不重叠。多路信号在信道上传输时，各路信号的抽样只是周期地占用抽样间隔的一部分，因此，在分时使用信道的基础上，可以用一个信源信息的相邻样值之间的空闲时间区段来传输其他多个彼此无关的信源信息，这样便构成了时分多路复用通信。

PCM 时分多路复用通信系统的构成如图 4-3 所示。为简化起见只绘出 3 路信号复用情况，下面来说明时分复用通信系统的工作原理。

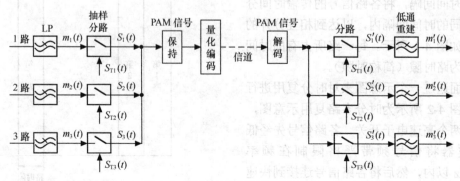

图 4-3　PCM 时分多路复用系统的构成

为了避免抽样后的 PAM 信号产生折叠噪声，各路语音信号需首先经过一个低通滤波器（LP），此低通滤波器的截止频率为 3.4 kHz，这样各路语音信号的频率就被限制在 0.3～3.4 kHz，高于 3.4 kHz 的信号频率不会通过。然后 3 个话路信号，用 $m_1(t)$，$m_2(t)$，$m_3(t)$ 来表示，经各自抽样门进行抽样。在实际应用中，抽样周期间隔取为 $T=125$ μs，抽样频率为 $f_s=8$ kHz 对应各路语音信号的抽样脉冲用 $S_{T1}(t)$，$S_{T2}(t)$，$S_{T3}(t)$ 来表示。抽样时，各路抽样脉冲出现的时刻依次错后，抽样后各路语音信号的抽样值在时间上是分开的，从而达到了多个话路和路的目的。

抽样之后要进行编码，由于编码需要一定的时间，为了保证编码的精度，要求将各路抽样值进行展宽并占满整个时隙。为此要将和路后的 PAM 信号送到保持电路，该保持电路将每一个样值记忆一个路时隙的时间，进行展宽，然后经过量化编码变成 PCM 信码，每一路的码字依次占用一个路时隙。在接收端，经过解码将多路信号还原成和路的 PAM 信号。这时会有一些量化误差。由于解码是在一路码字（如 8 位码）都到齐后才解码成原抽样值，所以信号恢复后在时间上会推迟一些。最后通过分路门电路将和路的 PAM 信号分开，并分配至相应的各路中去，即分成各路的 PAM 信号。各路信号再经过低通重建，最终近似的恢复为原始语音信号。

以上是以 3 路语音信号为例，做一简单介绍。在实际应用中，复用路数是 n 路，如 PCM30/32，PCM24 系统，其道理是一样的。

下面介绍几个基本概念。

帧：抽样时各路信号每轮一次的总时间（即开关旋转一周的时间），也就是一个抽样周期（$t_F = T$）。

路时隙：是和路的 PAM 信号每个样值所允许的时间间隔（$t_C = \dfrac{T}{n}$）。

位时隙：1 位码占用的时间（$t_B = \dfrac{t_C}{l}$）。

4.1.3　时分多路复用系统中的位同步

数字通信的同步是指收发两端的设备在时间上协调一致的工作，也称为定时。为了保证在接收端能正确地接收或者能正确地区分每一路语音信号，时分多路复用系统中的收端和发端要做到同步，这种同步主要包括位同步（即时钟同步）和帧同步。

位同步就是码元同步。在 PCM 多路复用系统中，各类信号的传输与处理都是在规定的时间内进行的。例如，发送端各话路的模拟信号要按照固定顺序在指定的信道时隙内轮流进行抽样、逐位进行编码，然后再按照严格的时序规定在帧同步时隙位置插入帧同步信号，在信令时隙位置插入信令信号进行传输；在接收端也必须按严格的时序规定进行反变换，才能复原成与发送端一致的模拟信号。否则，误码率就会大增，使通信无法进行。所以收端和发端都要有时钟信号进行统一的控制，这项任务由定时系统来完成。由定时系统产生各种定时脉冲，对上述过程进行统一指挥和统一控制，以保证收端和发端按照相同的时间规律正常的工作。

所谓时钟同步是使收端的时钟频率与发端的时钟频率相同。时钟同步也叫位同步。时钟同步保证收端正确识别每一位码元，这相当于收、发两端的高速旋转开关 k_1、k_2 旋转速度相同。在位同步的前提下，若能把每帧的首尾辨别出来，就可以解决正确区分每一个话路的问题。

4.1.4 时分多路复用系统中的帧同步

1. 帧同步的概念

数字信号序列常常以字或帧的方式传输。在 PCM30/32 路系统中，在一个抽样周期内，要依次发送出 $CH_1 \sim CH_{30}$ 路的语音信号，构成一帧。为了在接收端能够辨认出每一帧的起止位置，在发送端必须提供每帧的起止标志。

帧同步的目地是要求收端与发端相应的话路在时间上要对准，就是要从收到的信码流中分辨出哪 8 位是一个样值的码字，以便正确的解码；还要能分辨出这 8 位码是哪一个话路以便正确分路。这相当于收、发两端的高速电子开关 k_1、k_2 的旋转起始位置相同。

为了要做到帧同步，要求在每个帧的第一个时隙位置安排标志码，即帧同步码，以使接收端能识别判断帧的开始位置是否与发端的位置相对应。因为每一帧内各信号的位置是固定的，如果能把每帧的首尾辨别出来，就可以正确区分每一路信号，即实现帧同步。

2. 帧同步电路的工作原理

PCM 复用系统为了完成帧同步功能，在接收端还需要有两种装置：一是同步码识别装置，二是调整装置。同步码识别装置用来识别接收的 PCM 信号序列中的同步标志码位置；调整装置，当收、发两端同步标志码位置不对应时，需对收端进行调整以使其两者位置相对应。这些装置统称为帧同步电路。

为说明接收端帧同步电路的工作原理，首先说明最简单的逐步移位同步方式，其原理方框图如图 4-4 所示。图中所示的时钟提取框完成从接收的 PCM 信号序列中提取信号序列的基本时钟作为接收端的工作时钟，这样就可以保证收、发两端的时钟频率相同。

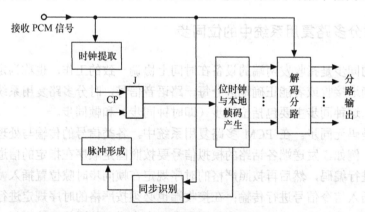

图 4-4 逐步移位法同步电路原理图

时钟提取电路提取的时钟通过禁止门 J 送入位时钟与本地帧码产生电路，将产生的本地帧码在同步识别电路中与接收的 PCM 信号序列进行比较、识别。如本地帧码与 PCM 信号序列中的帧码的码型相同，且时间位置一致，则同步识别电路无信号输出。这时禁止门不关闭，使系统处于同步工作状态，系统工作正常。如本地产生的帧码与接收的 PCM 信号序列中的同步标志码在时间位置上不一致，则同步识别电路有误差校正信号输出，以控制脉冲形成电路产生一输出脉冲使禁止门关闭。时钟被禁止，接收端电路就处于停止状态（相当于高速旋

转开关的开关 k_2 停止转动），一直等到本地帧码与接收信号序列中的帧码时间位置一致才使禁止门开启进入正常工作状态。禁止门关闭时每扣除一个时钟脉冲就使接收端停转一步，即相对于接收序列而言本地帧码移位一步，故称为逐步移位。

逐步移位同步法的比较识别以及移位调整过程如图 4-5 所示。

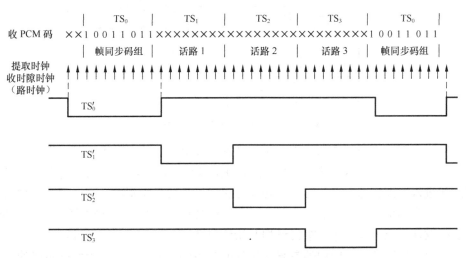

图 4-5　逐步比较移位过程说明

图中假定复用路数为 3 路，3 路语音信号分别占有时隙 TS_1，TS_2，TS_3，每个时隙内有 8 bit 码，设帧同步码为 0011011（7 bit），前面加上一个备用比特"1"码，合在一起为 10011011(8 bit)并占用 TS_0 时隙。为分析方便，认为帧同步码为 0011011。另外，图中的"×"符号代表信息码，它可能是"1"，也可能是"0"。图 4-5 中的同步识别电路 TS_0' 在时隙时钟脉冲到来时进行第一次比较，显然，TS_0 时隙内本地帧码发生器产生的 8 bit 帧同步码超前于收到的帧同步码 2 bit。TS_0' 脉冲到来时收码××100110 与本地帧码 10011011 比较，发现失步，禁止门 J 关闭，当主时钟被扣除一个脉冲后，收码×1001101 与本地帧码 10011011 再一次比较，发现失步，再一次扣除，收码为 10011011 与本地帧码 10011011 一致，认为同步，禁止门打开，系统正常工作，TS_1'，TS_2'，TS_3' 时隙分别正确接收第 1、2 第 3 话路信号。当下一个 TS_0' 时隙到来时，收码 10011001 与本地帧码 10011011 比较，认为正常，不再进行调整，如果不受干扰，同步状态将一直保持下去。

3. 帧同步系统中的保护电路

由前述工作原理可以知道，帧同步系统总是处于检测和比较状态，即使系统是正常同步工作状态也要进行检测和比较。如果收、发双方处于同步状态，但由于传输过程中同步码出现误码，同步识别电路也会误认为失步，识别电路输出校正信号以控制扣除和移位调整。一旦有扣除就需要经过一个或几个帧周期的移位调整才能重新回到同步状态。由失步检出到重新回到同步状态这段时间叫做同步引入时间，也叫捕捉时间，在这段时间内系统不能正常通信。这种由同步码误码引起的误判失步叫做"假失步"。为了减少系统工作中出现假失步的现象，避免误判，一般系统中并不是将一次比较结果作为是否失步的判决依据，而是连续观察几次比较结果，如果几次都不能对准信号序列中的同步码时才确认为是失步。将多次比较结果作为判决依据是通过保护电路来实现的。加入保护电路的同步系统原理框图如图 4-6 所示。

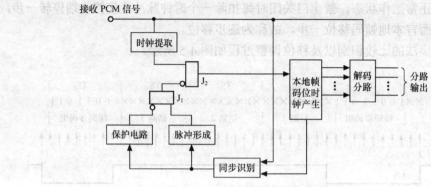

图 4-6　带有保护电路的同步系统框图

　　图中同步识别输出同时送入保护电路和脉冲形成电路，并在保护电路中进行记忆，当连续几次出现误差信号时保护电路才开启禁止门 J_1，使校正脉冲输出去控制 J_2 以进行扣除和移位调整，即进入捕捉状态，上述过程称为前方保护。从同步识别电路有误差脉冲输出起，即发现失步，一直到保护电路开启禁止门 J_1（即确认真正失步），这段时间称为前方保护时间。

　　若系统发现真正失步，进入捕捉过程开始逐位捕捉同步码。在捕捉过程中，可能会遇到假同步码，也叫伪同步码，即由信息码误认为的同步码。为了避免由于假同步码的出现而误判为同步，在电路设计中加入一个核对保护电路，称为后方保护。这个后方保护电路的作用是在同步捕捉状态中连续几帧的同步检测均检测到同步码时才确认为真正同步，这时关闭 J_1门。这段时间称为后方保护时间。

　　对于前方保护时间和后方保护时间的长短，不同的系统有不同的具体规定。可参考 4.2 节的相关内容。

4. 对帧同步系统的要求以及有关问题的讨论

　　对帧同步系统要求如下：
　　① 同步性能稳定，具有一定的抗干扰能力；
　　② 同步识别效果好；
　　③ 捕捉时间短；
　　④ 构成系统的电路简单。
　　上述几项性能与同步码型的选择、帧同步码的插入方式、帧同步码的识别检出方式、同步捕捉方式以及保护电路的设计等因素有关，下面分别进行讨论。

　　（1）帧同步码的选择
　　帧同步码位数选多少以及同步码型选择什么样的，其主要考虑的因素是产生伪同步码（即假同步码）的可能性尽量少，即由信息码而产生的伪同步码的概率越小越好。因此帧同步码要具有特殊的码型，另外帧同步码组长度选得长些较好，这是因为信息码中出现伪同步码的概率随帧同步码组长度的增加而减少。但帧同步码组较长时，势必会降低信道的容量，所以应综合考虑帧同步码组的长度。

　　（2）帧同步码插入的方式
　　所谓帧同步码插入的方式是指在发送端同步码是怎样与信息码合成的。通常有以下两种插入方式。

a．分散插入：r 位同步码组分散地插入到信息码流中。

b．集中插入：r 位同步码组以集中的形式插入到信息码流中。

这两种插入方式的示意图如图 4-7 所示。

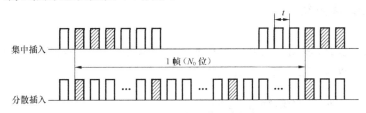

图 4-7　同步码插入的两种方式

（3）帧同步码的识别检出方式

帧同步码的识别检出方式是指在接收端从接收到的 PCM 码流中如何识别和检出同步码。随着插入方式的不同，常用的识别检出方式有两种。

a．逐位比较方式：接收端产生一组与发送端插入的帧同步码组相同的本地帧码，在识别电路中使本地帧码与接收的 PCM 序列码逐位进行比较。当系统处于同步状态时各对应比较的码位都相同，则没有误差脉冲输出；当系统处于非同步状态时，对应比较的码位就不同，这时就有误差校正脉冲输出。

b．码型检出方式：接收端设置一个移位寄存器，该寄存器的每级输出端的组合是按发送的帧同步码型设计的，当接收的 PCM 序列中帧同步码全部进入移存器时才能有识别检出脉冲。

（4）同步捕捉方式

同步捕捉方式是指系统失步时由失步指令控制调整的方式，比较常用的有以下两种方式。

a．逐步移位捕捉方式：在失步指令的控制下使本地帧码位置逐比特移动，向接收的 PCM 码序列中的帧同步码位靠近，直到进入同步状态。逐步移位方式同步电路原理框图以及工作过程说明如图 4-4 和图 4-5 所示。

b．复位式同步方式：复位式同步方式的原理框图如图 4-8 所示。在复位方式中，通过同步误差检出电路每检出一个误差信号都使分路电路和本地帧码发生器复位，以使下一个时钟比特时再重新产生帧码，重新识别比较。一直到系统进入同步状态不产生误差脉冲，则系统恢复到正常工作。

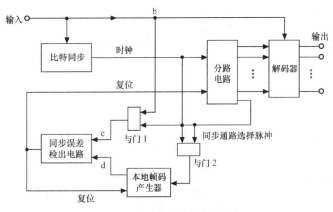

图 4-8　复位式同步方式原理图

以上泛泛地介绍了时分多路复用系统中的帧同步，后面将具体介绍 PCM30/32 路系统的帧同步系统。介绍这部分主要有两个目的：一是使读者了解时分多路复用系统都要实现帧同步，且对帧同步系统有一个整体的认识；二是读者通过学习 PCM30/32 路系统帧同步系统的内容可以加深对帧同步系统的理解。

4.2 PCM30/32 路系统

4.1 节介绍的是时分多路复用通信的基本概念和原理，本节将具体介绍 PCM30/32l 路系统，这里复用的路数 $n = 32$，其中话路数为 30。

4.2.1 PCM30/32 路系统帧结构

语音信号根据 ITU-T 建议采用 8 kHz 抽样，抽样周期为 125 μs，在 125 μs 时间内各路抽样值所组成的 PCM 信码顺序传送一次，这些 PCM 信息码所对应的各个数字时隙有次序的组合称为一帧，显然，PCM 帧周期就是 125 μs。

在帧中除了要传送各路 PCM 信码以外，还要传送帧同步码以及信令码。信令是通信网中与连接的建立、拆除和控制以及网路管理有关的信息，有时也称为标志信号，如电话的占用、拨号、应答、拆线等状态的信息。就信令信道的位置而言，可以分为时隙内信令和时隙外信令。就信令信道的利用方式而言，可以分为共路信令和随路信令两类。把与许多路有关的信令信息，以及诸如网路管理所需的其他信息，借助于地址码在单一信令信道上传输的方式称为共路信令。在话路内或在固定附属于该话路的信令信道内，传输该路所需的各种信令的方式称为随路信令。后一种方式意味着一帧内包含有多少个话路就应设置有多少个信令信道。为了合理地利用帧结构，通常将若干个帧组成一个复帧，各个话路的信令分别在不同帧的信道中传输。既然有复帧也相应要求复帧中设置复帧同步码。

综上所述，一帧码流中含有帧同步码、复帧同步码、各路信息码、信令码、告警码等。图 4-9 所示为 PCM30/32 路系统帧结构图。

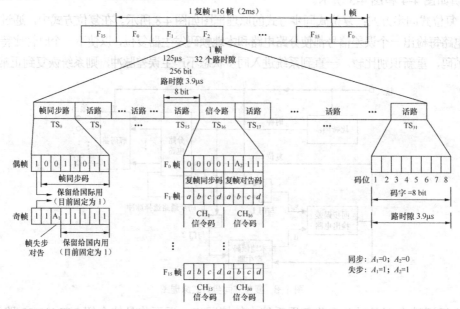

图 4-9　PCM30/32 路系统帧结构

下面对帧结构分别进行说明。

1. 30 个话路时隙：$TS_1 \sim TS_{15}$，$TS_{17} \sim TS_{31}$

$TS_1 \sim TS_{15}$ 分别传送第 1 路～第 15 路（$CH_1 \sim CH_{15}$）语音信号，$TS_{17} \sim TS_{31}$ 分别传送第 16 路～30 路（$CH_{16} \sim CH_{30}$）语音信号。

2. 帧同步时隙：TS_0

在不同帧的 TS_0 位置所传送的信息是不一样的，分为偶帧和奇帧的情况。

偶帧 TS_0：发送帧同步码 0011011；偶帧 TS_0 中的 8 位码中第 1 位码保留给国际用，暂定为 1，后 7 位为帧同步码。

奇帧 TS_0：发送帧失步告警码。奇帧 TS_0 的 8 位码中的第 1 位也保留给国际用，暂定为 1。其第 2 位码固定为 1 码，以便在接收端用以区别是偶帧还是奇帧。第 3 位码 A_1 为帧失步时向对方发送的告警码，简称对告码。当帧同步时，A_1 为 0；当帧失步时 A_1 为 1，以便告诉对端，收端已经出现失步，无法工作。其第 4 位～第 8 位码可供传送其他信息，如业务联络等。这几位码未使用时，固定为 1 码。这样，奇帧 TS_0 时隙的码型为 $11A_111111$。

3. 信令与复帧同步时隙：TS_{16}

为了完成各种控制作用，每一路语音信号都有相应的信令信号，即要传信令信号。由于信令信号频率很低，其抽样频率取为 500 Hz，即其抽样周期为 125 μs，而且只有 4 位码（称为信令码或标志信号码，实际一般只需要 3 位码），所以对于每个话路的信令码，只要每隔 16 帧轮流传送一次就够了。将每一帧的 TS_{16} 传送两个话路信令码（前 4 位码为一路，后 4 位码为另一路），这样 15 个帧（$F_1 \sim F_{15}$）的 TS_{16} 就可以轮流传送 30 个话路的信令码。而 F_0 帧的 TS_{16} 传送复帧同步码和复帧失步告警码。

16 个帧和起来称为一个复帧（$F_0 \sim F_{15}$）。为了保证收端、发端各路信令码在时间上对准，每个复帧需要送出一个复帧同步码，以保证复帧得到同步。复帧同步码安排在 F_0 帧的 TS_{16} 时隙中的前 4 位，码型为 0000，另外 F_0 帧 TS_{16} 时隙的第 6 位 A_2 为复帧对告码。复帧同步时，A_2 码为 0，复帧失步时则改为 1。第 5 位、7 位、第 8 位码也可供传送其他信息用。如暂不用时，则固定为 1 码。

需要注意的是信令码 a，b，c，d 不能同时编为 0000 码，否则就无法与复帧同步码区别开。

对于 PCM30/32 路系统，可以算出以下几个标准数据。

帧周期：125μs，帧长度：$32 \times 8 = 256$ bit。

路时隙：$t_C = \dfrac{T}{n} = \dfrac{125\,\mu s}{32} = 3.91\,\mu s$

位时隙：$t_B = \dfrac{t_C}{l} = \dfrac{3.91\,\mu s}{8} = 0.448\,\mu s$

数码率：$f_B = \dfrac{1}{t_B} = \dfrac{l}{t_C} = \dfrac{n \cdot l}{T} = f_s \cdot n \cdot l = 8\,000 \times 32 \times 8 = 2048$ kbit/s

4.2.2　PCM30/32 路定时系统

PCM 通信是时分制多路复用通信。各话路信号分别在不同时间进行抽样、编码，然后送到接收端依次解码、分路，再重建恢复出原始语音信号。就是说在 PCM 通信方式中，信号的处理和传输都是在规定的时间内进行的。为了使整个 PCM 通信系统正常地工作，需要设置一个"指挥部"，由它来指挥系统各部件的工作。定时系统就是完成这项工作的。由定时系统提供给抽样、分路、编码、解码、标志信号系统以及汇总、分离等部件的准确的指令脉冲，以保证整体各部件能在规定的时间内准确、协调地工作。

定时系统产生数字通信系统中所需要的各种定时脉冲如下。

a. 供抽样与分路用的抽样脉冲（也称为路脉冲）。

b. 供编码与解码用的位脉冲。

c. 供标志信号用的复帧脉冲等。

定时系统包括发端定时和收端定时两种，前者为主动式，后者为从属式。从属式的意思是收端定时系统的时钟是从 PCM 信码流中提取出来的，其本身并没有时钟源。下面分别进行介绍。

1. 发端定时系统

PCM30/32 路系统发端定时系统方框图如图 4-10 所示。

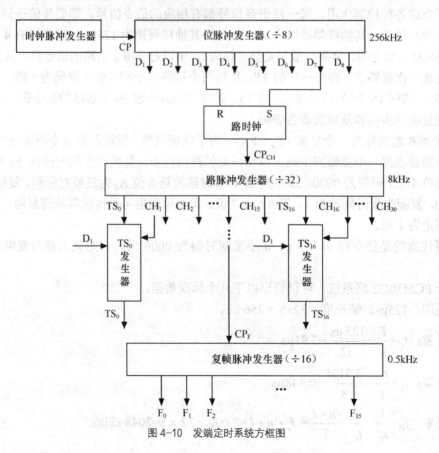

图 4-10　发端定时系统方框图

　　此方框图主要由脉冲发生器、位脉冲发生器、路脉冲发生器、TS_0 和 TS_{16} 路时隙脉冲发生器、复帧脉冲发生器等部分组成。发端定时脉冲的重复频率、脉冲宽度、个数等如表 4-1 所示。

表 4-1　　　　　　　　　　　　**PCM30/32 路制式的发端定时脉冲（一种方案）**

脉冲名称	符号	重复频率	脉宽 （ 1 bit=0.488μs ）	相数	用途
时钟脉冲	CP	2048 kHz	1/2 bit	1	总时钟源，产生各种定时脉冲
延迟时钟脉冲	CP*	2048 kHz	1/2 bit	1	下权，编码等用
路脉冲	$CH_1 \sim CH_{30}$ $TS'_0 \sim TS'_{16}$	8 kHz	4 bit 4 bit	32	用于话路抽样和 TS_0，TS_{16} 时隙脉冲的产生，其中 TS'_0 用于产生 TS_0
路时隙脉冲	TS_0 TS_{16}	8 kHz	8 bit	2	用于传送帧同步码和标志号码
复帧脉冲	$F_0 \sim F_{15}$	0.5 kHz	2 564 bit	16	用于传送复帧同步码和标志信号

　　发端各定时脉冲的时间波形如图 4-11 所示。

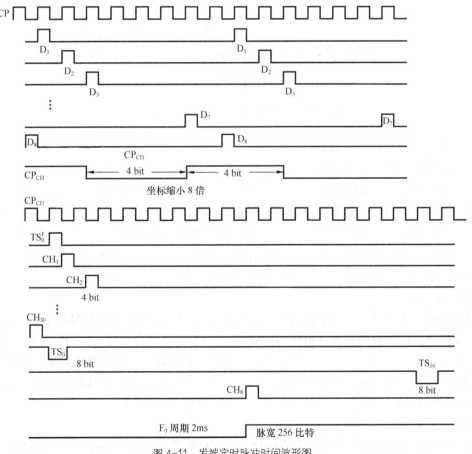

图 4-11　发端定时脉冲时间波形图

（1）时钟脉冲

时钟脉冲发生器提供了高稳定度的时钟信号。PCM30/32 路系统的时钟频率 $f_{cp}=f_B=f_s \cdot n \cdot l =8\,000 \times 32 \times 8 =2048$ kHz。时钟频率的频率稳定度一般要求小于 50×10^{-6}，即允许 2048 kHz 的误差应在 ± 100 kHz 以内，其占空比为 50%，即脉冲宽度占重复周期的一半。为满足上述要求，通常采用由晶体震荡器与分频器组成的时钟脉冲发生器。晶体振荡器的频率稳定度为 $10^{-6} \sim 10^{-11}$，它不需采用恒温措施即可达到指标要求。由晶体振荡器组成的时钟脉冲发生器如图 4-12 所示。该电路由两级与非门级联后组成两级放大器，其增益很高，输出与输入之间同相。因此接上晶体振荡器和电容 C 串联的反馈支路后，很容易在晶体的串联谐振频率上满足自激条件而自激。自激后进入与非门的非线性区，其输出波形为矩形波。R_1 和 R_2 并联在与非门上形成适当的负反馈，电容 C 和 C′并联除了起交流耦合作用外，它与晶体的等效串联谐振回路相串联，可视为等效电容的一部分。调整电容 C′值可以起到频率微调的作用。考虑到要求产生 50%占空比的时钟脉冲，可采用 2 倍或 4 倍 f_{cp} 的石英晶体，然后进行二分频或四分频，即可得到理想的 50%占空比的主时钟脉冲。

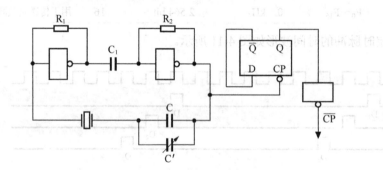

图 4-12　由晶体振荡器组成的时钟脉冲发生器

（2）位脉冲

位脉冲用于编码、解码以及产生路脉冲、帧同步码和标志信号码等。位脉冲的频率与脉冲宽度由抽样频率 f_S、路时隙数 n 和编码位数 l 来决定。在 PCM30/32 路制式中，$f_S=8$ kHz，位脉冲的频率为 8 kHz $\times$ 32(路时隙数) = 256 kHz。若每个抽样值编 8 位码，则位脉冲共有 8 相，可用 D_1，D_2，D_3，$\cdots D_8$ 来表示。每相的位脉冲宽度为 0.488/2=0.244 μs。位脉冲产生的一种方案可以由一个 8 级环形移存器电路组成，如图 4-13 所示。输入的时钟脉冲 CP 的频率为 2048 kHz，输出位脉冲的频率为 256 kHz，为 D_1，D_2，D_3，$\cdots D_8$，共 8 相。

（3）路脉冲

路脉冲是用于各话路信号的抽样和分路以及 TS_0，TS_{16} 路时隙脉冲的形成等。因为用于抽样，故路脉冲的重复频率为 8 kHz，PCM30/32 路制式帧结构中有 32 个路时隙，则路脉冲的相数为 32 相。用 CH_1，CH_2，$\cdots CH_{30}$ 来表示 30 个话路的路脉冲（即抽样脉冲），$TS_0{'}$和 $TS_{16}{'}$两个路脉冲用于产生 TS_0，TS_{16} 路时隙脉冲。为了减少邻路串话，路脉冲的脉冲宽度为 4 比特，即 $0.488\mu s \times 4 = 1.95$ μs，具体规定为 D_7，D_8，D_1，D_2 四位码。

（4）路时隙与复帧脉冲

TS_0 路时隙脉冲用来传送帧同步码；TS_{16} 路时隙脉冲用来传送标志信号码。TS_0，TS_{16} 路时隙脉冲的重复频率为 8 kHz，脉宽为 8 bit，即 $0.488\mu s \times 8=3.91$ μs。

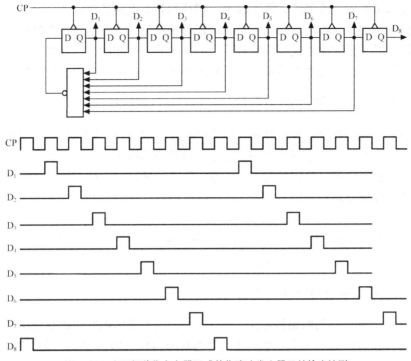

图 4-13 由环行移位寄存器组成的位脉冲发生器及其输出波形

复帧脉冲是用来传送复帧同步码(包括复帧失步对端告警码)和 30 个话路的标志信号码。其重复频率为 8 kHz/16 = 0.5 kHz,共有 16 相,即 F_0,F_1,F_2,…F_{15},其脉冲宽度为 125 μs。

2. 收端定时钟提取

接收端定时系统与发送端定时系统基本相同,不同之处是它没有主时钟源(晶体振荡器),而是由时钟提取电路代之。时分多路复用系统的一个重要问题是同步问题(即位同步、帧同步和复帧同步)。要做到接收端与发送端的位同步(时钟同步),也就是使收发两端的时钟频率相同,以保证收端正确识别每一位码元,则要求接收端的时钟与发送端的时钟完全相同,且与接收信码保持正确的相位关系(即与接收信码同频、同相)。因为接收端为正确判决或识别每一个码元,要求抽样判决脉冲与接收信码频率相同、相位对准,而抽样判决脉冲是由时钟微分得到的,所以要求收端时钟与接收信码同频、同相。

为了满足对收端时钟的要求,也就是为了实现位同步,在 PCM 通信系统中,收端时钟的获得采用了时钟提取的方式,即从接收到的信息码流中提取时钟成份。定时钟提取电路一般采用谐振槽路方式,其方框图如图 4-14 所示。

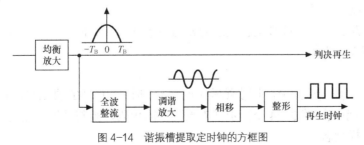

图 4-14 谐振槽提取定时钟的方框图

定时钟提取电路由全波整流、调谐放大、相移和整形电路等组成。

这里需要说明的是，收端定时系统与发端定时系统唯一不同的是产生时钟的方法不同。收端一旦采用定时钟提取的方式获得时钟后，产生位脉冲、路脉冲、复帧脉冲等的方法同发端定时系统一样。另外，收端采用定时钟提取的方式获得时钟相当于已经实现了位同步。

4.2.3　PCM30/32 路帧同步系统

如前所述，位同步解决了收端时钟与接收信码之间的同频、同相问题，这样就可使收到的信码获得正确的判决。但是正确判决后的信码流是一连串无头无尾的信码流，这样收端无法判断出收到的信码中某一位码是第几路信号的第几位码，即不能正确恢复发送端送来的语音信号。为此接收端要能完成以下功能。

a. 要能从收到的信码流中，分辨出哪 8 位码是一个抽样值所编的码字，以便能正确解码。

b. 还要能分辨出每一个码字（8 位码）是属于哪一路的，以便正确分路。

采用帧同步方法可以解决以上问题。

1. PCM30/32 路系统帧同步的实现方法

由 PCM30/32 路系统的帧结构可知，PCM30/32 路系统的帧同步码是采用集中插入方式的。ITU-T 规定 PCM30/32 路系统的帧同步码型为 0011011，它集中插入在偶帧 TS_0 的第 2 位～第 8 位。

对于 PCM30/32 路系统，由于发端偶帧 TS_0 时隙发帧同步码（奇帧 TS_0 时隙发帧失步告警码），收端一旦识别出帧同步码，便可知随后的 8 位码为一个码字且是第一话路的，依次类推，便可正确接收每一路信号，即实现帧同步。

2. 前、后方保护

在 4.1 节中介绍时分多路复用系统中的帧同步时，提到了前、后方保护，下面具体讨论 PCM30/32 路系统的前、后方保护所涉及的问题。

（1）前方保护

由前述可知，前方保护是为了防止假失步。

帧同步系统一旦出现帧失步（即收不到同步码），并不立即进行调整。因为帧失步可能是真正的帧失步，也可能是假失步。真失步是由于收发两端帧结构没有对准（即收端的比较时标没有对准发端偶帧 TS_0 的帧同步码出现时刻）造成的；而假失步则是由信道误码造成的。

PCM30/32 路系统的同步码检出方式是采用码型检出方式。它是这样防止假失步的：当连续 m 次（m 称为前方保护计数）检测不出同步码后，才判为系统真正失步，而立即进入捕捉状态，开始捕捉同步码。

具体地说，从第一个帧同步码丢失起到帧同步系统进入捕捉状态为止的这段时间称为前方保护时间，可表示为

$$T_{前} = (m-1) T_s$$

其中，T_s=250 μs，为一个同步帧（同步帧等于两个帧）时间。ITU-T 的 G.732 建议规定 $m = 3\sim 4$，即如果帧同步系统连续 3～4 个同步帧未收到帧同步码，则判系统已经失步，此时帧同步系统立即进入捕捉状态。

（2）后方保护

后方保护是为防止伪同步。

PCM30/32 路系统的同步捕捉方式是采用逐步移位捕捉方式。在捕捉帧同步码的过程中，可能会遇到伪同步码，所以第一次捕捉到的帧同步码还不能认为已经获得帧同步了，因为收到的帧同步码可能是真正的帧同步码，也可能是假的帧同步码（信息码中与帧同步码相同的码型，它是随机出现的）。如果这时收到的是伪同步码（误认为是帧同步码）使系统恢复成帧同步状态，由于它不是真的帧同步码，即不是真的帧同步，还将经过前方保护才能重新开始捕捉，因而使同步恢复时间拉长。为了防止出现伪同步码造成的不利影响，采用了后方保护措施，即在捕捉帧同步码的过程中，只要在连续捕捉到 n（n 为后方保护计数）次帧同步码后，才能认为系统已真正恢复到了同步状态。

从捕捉到第一个真正的同步码到系统进入同步状态这段时间称为后方保护时间，可表示为

$$T_{后}=(n-1)T_s$$

ITU-T 的 G.732 建议规定 $n=2$。即帧同步系统进入捕捉状态后在捕捉过程中，如果捕捉到的帧同步码组具有以下规律：

① 第 N 帧（偶帧）有帧同步码 {1⓪011011} 第一位码固定为 1；

② 第 $N+1$ 帧（奇帧）无帧同步码，而有对端告警码 {1①$A_1$11111}；

③ 第 $N+2$ 帧（偶帧）有帧同步码 {1⓪011011}。

则判帧同步系统进入帧同步状态，这时帧同步系统已完成同步恢复。

检查第 $N+1$ 帧有没有帧同步组，是通过奇帧 TS_0 时隙的 D_2 位时隙，即第 2 位码为 1 码来进行核对（因为偶帧的帧同步码在 TS_0 时隙的 D_2 位时隙是 0 码），称它为监视码。如果第 $N+1$ 帧的 D_2 位时隙是 0 码，则表示前一帧第 N 帧的同步码是伪同步码，必须重新捕捉。

3．帧同步系统的工作原理

（1）帧同步系统的工作流程图

根据 ITU-T 的 G.732 建议画出如图 4-15 所示的帧同步系统工作流程图。图中 A 表示帧同步状态；B 表示前方保护状态；C 表示捕捉状态；D 表示后方保护状态。图中 P_s 为帧同步码标志；P_c 为收端产生的比较标志。

由图 4-15 可以看出，如果系统连续地在预定时间检出帧同步码组，即 $P_c=P_s$(表示 P_c 和 P_s 同时出现)，系统处于帧同步状态 A。如系统开机还没有建立收、发端帧同步，或系统在帧同步状态下在规定时间内没有检出帧同步码组，即 $P_c\neq P_s$(表示 P_c 出现时 P_s 没有出现)，此时并不立即判定系统为帧失步，而进入前方保护状态 B。当连续 m 次 $P_c\neq P_s$ 时，系统便由同步状态 A 进入到捕捉

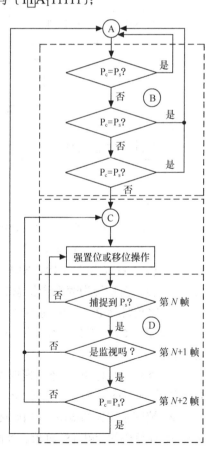

图 4-15 帧同步系统工作流程图

状态 C。在捕捉状态 C 中，帧同步系统在接收到的信码流中捕捉帧同步码，当捕捉到帧同步码组后（注意这个帧同步码组可能是真的，也可能是假的），系统进入后方保护状态 D。在状态 D 中，从找到第一个帧同步码组起，每隔一帧（125 μs）检查一次。结果有两种可能：一种是连续 n 次正好都对上，即检出监视码后继而检出帧同步码，在这种情况下，就认定这个码组上为真正的帧同步码组，而进入同步状态 A；另一种可能是在上述过程中只要有一次没有对上（即没有检出监视码或者检出监视码而没有检出帧同步码组），就认定在第一次检出的并不是真正的帧同步码组，系统又立即回到捕捉状态 C。

（2）帧同步系统方框图及其工作原理

图 4-16 所示为一种帧同步系统的方框图。方框图由时标脉冲的产生、帧同步码组的检出、前方后方保护与捕捉等部分组成。

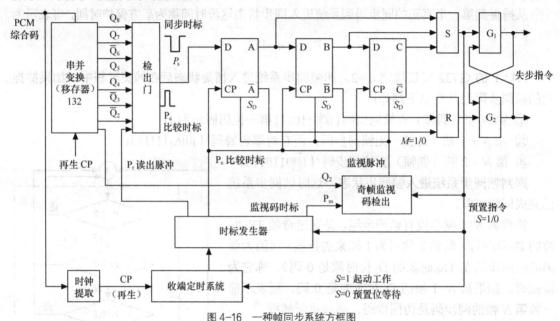

图 4-16　一种帧同步系统方框图

① 时标脉冲的产生。本方案的帧同步系统共有 3 种时标脉冲，即读出时标脉冲 P_r、比较时标脉冲 P_c 以及监视码时标脉冲 P_m。

a．读出脉冲 P_r：在同步系统中，首先要解决帧同步码的检出，而帧同步码检出应在规定时间完成。当系统为帧同步状态时，$P_r = TS_0 \cdot D_8$，即每帧检查一次，检出时间是 TS_0（路时隙）D_8（位时隙）。当系统为帧失步状态时，$P_r = 1$，即进入逐比特检出识别状态。

b．比较时标 P_c：在帧同步时，$P_c = 偶帧 \cdot TS_0 \cdot D_8 \cdot CP$，即在偶帧 $TS_0 \cdot D_8$ 时间产生 P_c。在帧失步时，$P_c = CP$，因为此时系统处于逐位检查识别帧同步码组的期间，$P_c = CP$，达到逐位识别的目的。

c．监视码时标 P_m：监视码时标 P_m 的出现时间与比较时标 P_c 不同，P_m 是出现在收端定时系统的奇帧 D_8 位时隙，脉宽为 0.5 bit。

② 帧同步码组的检出。在 PCM30/32 路系统中，帧同步码组 {0011011} 共 7 位码，它是出现在 PCM 信码的偶帧 TS_0 时隙。帧同步码组的检出电路如图 4-17 所示。检出电路由 8 级移位寄存器与检出门组成。

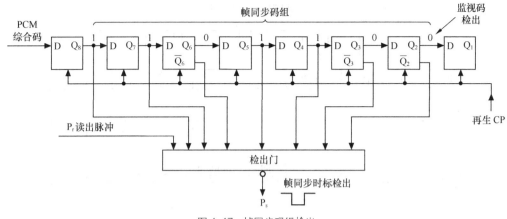

图 4-17　帧同步码组检出

由检出门的逻辑关系可得

$$P_s = \overline{\overline{Q_2 Q_3 Q_4 Q_5} \overline{Q_6} Q_7 Q_8 \cdot P_r}$$

由上式可知，只有帧同步码组 {0011011} 由再生时钟逐位移入寄存器，同时只能在读出脉冲 P_r 出现时刻才有负脉冲的同步时标 P_s 检出。其他任何码组进入移存器时，检出门的输出均为正电平的 P_s。

当帧同步系统为帧同步状态时，帧同步时标 P_s 标志着接收 PCM 信码流中的偶帧 $TS_0 \cdot D_8$ 出现时刻。读出脉冲 $Pr = TS_0 \cdot D_8$ 是收端定时系统的 TS_0 时隙的 D_8 位时隙出现。每隔 250 μs(一个同步帧) 在 $TS_0 \cdot D_8$ 时隙出现负脉冲的 P_s，就表明了收端定时系统与接收到的 PCM 码流是保持同步的关系。

③ 前、后方保护与捕捉。系统是否同步，采用比较时标 P_c 与帧同步时标 P_s 在时间上进行比较的方法。如果 P_c 正脉冲的出现时间与 P_s 负脉冲的出现时间正好一致，则表示系统同步，否则就是帧失步。时间比较是由 D 触发器 A 来完成的，比较时标 P_c 作为 A 触发器的时钟，在 P_c 的正脉冲出现时间，如果对准 P_s 的负脉冲，则触发器 A = 0，表示帧同步；如果没有对准 P_s 的负脉冲，则触发器 A = 1，表示帧失步。因此，A = 0 或 A = 1 可判断出是帧同步还是帧失步。

D 触发器 A 除了完成时间比较任务外，还完成保护时间计数的记忆作用。为了完成前方保护时间 500μs 的任务，需要对连续失步三次的情况进行记忆，因此设置了 3 个 D 型触发器 A、B、C，当连续 3 次失步时，则

A = B = C = 1，与非门 $S = \overline{A \cdot B \cdot C} = \overline{1 \cdot 1 \cdot 1} = 0$

这时预置指令 S = 0，发出置位等待指令，使收端定时系统暂时停止工作，而置位于一个特定的等待状态，例如停留在偶帧 TS_0 时隙的 D_8 的等待状态，这时系统进入捕捉状态。S = 0，系统进入捕捉状态后，虽然收端定时系统停留在一个特定的等待状态而停止工作，但收端再生时钟 CP 仍然继续工作，这时比较时标 P_c 改为 $P_c = CP$，由 CP 进行逐位比较，如图 4-18 中帧同步系统的时间图中 t_2 所示，当然，这时的帧同步码的检出也改为逐位检出。

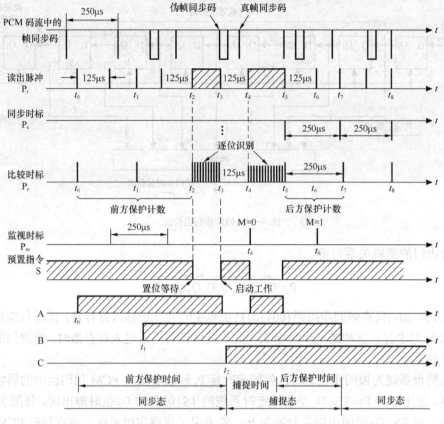

图 4-18　帧同步系统的时间图

　　在逐位比较识别过程中，一旦识别出帧同步码，这时 A=0，$S=\overline{0 \cdot 1 \cdot 1}=1$，就立即解除收端定时系统的预置等待状态，启动收端定时系统，恢复正常工作，从收端定时系统的比较时标与接收到的 PCM 信码流中的偶帧 $TS_0 \cdot D_8$ 时隙对准，从而达到帧同步的目的。考虑到伪同步码的存在，采用后方保护，它是由奇帧监视码检出与偶帧同步码检出来完成。监视码是利用对端告警码的第 2 位 1 码与帧同步码第 2 位 0 码不同而检测出来的。当进入捕捉状态后，进行逐位捕捉，当识别出一组帧同步码，就进行奇帧监视码的检出，如果在规定的时间没有监视码出现，说明前一组帧同步码是假的，此时监视脉冲 M = 0，由此负脉冲将 A，B，C 均置位于"1"状态，从而使 S = 0，又重新开始逐位捕捉。只有当逐位捕捉过程中，第 N 帧识别出一组帧同步码，在第 N + 1 帧检出监视码，此时 M = 1，对 A、B、C 触发器不发生影响，在第 N + 2 帧又识别出一组帧同步码时，才结束捕捉状态而进入同步状态，使收端解码器重新开始工作。在图 4-18 中，于 t_2 时刻（已连续 3 次未检出同步码）：

$$S = \overline{A \cdot B \cdot C} = \overline{1 \cdot 1 \cdot 1} = 0$$
$$R = \overline{\overline{A} \cdot \overline{B}} = \overline{0 \cdot 0} = 1$$
$$G_1 = 1$$
$$G_2 = 0$$

　　当 $G_1 = 1$，$G_2 = 0$ 时，发生失步指令，进行告警，并将解码器封锁，使其停止工作。

$S = 0$，发出预置指令，将定时系统预置在特定的等待状态而停止工作，这时系统处于逐位检出识别捕捉状态。

4. 帧同步码型与长度

在 PCM 信码流中，不可避免的随机地形成与帧同步码相同的码组，即伪同步码组。由于伪同步码组的出现，将使平均失步时间加长。所以在选择帧同步码组结构时，要考虑由于信息码而产生伪同步码的概率越小越好。如果增加帧同步码组的码位数，可使伪同步码组出现的机会减少；但是码位数过多，将减少有效通信容量或增加信道数码率。由前述可知帧同步码要具有特殊的码型，且长度要适当。所以综合考虑后，ITU-T 规定 PCM30/32 系统帧同步码位为 7 位，并采用集中插入方式，码型采用{0011011}。

对于集中插入帧同步码组方式来讲，并不是整个信息码流中任何一码组都会形成伪同步码组的。帧同步周期包含 512 bit，当采用一种特殊的码型时，有一段码流不会出现伪同步码组。根据这种情况，可将信息码流分为两个区域：随机区和覆盖区，如图 4-19 所示。

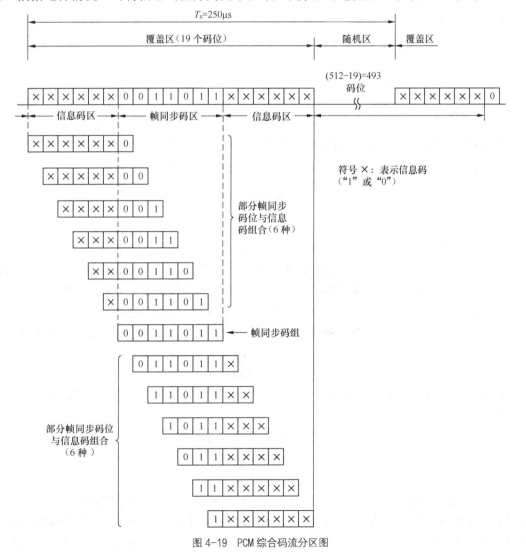

图 4-19 PCM 综合码流分区图

在随机区内是可能出现伪同步码组的，这是因为它完全由信息码所组成，而信息码的每一位码都是随机的。在覆盖区中任一码长为 l 的码组都是由部分信息码和部分帧同步码共同组成的，仅有一组真正的帧同步码组，在这些码组中的某些码位不是随机的。在覆盖区内，于帧同步码组的两侧有（$l-1$）位，它们与帧同步码共同组成 $2(l-1)+l=3l-2$ 个码位。从图中可以看出，如果帧同步码组选得适当，在覆盖区内除帧同步码组本身外，没有伪同步码存在。这种帧同步码组的结构称为单极点码组，它表示在覆盖区内只有帧同步码组本身，而无伪同步码组存在。例如 PCM30/32 路系统中，帧同步码组为 {0011011}。

5. 帧同步系统性能的近似分析

衡量帧同步系统性能的主要因素有平均失步时间和误失步的平均时间间隔。

（1）平均失步时间

平均失步时间是指帧同步系统真正失步开始到确认帧同步业已建立所需的时间。它包括失步检出、捕捉、校核 3 段时间，其中捕捉和失步检出时间是主要的。

经过推导得出捕捉时间为：

$$T_{捕}=(N_s-1)\tau+(N_s-L)\left(\frac{p}{1-p}\right)T_s$$

式中，N_s 为同步帧的码位数，$N_s=512$ bit；τ 为每一码位的宽度，$\tau=0.488\mu s$；$p=\left(\frac{1}{2}\right)^l$，为出现伪同步码的概率；$l$ 为帧同步码位数，$l=7$；L 为覆盖区的长度；T_s 为同步帧周期，$T_s=250\mu s$。

失步检出的时间是指系统从真正失步开始到最后判定系统为失步状态所需要的时间，它与前方保护时间有一定的关系。经过推导得出失步检出时间为

$$\tau_m\approx\frac{m}{1-mp}T_s$$

（2）误失步平均时间间隔

误失步平均时间间隔是帧同步系统可靠性的指标，希望误失步平均时间间隔越长越好。如果信道没有误码，那么帧同步一经建立，从理论上说，就是一直保持帧同步状态。但是信道误码是不可避免的。因此，虽然帧同步系统处于正常同步，但因误码就可能在预定的同步位的位置收不到帧同步码，而会产生误码，其结果将正常同步状态误调到失步状态。为了防止误调，才用如前所述的前方保护，以提高系统的抗干扰的能力。经过推导可得误失步平均时间间隔为

$$T_{误失步}\approx\frac{T_s}{(P_e l)^m}$$

式中，m 为前方保护计数；P_e 为信道误码率；l 为帧同步码位数；T_s 为同步帧周期。

当 $m=3$，$P_e=10^{-6}$，$l=7$，$T_s=250\mu s$ 时，

$$T_{误失步}=250\times10^{-6}\times(7\times10^{-6})^{-3}$$

$$\approx7.3\times10^{11}\text{秒}$$

$$\approx23\ 000\ \text{年}$$

由此可见，在这样的误码率下，帧同步系统基本不会发生因信道误码而引起的同步系统的误调，当然这是从统计意义上来讲的。当 $P_e=10^{-4}$ 时，$T_{误失步}\approx8.45$ 天，即误码率增加时，使误失步平均周期缩短。应当指出，设置前方保护是为了提高系统的抗干扰能力，如果前方

保护计数 m 减少，虽可缩短前方保护时间使系统很快从失步状态返回到帧同步状态，但这却使 T 误失步的时间大大缩短，帧同步系统的抗干扰能力显著变坏。如果前方保护（$m=1$）时，此时 $l=7$，$P_e=10^{-6}$，这时 T 误失步≈36 秒。显然，这时帧同步系统是无法工作的，因此前方保护措施是绝对必要的。

4.2.4　PCM30/32 路系统的构成

在前面讨论的抽样、量化、编码以及时分多路复用等基本原理的基础上，下面介绍 PCM30/32 路系统方框图。图 4-20 所示为集中编码方式 PCM30/32 路系统方框图，图 4-21 所示为单片集成编解码器构成的 PCM30/32 路系统方框图。

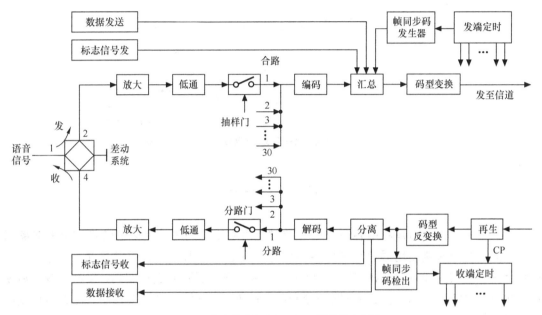

图 4-20　集中编码方式 PCM30/32 路系统方框图

PCM30/32 路系统工作过程简述如下：用户语音信号的发与收是采用二线制传输，但端机的发送支路与接收支路是分开的，即发与收是采用四线制传输的。因此用户的语音信号需要经过 2/4 线变换的差动变量器，经 1→2 端送入 PCM 系统的发送端。差动变量器 1→2 端与 4→1 端的传输衰减要求越小越好，但 4→2 端的衰减要求越大越好，以防止通路振鸣。语音信号再经过放大（调节语音电平）、低通滤波（限制语音频带，防止折叠噪声的产生）、抽样和路及编码。编码后的信息码与帧同步码、信令码（包括复帧同步码）在汇总电路中，按各自规定的时隙进行汇总，最后经码型变换电路变换成适合于信道传输的码型送往信道；在接收端首先将接收到的信号进行整形再生，然后经过码型反变换电路恢复成原始的编码码型，由分离电路将语音信息码、信令码等进行分路。分离出的语音信码经解码、分路门恢复出每一路的 PAM 信号，然后经低通滤波器重建恢复出每一路的模拟语音信号。最后经过放大，差动变量器 4→1 端送到用户。在再生电路中提取的再生时钟，除了用于抽样判决识别每一个码元外，还由它来控制收端定时系统的位脉冲（解码用）与接收码元出现的时间完全同步（位同步）。帧同步码经帧同步系统检出并控制收端定时系统的路脉冲，使接收端能正确分辨出哪几位码是属于哪一个话路。

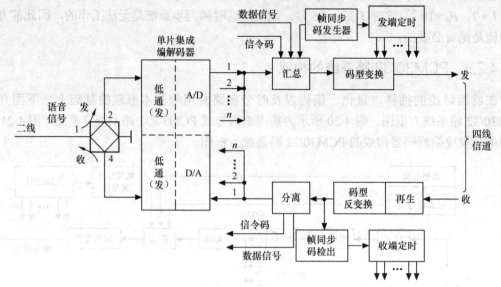

图 4-21 单片集成编码器构成的 PCM30/32 路系统方框图

小　结

（1）时分多路复用是利用各路信号在信道上占有不同的时间间隔的特征来分开各路语音信号的。时分多路复用通信系统中各路信号在发送端首先经过低通滤波进行预滤波，抽样后合在一起成为和路的 PAM 信号，经保持电路将样值展开后进行编码；接收端解码后恢复为和路的 PAM 信号，然后由分路门分开各路的 PAM 信号，再经接收低通滤波器恢复成为原模拟信号。

（2）时分多路复用系统中要做到位同步和帧同步。位同步是使收发两端的时钟频率相同，以保证收端正确识别每一位码元。收端时钟采用定时提取的方式可实现位同步。帧同步是保证收发两端相应各话路要对准。为完成帧同步功能设置了帧同步系统，其中前、后方保护分别可以防止假失步和伪同步，以使帧同步系统稳定可靠的工作。另外，帧同步码型的选择原则是产生伪同步的可能性尽可能得小。

（3）PCM30/32 路系统是 PCM 通信的基本传输体制。其数码率为 2 048 kbit/s，帧周期是 125 μs，帧长度是 256 bit(l =8)。一帧共有 32 个时隙，其中 TS_1～TS_{15}，TS_{17}～TS_{31} 为话路时隙，TS_0 为同步时隙，TS_{16} 为信令时隙。

（4）PCM30/32 路定时系统在收端是主动式的，由时钟脉冲发生器产生；在收端是被动式的，其时钟是采用定时钟提取的方式获得的，目的是实现位同步。定时系统产生的主要脉冲如下。

a. 供抽样与分路的路脉冲。

b. 供编码与解码用的位脉冲。

c. 供标志信号用的复帧脉冲。

（5）PCM30/32 路帧同步码型为{0011011}，帧同步系统中也设置了前、后方保持电路，具体规定前方保护时间 $T_{前}=(n-1)T_s$，后方保护时间 $T_{后}=(m-1)T_s$，一般 $m=3\sim4$，$n=2$。即当连续 3～4 次收不到同步码时才认为系统真正失步而进入捕捉状态；而在捕捉过程中，当连续两次收到同步码时才认为系统真正同步而进入同步状态。PCM30/32 路系统的帧同步系统工作流程如图 4-15 所示。衡量帧同步系统性能的主要指标有平均失步时间和误失步的平均时间间隔。

（6）PCM30/32 路系统构成框图中主要包括：差动变量器，收和发端低通滤波器，编/解码器，码型变换、反变换器，定时系统，帧同步系统。另外还有标志信号发、标志信号收以及汇总、分离、再生系统等。

习　　题

4-1　时分多路复用的概念是什么？

4-2　PCM 时分多路复用通信系统中的发端低通滤波器的作用是什么？保持的目的是什么？

4-3　什么叫时钟同步？如何实现？

4-4　什么是帧同步？如何实现？

4-5　帧同步系统中为什么要加前、后方保护电路？

4-6　帧同步码型的选择原则是什么？

4-7　PCM30/32 路系统 1 帧有多少 bit？1 秒传多少个帧？假设 l=7 时，数码率 f_B 为多少？

4-8　PCM30/32 路系统中，第 23 话路在哪一时隙中传输？第 23 路信令码的传输位置在什么地方？

4-9　PCM30/32 路定时系统中为什么位脉冲的重复频率选为 256 kHz？

4-10　收端时钟的获得方法是什么？为什么？

4-11　PCM30/32 路系统中，假设 m=3，n=2，求前、后方保护时间分别为多少？

4-12　前、后方保护的前提状态分别是什么？

4-13　假设系统处于捕捉状态，试分析经过前、后方保护后可能遇到的几种情况。

4-14　假设帧同步码为 10101，试分析在覆盖区内产生伪同步码的情况。

4-15　PCM30/32 路系统构成框图中差动变量器的作用是什么？标志信号发输出的是什么？

第 5 章　数字信号复接——PDH 与 SDH

随着通信事业的发展，数字通信的容量不断增大。目前 PCM 通信方式的传输容量已由一次群（PCM30/32 路或 PCM24 路）扩大到二次群、三次群、四次群等，PCM 各次群构成了准同步数字体系（PDH）。

21 世纪人类将进入高度发达的信息社会，这就要求高质量的信息服务与之相适应，也就要求现代化的通信网向着数字化、综合化、宽带化、智能化和个人化方向发展。传输系统是现代通信网的主要组成部分，为了适应通信网的发展，需要一个新的传输体制，同步数字体系（SDH）应运而生。

本章介绍两部分内容：准同步数字体系（PDH）和同步数字体系（SDH）。

首先介绍 PDH，主要包括数字复接的基本概念，同步复接与异步复接，PCM 零次群和PCM 高次群，PDH 的网络结构和 PDH 的弱点；然后详细论述 SDH 的相关内容，主要包括SDH 的基本概念，SDH 的速率体系，SDH 的基本网络单元，SDH 的帧结构，SDH 的复用映射结构，映射、定位和复用过程。

5.1　准同步数字体系（PDH）

PCM 各次群构成准同步数字体系（PDH），传统的数字通信系统采用的就是这种准同步数字体系（PDH）。本节首先介绍数字复接的基本概念，然后分析同步复接与异步复接的具体过程，最后探讨 PCM 零次群和 PCM 高次群的相关内容。

5.1.1　数字复接的基本概念

1. 准同步数字体系（PDH）

根据不同的需要和不同的传输介质的传输能力，要有不同话路数和不同速率的复接，形成一个系列（或等级），由低向高逐级复接，这就是数字复接系列。多年来一直使用较广的是准同步数字体系（PDH）。

国际上主要有两大系列的准同步数字体系，都经 ITU-T 推荐，即 PCM24 路系列和PCM30/32 路系列。北美和日本采用 1.544 Mbit/s 作为第一级速率（即一次群）的 PCM24 路数字系列，两家又略有不同；欧洲和中国则采用 2.048 Mbit/s 作为第一级速率（即一次群）

的 PCM30/32 路数字系列。两类速率系列如表 5-1 所示。

表 5-1 数字复接系列（准同步数字体系）

	一次群（基群）	二次群	三次群	四次群
北美	24 路 1.544 Mbit/s	96 路 （24×4） 6.312 Mbit/s	672 路 （96×7） 45.736 Mbit/s	4032 路 （672×6） 275.176 Mbit/s
日本	24 路 1.544 Mbit/s	96 路 （24×4） 6.312 Mbit/s	480 路 （96×5） 32.064 Mbit/s	1440 路 （480×3） 97.728 Mbit/s
欧洲 中国	30 路 2.048 Mbit/s	120 路 （30×4） 8.448 Mbit/s	480 路 （120×4） 35.368 Mbit/s	1920 路 （480×4） 139.264 Mbit/s

这样的复接系列具有如下优点。

（1）易于构成通信网，便于分支与插入，并具有较高的传输效率。复用倍数适中，多在 3～5 倍之间。

（2）可视电话、电视信号等能与某个高次群相适应。

（3）与传输媒介，如对称电缆、同轴电缆、微波、波导、光纤等传输容量相匹配。

数字通信系统，除了传输电话和数据外，也可传输其他宽带信号，例如可视电话、电视等。为了提高通信质量，这些信号可以单独变成数字信号传输，也可以和相应的 PCM 高次群一起复接成更高一级的高次群进行传输。

2．PCM 复用和数字复接

扩大数字通信容量，形成二以上的高次群的方法通常有两种：PCM 复用和数字复接。

（1）PCM 复用

所谓 PCM 复用就是直接将多路信号编码复用。即将多路模拟语音信号按 125μs 的周期分别进行抽样，然后合在一起统一编码形成多路数字信号。

显然一次群（PCM30/32 路）的形成就属于 PCM 复用（由 4.2 节可知 PCM30/32 路的路时隙为 3.91μs，约 4μs）。那么这种方法是否适用于二以上的高次群的形成呢？以二次群为例，假如采用 PCM 复用，要对 120 路语音信号分别按 8 kHz 抽样，一帧 125μs 时间内有 120 多个路时隙，一个路时隙约等于一次群一个路时隙的 1/4，即每个样值编 8 位码的时间仅为 1μs，编码速度是一次群的 4 倍。而编码速度越快，对编码器的元件精度要求越高，不易实现。所以，高次群的形成一般不采用 PCM 复用，而采用数字复接的方法。

（2）数字复接

数字复接是将几个低次群在时间的空隙上迭加合成高次群。例如将四个一次群合成二次群，四个二次群合成三次群等。图 5-1 是数字复接的原理示意图（为简单起见，图中假设两个低次群复接成一个高次群，实际是四个低次群复接成一个高次群）。

图中低次群（1）与低次群（2）的速率完全相同（假设均为全"1"码），为了达到数字复接的目的，首先将各低次群的脉宽缩窄（波形 A 和 B′是脉宽缩窄后的低次群），以便留出空隙进行复接，然后对低次群（2）进行时间位移，就是将低次群（2）的脉冲信号移到低次群（1）的脉冲信号的空隙中（如波形 B'所示），最后将低次群（1）和低次群（2）合成为高次群 C。

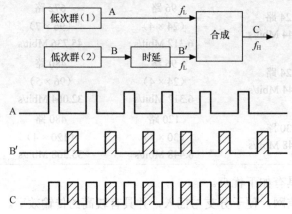

图 5-1　数字复接的原理示意图

经过数字复接以后，数码率提高了，但是对每一个低次群的编码速度并没有提高，所以数字复接的方法克服了 PCM 复用的缺点，目前这种方法被广泛采用。

3. 数字复接的实现

数字复接的实现主要有两种方法：按位复接和按字复接。

（1）按位复接

按位复接是每次复接各低次群（也称为支路）的一位码形成高次群。图 5-2（a）是四个 PCM30/32 路基群的 TS1 时隙（CH1 话路）的码字情况。图 5-2（b）是按位复接的情况，复接后的二次群信码中第一位码表示第一支路第一位码的状态，第二位码表示第二支路第一位码的状态，第三位码表示第三支路第一位码的状态，第四位码表示第四支路第一位码的状态。四个支路第一位码取过之后，再循环取以后各位，如此循环下去就实现了数字复接。复接后高次群每位码的间隔约是复接前各支路的 1/4，即高次群的速率大约提高到复接前各支路的 4 倍。

按位复接要求复接电路存储容量小，简单易行，准同步数字体系（PDH）大多采用它。但这种方法破坏了一个字节的完整性，不利于以字节（即码字）为单位的信号的处理和交换。

（2）按字复接

按字复接是每次复接各低次群（支路）的一个码字形成高次群。图 5-2（c）是按字复接，每个支路都要设置缓冲存储器，事先将接收到的每一支路的信码储存起来，等到传送时刻到来时，一次高速（速率约是原来各支路的 4 倍）将 8 位码取出（即复接出去），四个支路轮流被复接。这种按字复接要求有较大的存储容量，但保证了一个码字的完整性，有利于以字节为单位的信号的处理和交换。同步数字体系（SDH）大多采用这种方法。

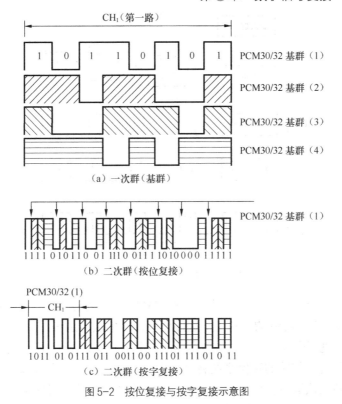

图 5-2　按位复接与按字复接示意图

4．数字复接的同步

数字复接要解决两个问题：同步和复接。

数字复接的同步指的是被复接的几个低次群的数码率相同。几个低次群数字信号，如果是由各自的时钟控制产生的，既使它们的标称数码率相同，例如 PCM30/32 路基群（一次群）的数码率都是 2 048 kbit/s，但它们的瞬时数码率也总是不相同的，因为几个晶体振荡器的振荡频率不可能完全相同。IUT-T 规定 PCM30/32 路的数码率为 2 048 kbit/s ± 100 bit/s，即允许它们有±100 bit/s 的误差。这样几个低次群复接后的数码就会产生重叠和错位。

如图 5-3 所示为数码率不同的低次群复接情况。为了简单起见，图中假设两个低次群复接（实际是四个）；另外还假设两个低次群为全"1"码，波形图中 A 和 B′是脉宽缩窄后的波形。

由图 5-3 可见，如果各低次群的数码率不同，复接时会产生重叠和错位（读者可对比一下图 5-2 中当低次群的数码率相同时复接的情况）。这样复接合成后的信号，在接收端是无法分接恢复成原来的低次群信号的，所以数码率不同的低次群信号是不能直接复接的。

为此，在各低次群复接之前，必须使各低次群数码率互相同步，同时使其数码率符合高次群帧结构的要求。数字复接的同步是系统与系统间的同步，因而也称之为系统同步。

5．数字复接的方法及系统构成

（1）数字复接的方法

数字复接的方法实际也就是数字复接同步的方法，有同步复接和异步复接两种。

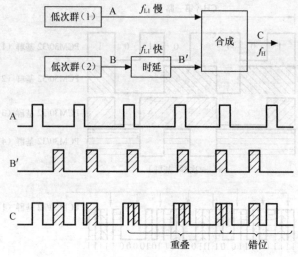

图 5-3　数码率不同的低次群复接

同步复接是用一个高稳定的主时钟来控制被复接的几个低次群，使这几个低次群的数码率（简称码速）统一在主时钟的频率上（这样就使几个低次群系统达到同步的目的），可直接复接（复接前不必进行码速调整，但要进行码速变换，详见后述）。同步复接方法的缺点是一旦主时钟发生故障时，相关的通信系统将全部中断，所以它只限于局部地区使用。

异步复接是各低次群各自使用自己的时钟，由于各低次群的时钟频率不一定相等，使得各低次群的数码率不完全相同（这是不同步的），因而先要进行码速调整，使各低次群获得同步，再复接。PDH 大多采用异步复接。

（2）数字复接系统的构成

数字复接系统主要由数字复接器和数字分接器两部分组成，如图 5-4 所示。

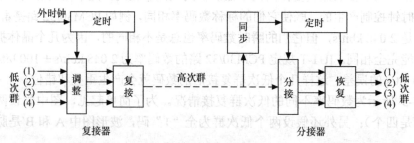

图 5-4　数字复接系统方框图

数字复接器的功能是把四个支路（低次群）合成一个高次群。它是由定时、码速调整（或变换）和复接等单元组成的。定时单元给设备提供统一的基准时钟（它备有内部时钟，也可以由外部时钟推动）。码速调整（同步复接时是码速变换）单元的作用是把各输入支路的数字信号的速率进行必要的调整（或变换），使它们获得同步。这里需要指出的是四个支路分别有各自的码速调整（或变换）单元，即四个支路分别进行码速调整（或变换）。复接单元将几个低次群合成高次群。

数字分接器的功能是把高次群分解成原来的低次群，它是由定时、同步、分接和恢复等单元组成。分接器的定时单元是由接收信号序列中提取的时钟来推动的。借助于同步单元的控制使得分接器的基准时钟与复接器的基准时钟保持正确的相位关系，即保持同步。分接单元的作用是把合路的高次群分离成同步支路信号，然后通过恢复单元把它们恢复成原来的低次群信号。

5.1.2　同步复接与异步复接

1. 同步复接

前面已介绍过同步复接的概念，虽然被复接的各支路的时钟都是由同一时钟源供给的，可以保证其数码率相等，但为了满足在接收端分接的需要，还需插入一定数量的帧同步码；为使复接器、分接器能够正常工作，还需加入对端告警码、邻站监测及勤务联络等公务码（以上各种插入的码元统称附加码），即需要码速变换。另外，复接之前还要移相（延时），码速变换和移相都通过缓冲存储器来完成。

（1）码速变换与恢复

这里以一次群复接成二次群为例说明码速变换与恢复过程。

我们已知二次群的数码率为 8 448 kbit/s，8 448/4 = 2 112 kbit/s。码速变换是为插入附加码留下空位且将码速由 2 048 kbit/s 提高到 2 112 kbit/s。可以算出，插入码元后的支路子帧（125μs）的长度为 $L_s = 2\ 112 \times 10^3\ \text{bit/s} \times 125 \times 10^{-6}\ \text{s} = 264$ bit。可见，各支路每 256 位码中（即 125μs 内）应插入 8 位码，以按位复接为例，插入的码位均匀地分布在原码流中，即平均每 32（256÷8 = 32）位码插入 1 位。

接收端进行码速恢复，即去掉发送端插入的码元，将各支路速率（即数码率）由 2 112 kbit/s 还原成 2 048 kbit/s。

码速变换及恢复过程如图 5-5 所示。

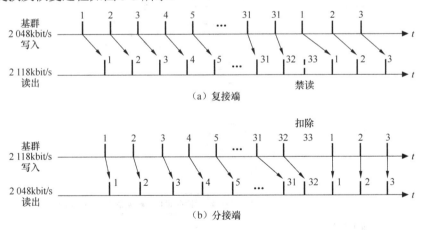

图 5-5　码速变换及恢复过程

在复接端，一次群在写脉冲的控制下以 2 048 kbit/s 的速率写入缓冲存储器，而在读脉冲的控制下以 2 112 kbit/s 的速率从缓冲存储器中读出，显然处于慢写快读的状态。在图 5-5（a）中，起点时刻 2 112 kbit/s 读出脉冲滞后于 2 048 kbit/s 写入脉冲近一个码元周期读出，即留了一个空位。由于读出速率高于写入速率，随着读出码位增多读出脉冲相位越来越接近于写入脉冲，到读完第 32 位以后，下一个读出脉冲与写入脉冲可能会同时出现或者是还未写入即要读出的情况，这时禁止读出一次，即读出脉冲禁读一个码元，也即插入了一个空位（此时只是留空，还未真正插入附加码）。此后下一个读出脉冲才从缓冲存储器读下一位码，这时读出脉冲与写入脉冲又差一个码元周期,如此循环下去即构成了每32位加插一个空位的2 112 kbit/s的数码流以供复接合成。

在分接端（接收端），分接出来的各支路速率为 2 112 kbit/s。在写脉冲的控制下，以 2 112 kbit/s 的速率将数码流写入缓冲存储器，在读脉冲的控制下，以 2 048 kbit/s 的速率读出，处于快写慢读状态。在起点，写入 1 位码便被读出。由于读出速率低于写入速率，随着码位增多读写相位差将越来越大，到该写第 33 位码时，读出脉冲才读到第 32 位，假如照写，不加处理，存储器积存 1 位，随着时间的推移，存储器码位越积越多，会产生溢出。但分接器已知第 33 位是插入码位，写入时扣除了该处的一个写入脉冲，从而在写入第 33 位后边的第 1 位以后，在读出时钟第 32 位后边的第 1 个脉冲的控制下立即读出该位，读写相位关系回到与起点处一致，如此循环下去，将 2 112 kbit/s 码流恢复成了 2 048 kbit/s 的原支路码流。

（2）同步复接系统的构成

二次群同步复接器和分接器的方框图如图 5-6 所示。

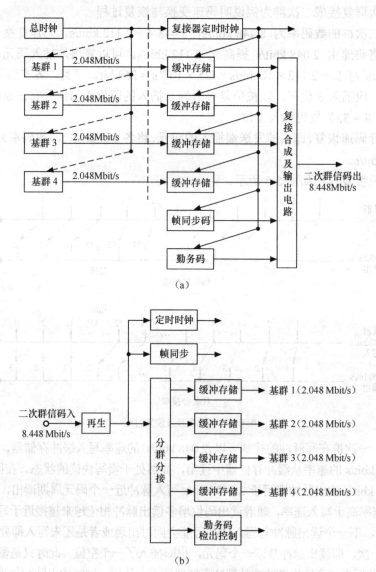

(a)

(b)

图 5-6　二次群同步复接器和分接器方框图

在复接端，支路时钟和复接时钟来自同一个总时钟源，各支路码速率为 2 048 kbit/s，且是严格相等的，经过缓冲存储器进行码速变换，以便汇接时本支路码字与其他支路码字错开以及为插入附加码留下空位，复接合成电路把变换后的各支路码流合并在一起，并在所留空位插入包括帧同步码在内的附加码。在分接端，分接器首先从码流中提取时钟，并产生所需要的复接定时。帧同步电路使收发间帧同步。分群分接电路将 4 个支路信号分接，并同时检出公务码。缓冲存储器扣除附加的码位，恢复原来的支路信号速率。

2. 异步复接

异步复接时，4 个一次群虽然标称数码率都是 2 048 kbit/s，但因 4 个一次群各有自己的时钟源，并且这些时钟都允许有 ±100 bit/s 的偏差，因此 4 个一次群的瞬时数码率各不相等。所以对异源一次群信号的复接首先要解决的问题就是使被复接的各一次群信号在复接前有相同的数码率，这一过程叫码速调整。

（1）码速调整与恢复

码速调整是利用插入一些码元将各一次群的速率由 2 048 kbit/s 左右统一调整成 2 112 kbit/s。接收端进行码速恢复，通过去掉插入的码元，将各一次群的速率由 2 112 kbit/s 还原成 2 048 kbit/s 左右。

码速调整技术可分为正码速调整、正/负码速调整和正/零/负码速调整三种。其中正码速调整应用最普遍，下面仅讨论正码速调整。

正码速调整电路和码速恢复电路如图 5-7 所示。其中每一个参与复接的支路码流都先经过一个单独的码速调整装置，把标称数码率相同瞬时数码率不同的码流（即准同步码流）变换成同步码流，然后进行复接，收端分接后的每一个同步码流都分别经过一个码速恢复装置把它恢复成原来的支路码流。

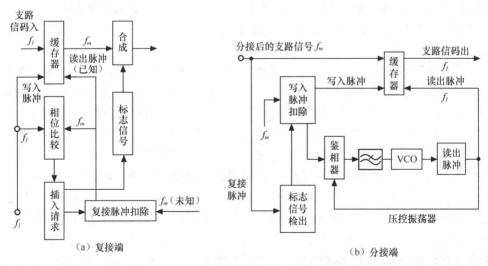

图 5-7　正码速调整电路和码速恢复电路

码速调整装置的主体是缓冲存储器，此外还有一些必要的控制电路。支路信码在写入脉冲（输入时钟）的控制下逐位写入缓存器，写入脉冲的频率与输入支路的数码率（码速调整前的）相同，为 f_i。支路信码在读出脉冲（输出时钟）的控制下从缓存器逐位读出，读出脉冲的频率即为码速调整后支路的数码率 f_m。缓冲器支路信码的输出速率 $f_m >$ 输入速率 f_i，正码速调整就是因此而得名的。

由于 $f_m > f_i$，缓冲存储器处于快读慢写的状态，所以最后将会出现取空状态。为解决这个问题，电路设计在缓冲器尚未取空而快要取空时，就使它停读一次，而插入一个脉冲（非信息码）。具体过程如图 5-8 所示。

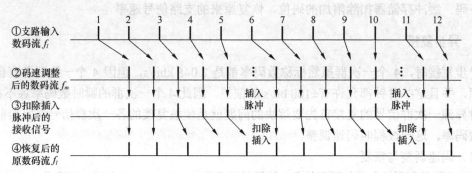

图 5-8 正码速调整和码速恢复过程

从图 5-8 中可以看出，输入信码是在写入脉冲的控制下以 f_i 的速率写入缓冲器，而在读出脉冲的控制下以 f_m 的速率读出。第 1 个脉冲经过一段时间后读出，由于读出速度比写入速度快，写入与读出的时间差（即相位差）越来越小，到第 6 个脉冲到来时，f_m 定时脉冲与 f_i 定时脉冲几乎同时出现或超前出现，这将出现还没有写入却要求读出信息的情况，从而造成取空现象。为了防止 "取空"，这时就插入一个脉冲指令，它一方面停止读出一次，同时在此瞬间插入一个脉冲（一个码元）。插入脉冲的插入与否是根据缓冲存储器的存储状态来决定的，可通过插入脉冲控制电路来完成。而缓冲存储器的存储状态可根据输入数码流与输出数码流的相位关系（如图 5-8①②所示）来确定，所以说存储状态的检测，可由相位比较器来完成。

在收端，分接器（图 5-8 中未画出）先把高次群总信码进行分接，分接后的各支路信号分别输入各自的缓冲器。

为了去掉发送端插入的插入脉冲，首先通过标志信号检出电路，检出标志信号，然后决定是否要在规定位置去掉这一脉冲。当需要去掉这一脉冲时，可通过写入脉冲扣除电路扣掉一个插入脉冲，如图 5-8③所示，即原点线位置，现在是空着的。这里需要解释一个问题，实际上是当检出标志信号时，写入脉冲在规定位置扣除一个脉冲，然后由已扣的写入脉冲控制支路信码写入缓冲器，遇到写入脉冲扣除脉冲的位置（空着的）支路信码也不写入，即扣除一个码元（发端插入的码元），所以写入缓冲器的已经是扣除插入码元的支路信码流（如图 5-8③所示）。

扣除了插入脉冲以后，支路信码的次序与原来信码的次序一样，但是在时间间隔上是不均匀的，中间有空隙，长时间的平均时间间隔即平均码速与原支路信码的 f_i 相同。因此在收端，要恢复为原支路信码，必须从图 5-8③波形（已扣除插入脉冲）中提取 f_i 时钟。脉冲间隔均匀化的任务是由锁相环完成的。锁相环电路方框图如图 5-7（b）所示。鉴相器的输入端接入写入脉冲 f_m（已扣除插入脉冲）和读出脉冲（压控振荡器 VCO 的输出脉冲），由鉴相器检出它们之间的相位差并转换成电压波形，经低通滤波器平滑后，再经直流放大器去控制 VCO 的频率，由此获得一个频率等于时钟平均频率 f_i 的平滑的读出时钟。由此读出时钟控制缓冲器支路信码的读出，缓冲器输出的支路信码即为速率为 f_i 的间隔均匀的信码流，也就是恢复了原支路信码。

以上介绍了码速调整和码速恢复过程，有一点需要强调指出：从图 5-8 上看，似乎码速调整和码速变换没有区别，实际上是有根本区别的。码速变换是在平均间隔的固定位置先留出空位，待复接合成时再插入脉冲（附加码）；而码速调整插入脉冲要视具体情况，不同支路、不同瞬时数码率、不同的帧，可能插入，也可能不插入脉冲（不插入脉冲时，此位置为原信息码），且插入的脉冲不携带信息。

（2）异步复接二次群帧结构

ITU-T G.742 推荐的正码速调整异步复接二次群帧结构如图 5-9（b）所示。

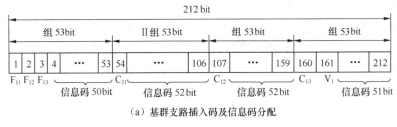

（a）基群支路插入码及信息码分配

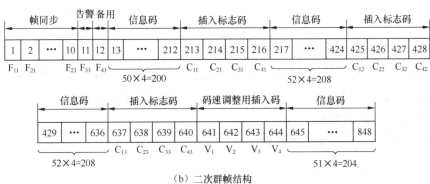

（b）二次群帧结构

图 5-9　异步复接二次群帧结构

异步复接二次群的帧周期为 $100.38\mu s$，帧长度为 848 bit。其中有 820 bit（$4 \times 205 = 820$ bit）（最少）为信息码（这里的信息码指的是四个一次群码速变换之前的码元，即不包括插入的码元），有 28 bit 的插入码（最多）。28 bit 的插入码具体安排如表 5-2 所示。

表 5-2　　　　　　　　　　　　　　**28 bit 插入码具体安排**

插入码个数	作用
10 bit	二次群帧同步码（1111010000）
1 bit	告警
1 bit	备用
4 bit（最多）	码速调整用的插入码
$4 \times 3 = 12$ bit	插入标志码

图 5-9（b）所示的二次群是四个一次群分别码速调整后，即插入一些附加码以后，按位复接得到的。经计算得出，各一次群（支路）码速调整之前（速率 2 048 kbit/s 左右）$100.38\mu s$ 内有约 205～206 个码元，码速调整之后（速率为 2 112 kbit/s）$100.38\mu s$ 内应有 212 个码元（bit），即应插入 6～7 个码元。以第 1 个一次群为例，$100.38\mu s$ 内插入码及信息码分配情况如图 5-9（a）所示，其他支路与之类似。

其中前 3 位是插入码 $F_{i1}, F_{i2}, F_{i3}, F_{i4}$（$i=1\sim4$），用作二次群的帧同步码、告警和备用；第 54 位、107 位、160 位为插入码 C_{i1}, C_{i2}, C_{i3}，它们是插入标志码；第 161 位可能是原信息码（如果原支路数码率偏高，100.38μs 内有 206 bit），也可能是码速调整用的插入码 V_i（如果原路数码率偏低，100.38μs 内有 205 bit）。

四个支路码速调整后按位复接，即得到图 5-9（b）的二次群帧结构。前 10 位 $F_{11}, F_{21}, F_{31}\cdots$ F_{23} 是帧同步码，第 11 位 F_{33} 是告警码，第 12 位 F_{43} 备用；第 213～216 位 $C_{11}, C_{21}, C_{31}, C_{41}$、第 425～428 位 $C_{12}, C_{22}, C_{32}, C_{42}$、第 637～640 位 $C_{13}, C_{23}, C_{33}, C_{43}$ 是插入标志码；第 641～644 位可能是信息码，也可能是码速调整用的插入码 $V_1\sim V_4$。

接收端分接后将图 5-9（b）的二次群分成类似图 5-9（a）的各一次群，然后各一次群要进行码速恢复，也就是要去除发端插入的码元，这个过程叫"消插"或"去塞"。那么接收端如何判断各支路第 161 位码是信息码还是码速调整用的插入码呢？

插入标志码的作用就是用来通知收端第 161 位有无 V_i 插入，以便收端"消插"。每个支路采用三位插入标志码是为了防止由于信道误码而导致的收端错误判决。"三中取二"，即当收到两个以上的"1"码时，认为有 V_i 插入，当收到两个以上的"0"码时，认为无 V_i 插入。其正确判断的概率为

$$3p_e(1-p_e)^2 + (1-p_e)^3 = 1 - 3p_e^2 + 2p_e^3$$

例如，当 $p_e = 10^3$ 时（最坏情况），正确判断的概率为 $1 - 3\times10^{-6} + 2\times10^{-9} = 0.999\,997$ 以上。倘若只用一位插入标志码，正确判断的概率为 $1 - p_e = 1 - 10^{-3} = 0.999$。

（3）异步复接系统的构成

实现正码速调整异步复接和分接系统的方框图如图 5-10 所示。

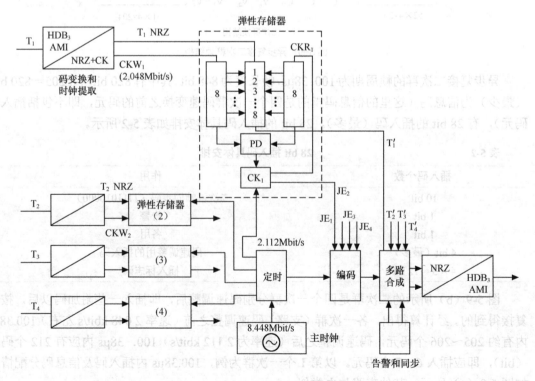

图 5-10　异步复接和分接系统的方框图

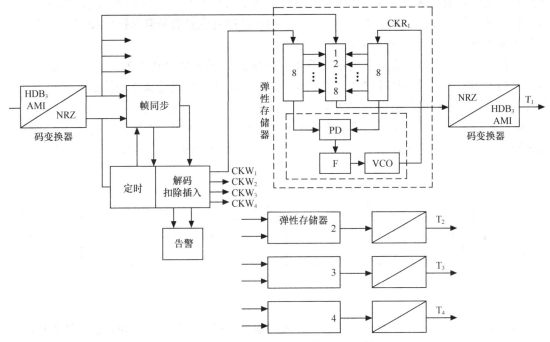

图 5-10 异步复接和分接系统的方框图（续）

在复接端，复接主时钟为 8 448 kHz，经定时电路分频和分配成四个不同相位的 2 112 kHz 的分路时钟，分别送给四个待复接的支路弹性存储器作码速调整的读出时钟。以第 1 路为 例，在复接支路输入端首先将线路传输码变为不归零的单极性二进制码（NRZ 码），并提取 2 048 kHz 的基群时钟 CKW_1。NRZ 码 CKW_1 和送入码速调整用的弹性存储器，CKW_1 作为写时钟，将 T_1 支路的信号（NRZ 码）写入存储器；由复接主时钟分频而得的 2 112 kHz 复接时钟经比较相位（PD）和控制电路（CK1）形成读时钟 CKR_1 从存储器读出信号。读出时钟 CKR_1 已经控制电路扣除了在应插入附加码处节拍，并且在比相器中比较 CKW_1 和 CKR_1 两个时钟的相位差，当相位小到某一个数值时，CK1 电路就扣除 V_1 处的一位，即塞入一个脉冲，同时 CK1 输出一个塞入指示信号 JE。送入编码电路编出三位插入标志 C_1,C_2,C_3 和一位插入码 V。其余 3 个支路原理同第 1 支路。经码速调整后的 4 个支路信号送入复接合成电路汇合并插入帧同步码、公务码等发送到信道上去。

在分接端，定时系统首先从接收码流中提取时钟，然后检出帧同步码进行帧同步，公务码检出电路检出告警码等。由定时电路提供的四个不同相位并经扣除了插入码的 2 112 kHz 的写时钟，这个时钟也已经对各该支路插入标志 C_1,C_2,C_3 的多数判决扣除了插入脉冲处的一个节拍。各支路的写时钟分别将各支路的信息码分离出来。分离出来的信息码是不均匀的，必须恢复其复接前的码速。以第 1 支路为例，CKW_1 将第 1 支路的信息码写入弹性存储器，另一方面 CKW_1 又作为时钟恢复锁相环的输入，控制产生一个均匀的 2 048 kHz 读出时钟从存储器读出信码，即为所要恢复的码流。恢复的码流经码型变换后输出。

（4）复接抖动的产生与抑制

在采用正码速调整的异步复接系统中，即使信道的信号没有抖动，而复接器本身也产生一种抖动，即称为"插入抖动"的相位抖动。这是由于在复接过程中加入了插入码，在接收端进行分接时，要把这些插入码扣除掉，这就形成了码速率为 2 112 kbit/s，但其脉冲序列是周期性"缺齿"的脉冲序列，由这样"缺齿"的脉冲序列恢复的基群时钟就会产生抖动，这就是"插入抖动"或叫"复接抖动"。

由图 5-9（a）可知，分接后基群支路在 100.38 μs 的帧周期内共有 212 个 bit，其中第 1，2，3，54，107，160 位是固定插入脉冲的位置，第 161 位是供码速调整用的插入脉冲（可能是插入码，也可能是原信息码）。在分接端，插入脉冲的 6 个固定码位（即 1，2，3，54，107 和 160）的脉冲全部被扣除；如果复接端在第 161 码位上插入了一个脉冲，则应将它扣除，如该码位传送的是信息码，则不扣除。图 5-11 是脉冲扣除后的信号序列，即"缺齿"的脉冲序列。

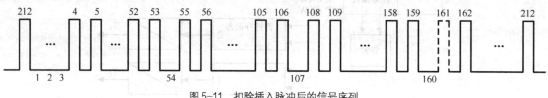

图 5-11　扣除插入脉冲后的信号序列

前已述及，分接器中通常采用锁相环作为码速恢复用的时钟提取电路。锁相环方框图如图 5-12 所示。

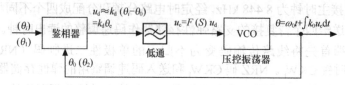

图 5-12　锁相环方框图

图 5-11 所示的有"缺齿"的信号序列（即已扣的写入脉冲）就作为锁相环的输入信号，VCO 产生的是 2 048 kbit/s 的方波时钟信号。输入信号与 VCO 输出信号在鉴相器中进行相位比较，其输出的误差电压，含有多种频率成分。

① 由于扣除帧同步码而产生的抖动，有三位码被扣除，每帧抖动一次，由于帧周期约为 100 μs，故其抖动频率为 10 kHz。

② 由于扣除插入标志而产生的抖动。每帧有 3 个插入标志码，再考虑到扣除帧码的影响，相当于每帧有 4 次扣除抖动，故其抖动频率为 40 kHz。

③ 扣除码速调整插入脉冲所产生的抖动，即指扣除第 161 位 V 脉冲所产生的抖动。V 脉冲不是每帧都插入的，不插入时第 161 位用来传送信息。根据频差的情况，在复接端平均每隔 2.5 帧插入一个 V 脉冲，所以由于扣除 V 脉冲而产生的抖动频率约为 4 kHz。

除上述三种频率的抖动外，还有脉冲插入等候时间抖动。在正码速调整过程中，当支路信号的相位滞后于复接时隙的一个比特时，插入控制电路将发出正插入指令，并在允许位置上插入一个比特。由于在一个复接帧内，通常仅设置一个正的插入码位，并且位置固定，只能在这个固定位置上插入，其他位置不能插入。这样在两个允许插入的位置之间，有一定的时间间隔，而插入请求却可能随时发生。因此，当插入指令发出后，插入脉冲的动作通常不能立即进行，而要等到下一个插入码位时方能进行。所以在插入请求和插入动作之间通常有一段等候时间。由于存在这段等候时间，就会在脉冲插入基本抖动上又附加了一个新的抖动成分，这个附加的抖动成分就称为等候抖动。

由于锁相环具有对相位噪声的低通特性，经过锁相环后的剩余抖动仅为低频抖动成分。因此，当脉冲插入速率较高时，抖动能被锁相环消减，但当脉冲插入速率较低时，就不能被锁相环消减。然而，只要缓冲存储器的容量足够大，就可以把抖动限制在所希望的范围之内。

5.1.3　PCM 零次群和 PCM 高次群

前面介绍数字复接的基本概念、基本原理时，主要是以二次群为例分析的，下面简要介绍其他等级的数字信号，这些等级包括比一次群低的零次群以及比一次群、二次群等级高的三次群、四次群。

1. PCM 零次群

PCM 通信最基本的传送单位是 64 kbit/s，即一路语音的编码，因此它是零次的。一个话路通道既可传送语音亦可传送数据，利用 PCM 信道传送数据信号，通常称为数字数据传输（详见后序课《数据通信原理》）。为了有效地利用 PCM 信道传送低速数据，可以考虑把多个低速数据信号复接成一个 64 kbit/s 的话路通道在 PCM 信道中传输。64 kbit/s 速率的复接数字信号被称为零次群 DS0。

2. PCM 高次群

比二次群更高的等级有 PCM 三次群、四次群等，下面分别加以介绍。

（1）PCM 三次群

ITU-T G.751 推荐的 PCM 三次群有 480 个话路，速率为 34.368 Mbit/s。三次群的异步复接过程与二次群相似。四个标称速率是 8.448 Mbit/s（瞬时速率可能不同）的二次群分别进行码速调整，将其速率统一调整成 8.592 Mbit/s，然后按位复接成三次群。异步复接三次群的帧结构如图 5-13（b）所示。

异步复接三次群的帧长度为 1 536 bit，帧周期为 $\dfrac{1\,536\text{bit}}{34.368\text{Mbit/s}} \approx 44.69\ \mu\text{s}$。每帧中原二次群（码速调整前）提供的比特为 $377 \times 4 = 1\,508$ 个（最少），插入码有 28 个 bit（最多）。其中前 10 bit 作为二次群的帧同步码，码型为 1111010000，第 11 位为告警码，第 12 位为备用码，另外有最多 4 bit 的码速调整用插入码（$V_1 \sim V_4$），还有 $3 \times 4 = 12$ bit 的插入标志码。

图 5-13（a）为各二次群（支路）码速调整（即插入码元）后的情况（时间长度为 45.69μs）。插入码的安排及作用与一次群的相似，区别是各二次群在 44.69μs 内码速调整后有 384 bit，以 384 bit 为重复周期，每 384 bit 分为 4 组，每组有 96 bit。

（2）PCM 四次群

ITU-T G.751 推荐的 PCM 四次群有 1 920 个话路，速率为 139.264 Mbit/s。

四次群的异步复接过程也与二次群相似。异步复接四次群的帧结构如图 5-14（b）所示。

（a）二次群码速调整后码位安排示意图

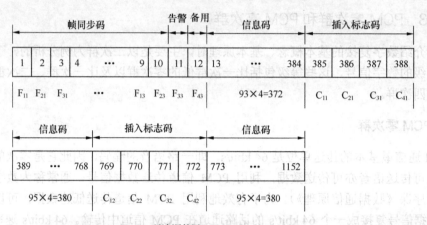

（b）三次群帧结构

图 5-13　异步复接三次群帧结构

732bit

（a）三次群码速调整码位安排示意图

图 5-14　异步复接四次群的帧结构

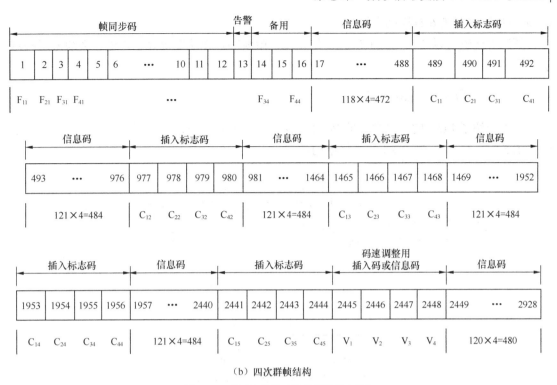

（b）四次群帧结构

图 5-14 异步复接四次群的帧结构（续）

异步复接四次群的帧长度为 2 928 bit，帧周期为 $\dfrac{2\,928\text{bit}}{139.264\text{Mbit}} \approx 21.02\,\mu s$。每帧中原三次群（码速调整前）提供的比特为 $722 \times 4 = 2\,888$ 个（最少），插入码有 40 bit（最多）。其中前 12 bit 作为四次群的帧同步码（111110100000），第 13 bit 为告警码，第 14～16 bit 为备用码，另外有最多 4 bit 码速调整用的插入码（$V_1 \sim V_4$），还有 $5 \times 4 = 20$ bit 插入标志码。

图 5-14（a）为各三次群支路码速调整（即插入码元）后的情况（时间长度为 21.02μs）。其中每个三次群支路的前 4 bit 为插入码，第 123，245，367，489，611 为插入标志码（可见此时每个支路插入标志码为 5 位），第 612 为码速调整用插入码 V_i 或为原信息码。

四个三次群码速调整后 21.02μs 内有 732 bit，按位复接成四次群（帧结构如图 5-14（b）所示）。

（3）高次群的接口码型

当线路与机器、机器与机器接口时，必须使用协议的同一种码型，码型的选择要求与基带传输时对码型的要求类似（见第七章）。

ITU-T 对 PCM 各等级信号接口码型的建议如表 5-3 所示。

表 5-3 接口码型

群路等级	一次群（基群）	二次群	三次群	四次群
接口速率（kbit/s）	2 048	8 448	34 368	139 264
接口码型	HDB$_3$ 码	HDB$_3$ 码	HDB$_3$ 码	CMI 码

其中一次群、二次群、三次群的接口码型是 HDB$_3$ 码，四次群的接口码型是 CMI 码（HDB$_3$

码和 CMI 码将在第 6 章详细介绍）。

高次群传输可以选择不同的媒介，如光纤、微波等，在这些媒介中传输，必须采用特殊的码型。

5.1.4　PDH 的网络结构

以上介绍了 PDH 的各次群，即 PCM 一次群、二次群、三次群、四次群等，作为一个总结，图 5-15 示意了一种 PDH 的网络结构。

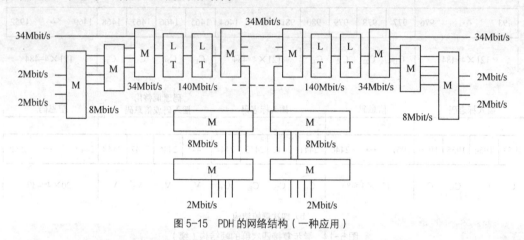

图 5-15　PDH 的网络结构（一种应用）

图 5-15 中是以传输四次群为例的，需要说明的是：四次群的传输通常利用光纤、微波等信道进行频带传输，四次群信号需要通过光端机或微波设备（图中未画出）进行处理变换、调制等。

另外，需要强调的是数字通信系统（无论是采用 PDH 还是将要介绍的 SDH）只是交换局之间的传输系统，并不包含交换局。通常所说的 PDH 网（或 SDH 网）即指的是交换局之间的部分。但如果泛泛地谈数字网，则既包括传输系统，也包括交换系统，请读者不要搞混。

5.1.5　PDH 的弱点

虽然过去几十年来，在数字电话网中一直在使用准同步数字体系（PDH），但准同步数字体系（PDH）传输体制存在一些弱点，主要表现在如下几个方面。

1．只有地区性数字信号速率和帧结构标准而不存在世界性标准

从 20 世纪 70 年代初期至今，全世界数字通信领域有两个基本系列：以 2 048 kbit/s 为基础的 ITU-T G.732，G.735，G.736，G.742，G.744，G.745，G.751 等，建议构成一个系列和以 1 544 kbit/s 为基础的 ITU-T G.733,G.734,G.743,G.746 等,建议构成的一个系列，而 1 544 kbit/s 系列又有北美、日本之分，三者互不兼容，造成国际互通困难。

2．没有世界性的标准光接口规范

在 PDH 中只制订了标准的电光接口规范，没有世界性的标准光接口规范，由此导致各个厂家自行开发的专用光接口大量出现。不同厂家生产的设备只有通过光/电变换成标准电接口

（G.703 建议）才能互通，而光路上无法实现互通和调配电路，限制了联网运用的灵活性，增加了网络运营成本。

3．异步复用缺乏灵活性

准同步系统的复用结构，除了几个低等级信号（如 2 048 kbit/s，1 544 kbit/s）采用同步复用外，其他多数等级信号采用异步复用，即靠塞入一些额外的比特使各支路信号与复用设备同步并复用成高速信号。这种方式难以从高速信号中识别和提取低速支路信号。为了上下电路，必须将整个高速线路信号一步一步分解成所需要的低速支路信号等级，上下支路信号后，再一步一步地复用成高速线路信号进行传输。复用结构复杂，缺乏灵活性，硬件数量大，上下业务费用高。如图 5-16 所示给出了从一个 140 Mbit/s 信号中分出、插入一个 2 Mbit/s 信号所经历的过程。

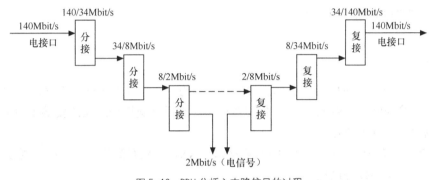

图 5-16 PDH 分插入支路信号的过程

4．按位复接不利于以字节为单位的现代信息交换

PDH 复接方式大多采用按位复接，虽然节省了复接所需的缓冲存储器容量，但不利于以字节为单位的现代信息交换。目前缓冲存储器容量的增大不再是困难，大规模存储器容量已能满足 PCM 三次群一帧的需要。

5．网络管理能力较差

PDH 复用信号的结构中用于网络运行、管理、维护（OAM）的比特很少，网络的 OAM 主要靠人工的数字交叉连接和停业务检测，这种方式已经不能适应不断演变的电信网的要求。

6．数字通道设备利用率低

由于建立在点对点传输基础上的复用结构缺乏灵活性，使数字通道设备利用率很低。非最短的通道路由占了业务流量的大部分。例如，北美大约有 77%的 DS3（45 Mbit/s）速率的信号传输需要一次以上的转接，仅有 23%的 DS3 速率信号是点到点一次传输。可见目前的体制无法提供最佳的路由选择，也难以迅速、经济地为用户提供电路和业务，包括对电路带宽和业务提供在线的实时控制。

基于传统的准同步数字系体的上述弱点，它已不能适应现代电信网和用户对传输的新要求，必须从技术体制上对传输系统进行根本的改革，找到一种有机地结合高速大容量光纤传输技术和智能网络技术的新体制。这就产生了同步数字系体（SDH）。

5.2 同步数字体系（SDH）

在通信网中利用高速大容量光纤传输技术和智能网络技术的新体制，最先产生的是美国的光同步传输网（SONET）。这一概念最初由贝尔通信研究所提出，1988 年被 ITU-T 接受，并加以完善，重新命名为同步数字体系（SDH），使之成为不仅适用于光纤，也用于微波和卫星传输的通用技术体制，SDH 体制的采用将使通信网发展进入一个崭新的阶段。（注：SDH 网基本上采用光纤传输，只是当个别地方地形不好时，可以借助于微波、卫星传输。）

本节首先介绍 SDH 的基本概念、SDH 的速率体系、SDH 的基本网络单元和 SDH 的帧结构，然后讨论 SDH 的复用映射结构的一些问题。

5.2.1 SDH 的基本概念

1. SDH 的概念

SDH 网是由一些 SDH 的网络单元（NE）组成的，在光纤上进行同步信息传输、复用、分插和交叉连接的网络（SDH 网中不含交换设备，它只是交换局之间的传输手段）。SDH 网的概念中包含以下几个要点。

（1）SDH 网有全世界统一的网络节点接口（NNI），从而简化了信号的互通以及信号的传输、复用、交叉连接等过程。

（2）SDH 网有一套标准化的信息结构等级，称为同步传递模块，并具有一种块状帧结构，允许安排丰富的开销比特（即比特流中除去信息净负荷后的剩余部分）用于网络的 OAM。

（3）SDH 网有一套特殊的复用结构，允许现存准同步数字体系（PDH）、同步数字体系和 B-ISDN 的信号都能纳入其帧结构中传输，即具有兼容性和广泛的适应性。

（4）SDH 网大量采用软件进行网络配置和控制，增加新功能和新特性非常方便，适合将来不断发展的需要。

（5）SDH 网有标准的光接口，即允许不同厂家的设备在光路上互通。

（6）SDH 网的基本网络单元有终端复用器（TM）、分插复用器（ADM）、再生中继器（REG）和同步数字交叉连接设备（SDXC）等。

2. SDH 的优缺点

（1）SDH 的优点

SDH 与 PDH 相比，其优点主要体现在如下几个方面。

① 有全世界统一的数字信号速率和帧结构标准。SDH 把北美、日本和欧洲、中国流行的两大准同步数字体系（三个地区性标准）在 STM-1 等级上获得统一，第一次实现了数字传输体制上的世界性标准。

② 采用同步复用方式和灵活的复用映射结构，净负荷与网络是同步的。因而只需利用软件控制即可使高速信号一次分接出支路信号，即所谓一步复用特性。这样既不影响别的支路信号，又避免了对整个高速复用信号都分解，省去了全套背靠背复用设备，使上下业务十分容易，也使数字交叉连接（DXC）的实现大大简化。

③ SDH 帧结构中安排了丰富的开销比特（约占信号的 5%），因而使得 0AM 能力大大加强。智能化管理，使得信道分配、路由选择最佳化。许多网络单元的智能化，通过嵌入在 SOH 中的控制通路可以使部分网络管理功能分配到网络单元，实现分布式管理。

④ 将标准的光接口综合进各种不同的网络单元，减少了将传输和复用分开的需要，从而简化了硬件，缓解了布线拥挤。同时有了标准的光接口信号，使光接口成为开放型的接口，可以在光路上实现横向兼容，各厂家产品都可在光路上互通。

⑤ SDH 与现有的 PDH 网络完全兼容。SDH 可兼容 PDH 的各种速率，同时还能方便地容纳各种新业务信号。而且它具有信息净负荷的透明性，即网络可以传送各种净负荷及其混合体而不管其具体信息结构如何。它同时具有定时透明性，通过指针调整技术，容纳不同时钟源（非同步）的信号（如 PDH 系列信号）映射进来传输而保持其定时时钟。

⑥ SDH 的信号结构的设计考虑了网络传输和交换的最佳性。以字节为单位复用与信息单元一致。在电信网的各个部分（长途、市话和用户网）都能提供简单、经济和灵活的信号互连和管理。

上述 SDH 的优点中最核心的有三条，即同步复用、标准光接口和强大的网络管理能力。

（2）SDH 的缺点

① 频带利用率不如传统的 PDH 系统（这一点可从本节介绍的复用结构中看出）。

② 采用指针调整技术会使时钟产生较大地抖动，造成传输损伤。

③ 大规模使用软件控制和将业务量集中在少数几个高速链路和交叉节点上，这些关键部位出现问题可能导致网络的重大故障，甚至造成全网瘫痪。

④ SDH 与 PDH 互连时（在从 PDH 到 SDH 的过渡时期，会形成多个 SDH "同步岛" 经由 PDH 互连的局面），由于指针调整产生的相位跃变使经过多次 SDH/PDH 变换的信号在低频抖动和漂移上比纯粹的 PDH 或 SDH 信号更严重[抖动指的是数字信号的特定时刻（例如最佳抽样时刻）相对理想位置的短时间偏离。所谓短时间偏离是指变化频率高于 10 Hz 的相位变化，而将低于 10 Hz 的相位变化称为漂移。

尽管 SDH 有这些不足，但它比传统的 PDH 体制有着明显的优越性，必将最终取代 PDH 传输体制。

5.2.2　SDH 的速率体系

要确立一个完整的数字体系，必须确立一个统一的网络节点接口，定义一整套速率和数据传送格式以及相应的复接结构（即帧结构）。这里首先介绍 SDH 的速率体系，后面再分析 SDH 网络节点接口和帧结构。

同步数字体系最基本的模块信号（即同步传递模块）是 STM-1，其速率为 155.520 Mbit/s。更高等级的 STM-N 信号是将基本模块信号 STM-1 同步复用、字节间插的结果。其中 N 是正整数。目前 SDH 只能支持一定的 N 值，即 N 为 1，4，16，64。

ITU-T G.707 建议规范的 SDH 标准速率如表 5-4 所示。

表 5-4	SDH 标准速率			
等级	STM-1	STM-4	STM-16	STM-64
速率（Mbit/s）	155.520	622.080	2 488.320	9 953.280

5.2.3 SDH 的基本网络单元

前面在介绍 SDH 的概念时，提到过 SDH 网是由一些基本网络单元构成的，目前实际应用的基本网络单元有四种，即终端复用器（TM）、分插复用器（ADM）、再生中继器（REG）和数字交叉连接设备（SDXC）。下面分别加以介绍。

1. 终端复用器（TM）

终端复用器如图 5-17 所示（图中速率是以 STM-1 等级为例）。

终端复用器位于 SDH 网的终端，概括地说，终端复用器的主要任务是将低速支路信号纳入 STM-N 帧结构，并经电/光转换成为 STM-N 光线路信号，其逆过程正好相反。其具体功能如下。

（1）在发送端能将各 PDH 支路信号复用进 STM-N 帧结构，在接收端进行分接。

（2）在发送端将若干个 STM-N 信号复用为一个 STM-M（$M>N$）信号（例如将 4 个 STM-1 复用成一个 STM-4)，在接收端将一个 STM-M 信号分成若干个 STM-N（$M>N$）信号。

（3）TM 还具备电/光（光/电）转换功能。

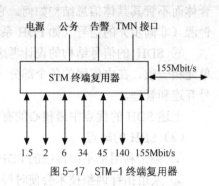

图 5-17 STM-1 终端复用器

2. 分插复用器（ADM）

分插复用器如图 5-18 所示（图中速率是以 STM-1 等级为例）。

分插复用器（ADM）位于 SDH 网的沿途，它将同步复用和数字交叉连接功能综合于一体，具有灵活地分插任意支路信号的能力，在网络设计上有很大灵活性。

从 140 Mbit/s 的码流中分插一个 2 Mbit/s 低速支路信号为例，来比较一下传统的 PDH 和新的 SDH 的工作过程。在 PDH 系统中，为了从 140 Mbit/s 码流中分插一个 2 Mbit/s 支路信号，需要经过 140/34 Mbit/s，34/8 Mbit/s，8/2 Mbit/s 三次分接后才能取出一个 2 Mbit/s 的支路信号，然后一个 2 Mbit/s 的支路信号须再经 2/8 Mbit/s，8/34 Mbit/s，34/140 Mbit/s 三次复接后才能得到 140 Mbit/s 的信号码流（如图 5-16 所示）。而采用 SDH 分插复用器 ADM 后，可以利用软件一次分插出 2 Mbit/s 支路信号，十分简便，如图 5-19 所示。

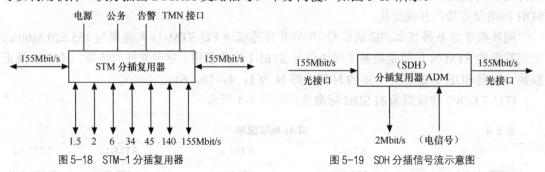

图 5-18 STM-1 分插复用器　　　　　　　　图 5-19 SDH 分插信号流示意图

ADM 的具体功能如下。

（1）ADM 具有支路——群路（即上/下支路）能力。可分为部分连接和全连接，所谓部分连接是上/下支路仅能取自 STM-N 内指定的某一个（或几个）STM-1，而全连接是可以从所有 STM-N 内的 STM-1 实现任意组合。

ADM 可上下的支路，既可以是 PDH 支路信号，也可以是较低等级的 STM-N 信号。ADM 同 TM 一样也具有光/电（电/光）转换功能。

（2）ADM 具有群路（即直通）的连接能力。

（3）ADM 可以具有数字交叉连接功能，即将 DXC 功能融于 ADM 中。

以上介绍了终端复用器和分插复用器，它们是 SDH 网最重要的两个网络单元。由终端复用器和分插复用器组成的典型网络应用有多种形式，例如：点到点传输（如图 5-20（a）所示）、线形（如图 5-20（b）所示）、枢纽网（如图 5-20（c）所示）和环形网（参见第 6 章）。实际应用中还可能出现别的形式，在此不一一介绍了。

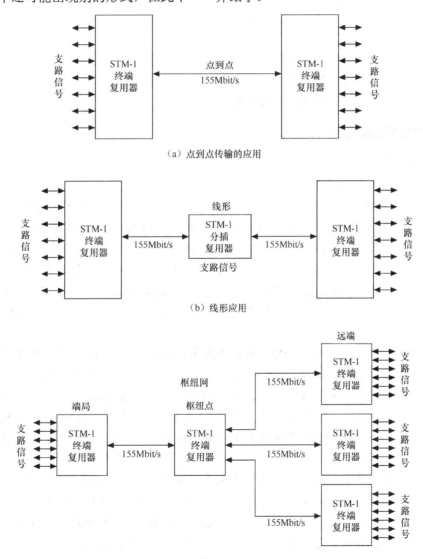

（a）点到点传输的应用

（b）线形应用

（c）枢纽网应用

图 5-20 TM 和 ADM 组成的典型网络应用

3. 再生中继器（REG）

再生中继器如图 5-21（a）所示。

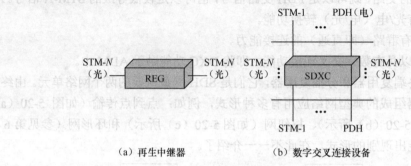

（a）再生中继器　　　　　　（b）数字交叉连接设备

图 5-21　再生中继器和数字交叉连接设备

再生中继器是光中继器，其作用是将光纤长距离传输后受到较大衰减及色散畸变的光脉冲信号转换成电信号后进行放大整形、再定时、再生为规划的电脉冲信号，再调制光源变换为光脉冲信号送入光纤继续传输，以延长传输距离。

4. 数字交叉连接设备（SDXC）

（1）基本概念

数字交叉连接设备如图 5-21（b）所示。

简单来说数字交叉连接设备（DXC）的作用是实现支路之间的交叉连接。SDH 网络中的 DXC 设备称为 SDXC，它是一种具有一个或多个 PDH（G.702）或 SDH（G.707）信号端口并至少可以对任何端口速率（和/或其子速率信号）与其他端口速率（和/或其子速率信号）进行可控连接和再连接的设备。从功能上看，SDXC 是一种兼有复用、配线、保护/恢复、监控和网管的多功能传输设备，它不仅直接代替了复用器和数字配线架（DDF），而且还可以为网络提供迅速有效地连接和网络保护/恢复功能，并能经济有效地提供各种业务。

SDXC 的配置类型通常用 SDXC X/Y 来表示，其中 X 表示接入端口数据流的最高等级，Y 表示参与交叉连接的最低级别。数字 1～4 分别表示 PDH 体系中的 1～4 次群速率，其中 1 也代表 SDH 体系中的 VC-12（2 Mbit/s）及 VC-3（34 Mbit/s），4 也代表 SDH 体系中的 STM-1（或 VC-4），数字 5 和 6 分别表示 SDH 体系中的 STM-4 和 STM-16。例如 SDXC4/1 表示接入端口的最高速率为 140 Mbit/s 或 155 Mbit/s，而交叉连接的最低级别为 VC-12（2 Mbit/s）。

目前实际应用的 SDXC 设备主要有三种基本的配置类型：类型 1 提供高阶 VC（VC-4）的交叉连接（SDXC4/4 属此类设备）；类型 2 提供低阶 VC（VC-12，VC-3 的交叉连接（SDXC4/1 属此类设备）；类型 3 提供低阶和高阶两种交叉连接（SDXC4/3/1 和 SDXC4/4/1 属此类设备）。另外还有一种对 2 Mbit/s 信号在 64 kbit/s 速率等级上进行交叉连接的设备，一般称为 DXC1/0，因其不属于 SDH，因此未归入上面的类型之中（有关 VC-12、VC-3 和 VC-4 等概念后面叙述）。

（2）SDXC的主要功能

SDXC设备与相应的网管系统配合，可支持如下功能。

① 复用功能。将若干个2 Mbit/s信号复用至155 Mbit/s信号中，或从155 Mbit/s和（或）从140 Mbit/s中解复用出2 Mbit/s信号。

② 业务汇集。将不同传输方向上传送的业务填充入同一传输方向的通道中，最大限度地利用传输通道资源。

③ 业务疏导。将不同的业务加以分类，归入不同的传输通道中。

④ 保护倒换。当传输通道出现故障时，可对复用段、通道等进行保护倒换。由于这种保护倒换不需要知道网络的全面情况，因此一旦需要倒换，倒换时间很短。

⑤ 网络恢复。当网络某通道发生故障后，迅速在全网范围内寻找替代路由，恢复被中断的业务。网络恢复由网管系统控制，而恢复算法（也就是路由算法）主要包括集中控制和分布控制两种算法，它们各有千秋，可互相补充，配合应用。

⑥ 通道监视。通过SDXC的高阶通道开销监视（HPOH）功能，采用非介入方式对通道进行监视，并进行故障定位。

⑦ 测试接入。通过SDXC的测试接入口（空闲端口），将测试仪表接入到被测通道上进行测试。测试接入有两种类型：中断业务测试和不中断业务测试。

⑧ 广播业务。可支持一些新的业务（如HDTV）并以广播的形式输出。

以上介绍了SDH网的几种基本网络单元，它们在SDH网中的使用（连接）方法之一如图5-22所示。

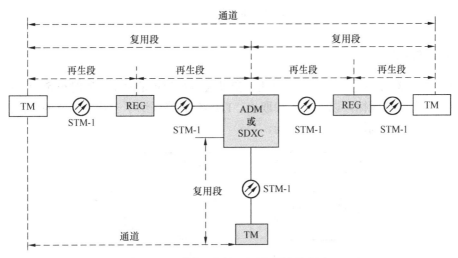

图5-22 基本网络单元在SDH网中的应用

图5-22中顺便标出了实际系统组成中的再生段、复用段和通道。

再生段——再生中继器（REG）与终端复用器（TM）之间、再生中继器与分插复用器（ADM）或SDXC之间称为再生段。再生段两端的REG，TM，ADM（或SDXC）称为再生段终端（RST）。

复用段——终端复用器与分插复用器（或SDXC）之间称为复用段。复用段两端的TM，ADM（或SDXC）称为复用段终端（MST）。

通道——终端复用器之间称为通道。通道两端的 TM 称通道终端（PT）。

5.2.4 SDH 的帧结构

1. 网络节点接口

网络节点接口（NNI）是实现 SDH 网的关键。从概念上讲，网络节点接口是网络节点之间的接口，从实现上看它是传输设备与其他网络单元之间的接口。如果能规范一个唯一的标准，它不受限于特定的传输媒介，也不局限于特定的网络节点，而能结合所有不同的传输设备和网络节点，构成一个统一的传输、复用、交叉连接和交换接口，则这个 NNI 对于网络的演变和发展具有很强的适应性和灵活性，并最终成为一个电信网的基础设施。NNI 在网络中的位置如图 5-23 所示。

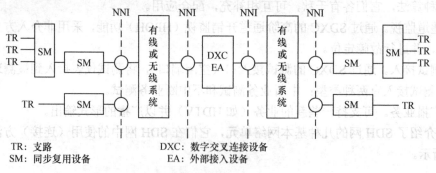

TR: 支路　　　　　　　　　　　　DXC: 数字交叉连接设备
SM: 同步复用设备　　　　　　　　EA: 外部接入设备

图 5-23　NNI 在网络中的位置

2. SDH 的帧结构

SDH 的帧结构必须适应同步数字复用、交叉连接和交换的功能，同时也希望支路信号在一帧中均匀分布、有规律，以便接入和取出。ITU-T 最终采纳了一种以字节为单位的矩形块状（或称页状）帧结构，如图 5-24 所示。

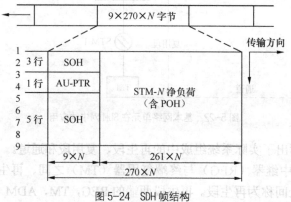

图 5-24　SDH 帧结构

STM-N 由 $270 \times N$ 列 9 行组成，即帧长度为 $270 \times N \times 9$ 个字节或 $270 \times N \times 9 \times 8$ 个比特。帧周期为 125μs（即一帧的时间）。

对于 STM-1 而言，帧长度为 $270 \times 9 = 2\,430$ 个字节，相当于 19 440 比特，帧周期为 125 μs，由此可算出其比特速率为 $270 \times 9 \times 8/125 \times 10^{-6}$ =155.520 Mbit/s。

这种块状（页状）结构的帧结构中各字节的传输是从左到右、由上而下按行进行的，即从第 1 行最左边字节开始，从左向右传完第 1 行，再依次传第 2，3 行等，直至整个 $9 \times 270 \times N$ 个字节都传送完再转入下一帧，如此一帧一帧地传送，每秒共传 8 000 帧。

由图 5-24 可见。整个帧结构可分为三个主要区域。

（1）段开销（SOH）区域

段开销（section overhead）是指 STM 帧结构中为了保证信息净负荷正常、灵活传送所必需的附加字节，是供网络运行、管理和维护（OAM）使用的字节。段开销（SOH）区域是用于传送 OAM 字节的。帧结构的左边 $9 \times N$ 列 8 行（除去第 4 行）分配给段开销。对于 STM-1 而言，它有 72 字节（576 比特），由于每秒传送 8 000 帧，因此共有 5.608 Mbit/s 的容量用于网络的运行、管理和维护（OAM）。

（2）净负荷（payload）区域

信息净负荷区域是帧结构中存放各种信息负载的地方（其中信息净负荷第一字节在此区域中的位置不固定）。图 5-24 之中横向第 $10 \times N \sim 270 \times N$，纵向第 1 行到第 9 行的 $2\,349 \times N$ 个字节都属此区域。对于 STM-1 而言，它的容量大约为 150.336 Mbit/s，其中含有少量的通道开销（POH）字节，用于监视、管理和控制通道性能，其余负载业务信息。

（3）单元指针（AU-PTR）区域

管理单元指针用来指示信息净负荷的第一个字节在 STM-N 帧中的准确位置，以便在接收端能正确地分解。在图 5-24 帧结构第 4 行左边的 $9 \times N$ 列分配给指针用。对于 STM-1 而言它有 9 个字节（72 比特）。采用指针方式，可以使 SDH 在准同步环境中完成复用同步和 STM-N 信号的帧定位。这一方法消除了常规准同步系统中滑动缓存器引起的时延和性能损伤。

3．段开销（SOH）字节

SDH 帧结构中安排有两大类开销：段开销（SOH）和通道开销（POH），它们分别用于段层和通道层的维护。在此先介绍 SOH。

（1）段开销字节的安排

SOH 中包含定帧信息，用于维护与性能监视的信息以及其他操作功能。SOH 可以进一步划分为再生段开销（RSOH，占第 1 至第 3 行）和复用段开销（MSOH，占第 5 至第 9 行）。每经过一个再生段更换一次 RSOH，每经过一个复用段更换一次 MSOH。

STM-N 帧中 SOH 所占空间与 N 成正比，N 不同，SOH 字节在空间中的位置也不同，但 SOH 字节的种类和功能是相同或相近的。

各种不同 SOH 字节在 STM-1，STM-4，STM-16 和 STM-64 帧内的安排分别如图 5-25、图 5-26、图 5-27 和图 5-28 所示。将这些图对照比较即可明白字节交错间插的方法。以字节交错间插方式构成高阶 STM-N（$N > 1$）段开销时，第一个 STM-1 的段开销被完整保留，其余 $N-1$ 个 STM-1 的段开销仅保留定帧字节 A1，A2 和比特间插奇偶校验 24 位码字节 B2，其他已安排的字节（即 B1，E1，E2，F1，K1，K2 和 D1～D12）均应略去。

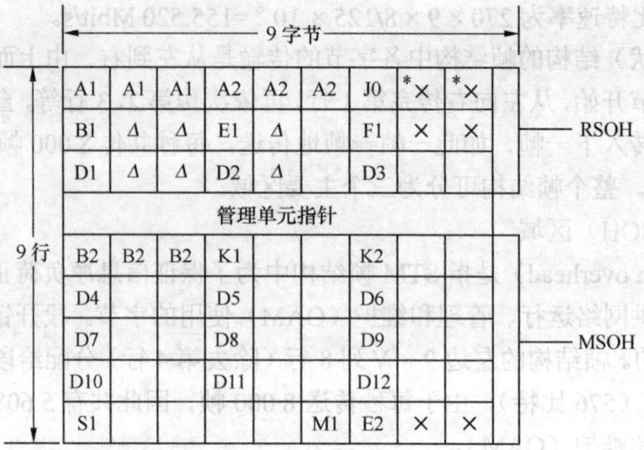

9 字节
A1 A1 A1 A2 A2 A2 J0 *× *×
B1 Δ Δ E1 Δ F1 × ×
D1 Δ Δ D2 Δ D3
RSOH
管理单元指针
9 行
B2 B2 B2 K1 K2
D4 D5 D6
D7 D8 D9
MSOH
D10 D11 D12
S1 M1 E2 × ×

注：Δ 为与传输媒质有关的特征字节（暂用）；
× 为国内使用保留字节；
* 为不扰码字节；
所有未标记字节待将来国际标准确定（与媒质有关的应用，附加国内使用和其他用途）。

图 5-25　STM-1 SOH 字节安排

36 字节
A1 A1 A1 A1 A1 A1 A1 A1 A1 A1 A1 A1 A2 A2 A2 A2 A2 A2 A2 A2 A2 A2 A2 A2 J0 C1 Z0* C1 Z0* C1 Z0* C1 ×* ×* ×* ×* ×* ×* ×* ×*
B1 E1 F1 × × × × × × × × × × ×
RSOH
D1 D2 D3
管理单元指针
9 行
B2 B2 B2 B2 B2 B2 B2 B2 B2 B2 B2 B2 K1 K2
D4 D5 D6
D7 D8 D9
MSOH
D10 D11 D12
S1 M1 E2 × × × × × × × × × × ×

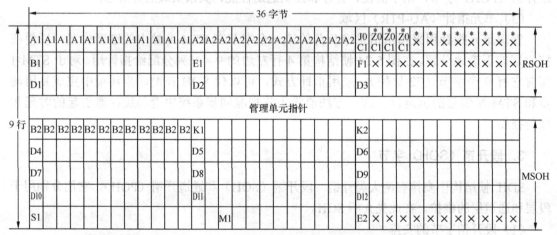

注：× 为国内使用保留字节；
* 为不扰码字节；
所有未标记字节待将来国际标准确定（与媒质有关的应用，附加国内使用和其他用途）。
Z0 为备用字节待将来国际标准确定；C1 为老版本（老设备）；J0 为新版本（新设备）。

图 5-26　STM-4 SOH 字节安排

段开销字节在 SRM-N 帧内的位置可用一个三坐标矢量 $\boldsymbol{S}$（a，b，c）来表示，其中 a 表示行数，取值为 1～3（对应于 RSOH）或 5～9（对应于 MSOH）；b 表示复列数，取值为 1～9；c 表示在复列数内的间插层数，取值为 1～N。

字节的行列坐标[行数，列数]与三坐标矢量 $\boldsymbol{S}(a，b，c)$的关系如下。

行数 $= a$

列数 $= N（b-1）+c$

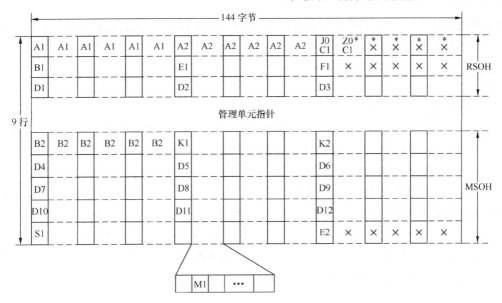

注: × 为国内使用保留字节；
　 * 为不扰码字节；
　 所有未标记字节待将来国际标准确定（与媒质有关的应用，附加国内使用和其他用途）。
　 Z0 待将来国际标准确定。

图 5-27　STM-16 SOH 字节安排

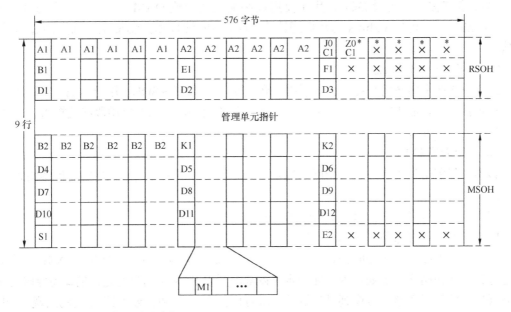

注: × 为国内使用保留字节；
　 * 为不扰码字节；
　 所有未标记字节待将来国际标准确定（与媒质有关的应用，附加国内使用和其他用途）。
　 Z0 待将来国际标准确定。

图 5-28　STM-64 SOH 字节安排

（2）SOH 字节的功能

① 帧定位字节 A1 和 A2

SOH 中的 A1 和 A2 字节可用来识别帧的起始位置。A1 为 11110110，A2 为 00101000。

STM-1 帧内集中安排有 6 个帧定位字节，大约占帧长的 0.25%。选择这种帧定位长度是综合考虑了各种因素的结果，主要是伪同步概率和同步建立时间这两者。根据现有安排，产生伪同步的概率等于 $\left(\dfrac{1}{2}\right)^{48} = 3.55 \times 10^{-15}$，几乎为 0，同步建立时间也可以大大缩短。

② 再生段踪迹字节 J0

J0 字节在 STM-N 中位于 S(1, 7, 1)或[1, 6N+1]。该字节被用来重复地发送"段接入点标识符"，以便使段接收机能据此确认其是否与指定的发射机处于持续连接状态。

在一个国内网络内或单个营运者区域内，该段接入点标识符可用一个单字节（包含 0～255 个编码）或 ITU-T 建议 G.831 规定的接入点标识符格式。在国际边界或不同营运者的网络边界，除双方另有协议外，均应采用 G.831 的格式。

对于采用 C1 字节（STM 识别符：用来识别每个 STM-1 信号在 STM-N 复用信号中的位置，它可以分别表示出复列数和间插层数的二进制数值，还可以帮助进行帧定位）的老设备与采用 J0 字节的新设备的互通，可以用 J0 为"00000001"表示"再生段踪迹未规定"来实现。

③ 数据通信通路（DCC）D1～D12

SOH 中的 DCC 用来构成 SDH 管理网（SMN）的传送链路。其中 D1～D3 字节称为再生段 DCC，用于再生段终端之间交流 OAM 信息，速率为 192 kbit/s（3 × 64 kbit/s）；D4～D12 字节称为复用段 DCC，用于复用段终端之间交流 OAM 信息，速率为 576 kbit/s（9 × 64 kbit/s）。共 768 kbit/s 的数据通路为 SDH 网的管理和控制提供了强大的通信基础结构。

④ 公务字节 E1 和 E2

E1 和 E2 两个字节用来提供公务联络语音通路。E1 属于 RSOH，用于本地公务通路，可以在再生器接入。而 E2 属于 MSOH，用于直达公务通路，可以在复用段终端接入。公务通路的速率为 64 kbit/s。

⑤ 使用者通路 F1

该字节保留给使用者（通常指网络提供者）专用，主要为特定维护目的而提供临时的数据/语音通路连接。

⑥ 比特间插奇偶检验 8 位码（BIP-8）B1

Bl 字节用作再生段误码监测。

这是使用偶校验的比特间插奇偶校验码。BIP-8 是对扰码后的上一个 STM-N 帧的所有比特进行计算（在网络节点处，为了便于定时恢复，要求 STN-N 信号有足够的比特定时含量，为此采用扰码器对数字信号序列进行扰乱，以防止长连"0"和长连"1"序列的出现），计算的结果置于扰码前的本帧的 B1 字节位置，可用图 5-29 加以说明。

BIP-8 的具体计算方法是：将上一帧（扰码后的 STM-N 帧）所有字节（注意再生段开销的第一行是不扰码字节）的第一个比特的"1"码计数，若"1"码个数为偶数时，本帧（扰码前的帧）B1 字节的第一个比特 b'_1 记为"0"。若上帧所有字节的第一个比特"1"码的个数为奇数时，本帧 B1 字节的第一个比特 b'_1 记为"1"。上帧所有字节 $b_2 \sim b_8$ 比特的计算方法依此类推。最后得到的 B1 字节的 8 个比特状态就是 BIP-8 计算的结果。

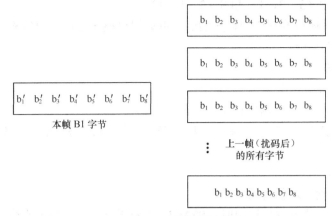

图 5-29　B1 字节计算的图解

这种误码监测方法是 SDH 的特点之一。它以比较简单的方式实现了对再生段的误码自动监视。但是对同一监视码组内（例如各字节的 b_2 比特）恰好发生偶数个误码的情况，这种方法无法检出。不过这种情况出现的概率较小，因而总的误码检出概率还是较高的。

⑦　比特间插奇偶检验 24 位码（BIP-$N \times 24$）字节 B2B2B2

B2 字节用作复用段误码监测，复用段开销字节中安排了三个 B2 字节（共 24 比特）作此用途。B2 字节使用偶校验的比特间插奇偶校验 $N \times 24$ 位码，其计算方法与 BIP-8 类似。其描述方法是：BIP-24 是对前一个 STM-N 帧的所有比特（再生段开销的第 1～3 行字节除外）进行计算，其结果置于扰码前的本帧的 B2 字节。

其具体计算方法是：每 x 个比特为一组（$x = 24$，或 $x = N \times 24$ 比特），将参与计算的全部比特从第 1 个比特算起，按顺序将 x 个比特分为一组，共分成若干组，将各组相对应的第 1 个比特的"1"码进行计数，若为偶数，则在本帧的 B2 字节的第 1 个比特位记为"0"，若相应比特"1"码的个数为奇数，则记为"1"，其余各比特位依此类推。

⑧　自动保护倒换（APS）通路字节 K1，K2（$b_1 \sim b_5$）

两个字节用作自动保护倒换（APS）信令。ITUT-G.70X 建议的附录 A 给出了这两个字节的比特分配和面向比特的规约。

⑨　复用段远端失效指示（MS-RDI）字节 K2（$b_6 \sim b_8$）

MS-RDI 用于向发信端回送一个指示信号，表示收信端检测到来话故障或正接收复用段告警指示信号（MS-AIS）。解扰码后 K2 字节的第 6，7，8 比特构成"110"码即为 MS-RDI 信号。

⑩　同步状态字节 S1（$b_5 \sim b_8$）

S1 字节的第 5～8 比特用于传送四种同步状态信息，可表示 16 种不同的同步质量等级。其中一种表示同步的质量是未知的，另一种表示信号在段内不用同步，余下的码留作各独立管理机构定义质量等级用。

⑪　复用段远端差错指示（MS-REI）M1

该字节用作复用段远端差错指示。对 STM-N 信号，它用来传送 BIP-$N \times 24$（B2）所检出的误块数。

⑫　与传输媒质有关的字节△

仅在 STM-1 帧内，安排 6 个字节，它们的位置是 S（2，2，1），S（2，3，1），S（2，5，

1)，S（3，2，1），S（3，3，1）和S（3，5，1）。

△字节专用于具体传输媒质的特殊功能，例如用单根光纤作双向传输时，可用此字节来实现辨明信号方向的功能。

⑬ 备用字节 Z0

Z0 字节的功能尚待定义。

用"×"标记的字节是为国内使用保留的字节。

所有未标记的字节的用途待将来国际标准确定（与媒质有关的应用，附加国内使用和其他用途）。

需要说明如下。

- 再生器中不使用这些备用字节。

- 为便于从线路码流中提取定时，STM-N 信号要经扰码、减少连续同码概率后方可在线路上传送，但是为不破坏 A1 和 A2 组成的定帧图案，STM-N 信号中 RSOH 第一行的 $9 \times N$ 个开销字节不应扰码，因此其中带*号的备用字节之内容应予精心安排，通常可在这些字节上传送"0"、"1"交替码。

- 收信机对备用开销字节的内容不予解读。

（3）简化的 SOH 功能接口

在某些应用场合（例如局内接口），仅仅 A1，A2，B2 和 K2 字节是必不可少的，很多其他开销字节可以选用或不用，从而使接口得以简化，设备成本可以降低。

5.2.5 SDH 的复用映射结构

1. SDH 的一般复用映射结构

SDH 的一般复用映射结构（简称复用结构）如图 5-30 所示，它是由一些基本复用单元组成的有若干中间复用步骤的复用结构。

（1）SDH 的一般复用映射结构图

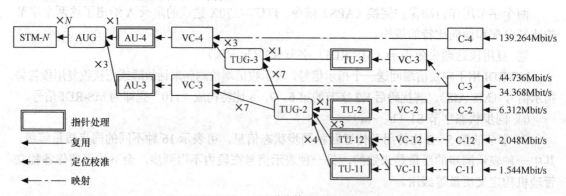

图 5-30 G.709 建议的 SDH 复用结构

（2）复用单元

SDH 的基本复用单元包括标准容器（C）、虚容器（VC）、支路单元（TU）、支路单元组（TUG）、管理单元（AU）和管理单元组（AUG）（见图 5-30）。

① 标准容器（C）

容器是一种用来装载各种速率的业务信号的信息结构，主要完成适配功能（例如速率调整），以便让那些最常使用的准同步数字体系信号能够进入有限数目的标准容器。目前，针对常用的准同步数字体系信号速率，ITU-T 建议 G.707 已经规定了 5 种标准容器：C-11，C-12，C-2，C-3 和 C-4，其标准输入比特率如图 5-30 所示，分别为 1 544 kbit/s，2 048 kbit/s，6 312 kbit/s，3 4368 kbit/s（或 44 736）和 139 264 kbit/s。

参与 SDH 复用的各种速率的业务信号都应首先通过码速调整等适配技术装进一个恰当的标准容器。已装载的标准容器又作为虚容器的信息净负荷。

② 虚容器（VC）

虚容器是用来支持 SDH 的通道（通路）层连接的信息结构，它由容器输出的信息净负荷加上通道开销（POH）组成，即

$$VC\text{-}n = C\text{-}n + VC\text{-}n\ POH$$

VC 的输出将作为其后接基本单元（TU 或 AU）的信息净负荷。

VC 的包封速率是与 SDH 网络同步的，因此不同 VC 是互相同步的，而 VC 内部却允许装载来自不同容器的异步净负荷。

除在 VC 的组合点和分解点（即 PDH/SDH 网的边界处）外，VC 在 SDH 网中传输时总是保持完整不变，因而可以作为一个独立的实体十分方便和灵活地在通道中任一点插入或取出，进行同步复用和交叉连接处理。

虚容器可分成低阶虚容器和高阶虚容器两类。VC-1 和 VC-2 为低阶虚容器；VC-4 和 AU-3 中的 VC-3 为高阶虚容器，若通过 TU-3 把 VC-3 复用进 VC-4，则该 VC-3 应归于低阶虚容器类。

③ 支路单元和支路单元组（TU 和 TUG）

支路单元（TU）是提供低阶通道层和高阶通道层之间适配的信息结构。有四种支路单元，即 TU-n（n = 11，12，2，3）。TU-n 由一个相应的低阶 VC-n 和一个相应的支路单元指针（TU-n PTR）组成，即

$$TU\text{-}n = VC\text{-}n + TU\text{-}n\ PTR$$

TU-n PTR 指示 VC-n 净负荷起点在 TU 帧内的位置。

在高阶 VC 净负荷中固定地占有规定位置的一个或多个 TU 的集合称为支路单元组（TUG）。把一些不同规模的 TU 组合成一个 TUG 的信息净负荷可增加传送网络的灵活性。VC-4/3 中有 TUG-3 和 TUG-2 两种支路单元组。一个 TUG-2 由一个 TU-2 或 3 个 TU-12 或 4 个 TU-11 按字节交错间插组合而成；一个 TUG-3 由一个 TU-3 或 7 个 TUG-2 按字节交错间插组合而成。一个 VC-4 可容纳 3 个 TUG-3；一个 VC-3 可容纳 7 个 TUG-2。

④ 管理单元和管理单元组（AU 和 AUG）

管理单元（AU）是提供高阶通道层和复用段层之间适配的信息结构，有 AU-3 和 AU-4 两种管理单元。AU-n（n = 3，4）由一个相应的高阶 VC-n 和一个相应的管理单元指针（AU-nPTR）组成，即

$$AU\text{-}n = VC\text{-}n + AU\text{-}n\ PTR；\ n = 3，4$$

AU-n PTR 指示 VC-n 净负荷起点在 AU 帧内的位置。

在 STM-N 帧的净负荷中固定地占有规定位置的一个或多个 AU 的集合称为管理单元组

（AUG）。一个 AUG 由一个 AU-4 或 3 个 AU-3 按字节交错间插组合而成。

需要强调指出的是：在 AU 和 TU 中要进行速率调整，因而低一级数字流在高一级数字流中的起始点是浮动的。为了准确地确定起始点的位置，设置两种指针（AU-PTR 和 TU-PTR）分别对高阶 VC 在相应 AU 帧内的位置以及 VC-1，2，3 在相应 TU 帧内的位置进行灵活动态地定位。顺便提一下，在 N 个 AUG 的基础上再附加段开销（SOH）便可形成最终的 STM-N 帧结构。

（3）复用过程

了解了 SDH 的基本复用单元后，再回过来看图 5-30 所示的复用结构，可归纳出各种业务信号纳入 STM-N 帧的过程都要经历映射（mapping）、定位（aligning）和复用（multiplexing）三个步骤。

映射是一种在 SDH 边界处使各支路信号适配进虚容器的过程。

定位是一种将帧偏移信息收进支路单元或管理单元的过程，即以附加于 VC 上的 TU-PTR 或 AU-PTR 指示和确定低阶 VC 帧的起点在 TU 净负荷中位置，或高阶 VC 帧的起点在 AU 净负荷中的位置。在发生相对帧相位偏差，使 VC 帧起点浮动时，指针值亦随之调整，从而始终保证指针值准确指示 VC 帧的起点位置。

复用是以字节交错间插方式把 TU 组织进高阶 VC 或把 AU 组织进 STM-N 的过程。

2. 我国的 SDH 复用映射结构

由图 5-30 可见，在 G.709 建议的复用映射结构中，从一个有效负荷到 STM-N 的复用路线不是唯一的。对于一个国家或地区则必须使复用路线唯一化。

我国的光同步传输网技术体制规定以 2 Mbit/s 为基础的 PDH 系列作为 SDH 的有效负荷并选用 AU-4 复用路线，其基本复用映射结构如图 5-31 所示。

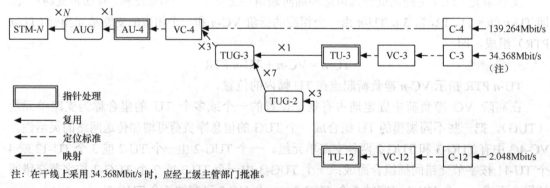

注：在干线上采用 34.368Mbit/s 时，应经上级主管部门批准。

图 5-31 我国的基本复用映射结构

由图 5-31 知，我国的 SDH 复用映射结构规范可有 3 个 PDH 支路信号输入口。1 个 139.264 Mit/s 可被复用成一个 STM-1（155.520 Mbit/s）；63 个 2.048 Mbit/s 可被复用成 1 个 STM-1；3 个 35.368 Mbit/s 也能复用成 1 个 STM-1，因后者信道利用率太低，所以在规范中加"注"（即较少采用）。

为了对 SDH 的复用映射过程有一个较全面地认识，现以 139.264 Mbit/s 支路信号复用映射成 STM-N 帧为例详细说明整个复用映射过程（参见图 5-32）。

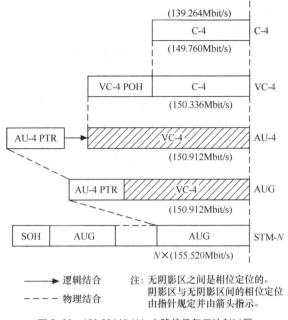

图 5-32   139.264 Mbit/s 支路信号复用映射过程

首先将标称速率为 139.264 Mbit/s 的支路信号装进 C-4，经适配处理后 C-4 的输出速率为 149.760 Mbit/s。然后加上每帧 9 字节的 POH（相当于 576 kbit/s）后，便构成了 VC-4(150.336 Mbit/s)，以上过程为映射。VC-4 与 AU-4 的净负荷容量一样，但速率可能不一致，需要进行调整。AU-PTR 的作用就是指明 VC-4 相对 AU-4 的相位，它占有 9 个字节，相当容量为 576 kbit/s。于是经过 AU-PTR 指针处理后的 AU-4 的速率为 150.912 Mbit/s，这个过程为定位。得到的单个 AU-4 直接置入 AUG，再由 N 个 AUG 经单字节间插并加上段开销便构成了 STM-N 信号，以上过程为复用。当 N = 1 时，一个 AUG 加上容量为 5.608 Mbit/s 的段开销后就构成了 STM-1，其标称速率 155.520 Mbit/s。

以上概括说明了 SDH 的复用映射结构，下面具体介绍映射、定位和复用的相关内容。

5.2.6   映射

映射是一种在 SDH 边界处使支路信号适配进虚容器的过程。即各种速率的 G.703 信号先分别经过码速调整装入相应的标准容器，之后再加进低阶或高阶通道开销（POH）形成虚容器。

为了说明映射过程，下面首先介绍通道开销。

1. 通道开销（POH）

通道开销分为低阶通道开销和高阶通道开销。

低阶通道开销附加给 C-1/C-2 形成 VC-1/VC-2，其主要功能有 VC 通道性能监视、维护信号及告警状态指示等。

高阶通道开销附加给 C-3 或者多个 TUG-2 的组合体形成 VC-3，而将高阶通道开销附加给 C-4 或者多个 TUG-3 的组合体即形成 VC-4。高阶 POH 的主要功能有 VC 通道性能监视、告警状态指示、维护信号以及复用结构指示等。

（1）高阶通道开销（HPOH）

HPOH 是位于 VC-3/VC-4/VC-5-Xc（VC-4 级联）帧结构第一列的 9 个字节：J1，B3，C2，G1，F2，H4，F3，K3，N1，如图 5-33 所示。

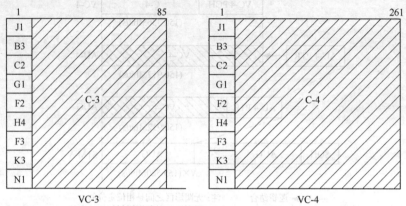

图 5-33　HPOH 位置示意图

HPOH 各自的功能如下。

① 通道踪迹字节：J1。J1 是 VC 的第 1 个字节，其位置由相关的 AU-4 或 TU-3 指针指示。这个字节用来重复发送多阶通道接入点识别符。这样，通道接收端可以确认它与预定的发送端是否处于持续的连接状态。

在国内网或单个运营者范围内，这个通道接入点识别符可使用 64 字节自由格式码流或 ITU-T 建议 G831 规定的接入点识别格式。在国际边界或在不同运营者的网络边界，除双方另有协议外，应采用 G831 规定的 16 字节格式。当它在 64 字节内传送 16 字节的格式时，需重复四次。

② 通道 BIP-8 码：B3。B3 具有高阶通道误码监视功能。在当前 VC-3/VC-4/VC-5-Xc 帧中，B3 字节 8 比特的值是对扰码前上一 VG-3/VG-4/VC-5-Xc 帧所有字节进行比特间插 BIP-8 偶校验计算的结果。

③ 信号标记字节：C2。C2 用来指示 VC 帧的复接结构和信息净负荷的性质。例如表示 VC-3/VC-4/VC-5-Xc 通道是否装载，所载业务种类和它们的映射方式。表 5-5 列出了该字节 8 个比特对应的 16 进制码字及其含义。

表 5-5　　　　　　　　　　　　　　　　C2 字节的编码规定

C2 字节 1234	C2 字节 5678	十六进制码字	含义
0000	0000	00	通道未装载信号
0000	0001	01	通道装载非特定净负荷
0000	0010	02	TUG 结构
0000	0011	03	锁定的 TU
0000	0100	04	35.368 Mbit/s 和 45.736 Mbit/s 信号异步映射进 C-3
0001	0010	12	139.264 Mbit/s 信号异步映射进 C-4
0001	0011	13	异步转移模式 ATM
0001	0100	14	城域网 MAN（分布式排队总线 DQDB）
0001	0101	15	光纤分布式数据接口 FDDI

④ 通道状态字节：G1。该字节用来将通道终端的状态和性能回传给 VC-3/VC-4/VC-5-Xc 通道源端。这一特性，使得能在通道的任一端，或在通道的任一点上监测整个双向通道的状态和性能。

⑤ 通道使用者字节：F2，F3。这两个字节提供通道单元间的公务通信（与净负荷有关）。

⑥ TU 位置指示字节：H4。H4 指示有效负荷的复帧（复帧的概念见后）类别和净负荷位置，还可作为 TU-1/TU-2 复帧指示字节或 ATM 净负荷进入一个 VC-4 时的信元边界指示器。

⑦ 自动保护倒换（APS）通路字节：K3（$b_1 \sim b_4$）。这些比特用作高阶通道级保护的 APS 指令。

⑧ 网络操作者字节：N1。提供高阶通道的串接监视功能。

⑨ 备用比特：K3（$b_5 \sim b_8$）。这些比特留作将来使用，因此没有规定其值，接收机应忽略其值。

（2）低阶通道开销（VC-1/VC-2 POH）

VC-1/VC-2 POH 由 V5，J2，N2，K4 字节组成。以 VC-12（由 2.048Mbit/s 支路信号异步映射而成）为例低阶通道开销的位置如图 5-34 所示。

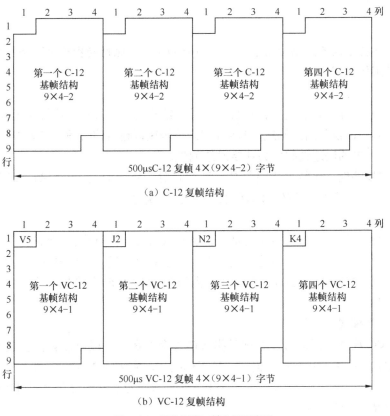

（a）C-12 复帧结构

（b）VC-12 复帧结构

图 5-34　低阶通道开销位置示意图

在此解释一下复帧的概念。为了适应不同容量的净负荷在网中的传送需要，SDH 允许组成若干不同的复帧形式。例如四个 C-12 基本帧（125 μs）组成一个 500μs 的 C-12 复帧（如图 5-34（a）所示），C-12 复帧加上低阶通道开销 V5，J2，N2，K4 字节便构成 VC-12 复帧（如图 5-34（b）所示），这里需要说明的是：也可以 16 个或 24 个基本帧组成一个复帧，复帧类别由 HPOH 中的 H4 指示。可见，V5 是第一个 VC-12 基帧的第 1 个字节，J2 是第二个 VC-12 基帧的第 1 个字节，N2 是第三个 VC-12 基帧的第 1 个字节，K4 则是第四个 VC-12 基帧的第 1 个字节，下面分别加以介绍。

① V5 字节。为 VC-1/VC-2 通道提供误块检测、信号标记和通道状态功能。

② 通道踪迹字节：J2。J2 用来重复发送低阶通道接入点识别符，所以通道接收端可据此确认它与预定的发送端是否处于持续的连接状态。此通道接入点识别符使用 ITU-T 建议 G.831 所规定的 16 字节帧格式。

③ 网络操作者字节：N2。这个字节提供低阶通道的串接监视（TCM）功能。

④ 自动保护倒换（APS）通道：K4（$b_1 \sim b_4$）。用于低阶通道级保护的 APS 指令。

⑤ 增强型远端缺陷指示：K4（$b_5 \sim b_7$）。其功能与高阶通道的 G1（$b_5 \sim b_7$）相类似，但 K4（$b_5 \sim b_7$）用于低阶通道。当接收端收到 TU-1/TU-2 通道 AIS 或信号缺陷条件，VC-1/VC-2 组装器就将 VC-1/VC-2 通道 RDI（远端缺陷指示）送回到通道源端。

⑥ 备用比特：K4（b_8）。安排将来使用，接收端将忽略这个比特的值。

2．映射过程

（1）映射方式的分类

为了适应各种不同的网络应用情况，映射分为异步、比特同步和字节同步 3 种方法与浮动和锁定 2 种工作模式。

① 3 种映射方法

● 异步映射。异步映射是一种对映射信号的结构无任何限制（信号有无帧结构均可），也无需其与网同步，仅利用正码速调整或正/零/负码速调整将信号适配装入 VC 的映射方法。它具有 5.0×10^{-5} 内的码速调整能力和定时透明性。

● 比特同步映射。比特同步映射是一种对映射信号结构无任何限制，但要求其与网同步，从而无需码速调整即可使信号适配装入 VC 的映射方法。因此可认为是异步映射的特例或子集。

● 字节同步映射。字节同步映射是一种要求映射信号具有块状帧结构（例如 PDH 基群帧结构），并与网同步，无需任何速率调整即可将信息字节装入 VC 内规定位置的映射方式。它特别适用于在 VC-1X（X＝1，2）内无需组帧和解帧地直接接入和取出 64 kbit/s 或 N × 64 kbit/s 信号。

② 两种工作模式

● 浮动 VC 模式。浮动 VC 模式是指 VC 净负荷在 TU 或 AU 内的位置不固定，并由 TU-PTR 或 AU-PTR 指示其起点位置的一种工作模式。它采用 TU-PTR 和 AU-PTR 两层指针处理来容纳 VC 净负荷与 STM-N 帧的频差和相差，从而勿需滑动缓存器即可实现同步，且引入的信号延时最小（约 10 μs）。

浮动模式时，VC 帧内安排有 VC POH，因此可进行通道性能的端到端监测。

3 种映射方法都能以浮动模式工作。

● 锁定 TU 模式。锁定 TU 模式是一种信息净负荷与网同步并处于 TU 或 AU 帧内固定位置，因而无需 TU-PTR 或 AU-PTR 的工作模式。PDH 一次群信号的比特同步和字节同步两种映射可采用锁定模式。

锁定模式省去了 TU-PTR 或 AU-PTR，且在 VC 内不能安排 VC POH，因此要用 125 μs（一帧容量）的滑动缓存器来容纳 VC 净负荷与 STM-N 帧的频差和相差，引入较大的（约 150 μs）信号延时，且不能进行通道性能的端到端监测。

③ 映射方式的比较

综上所述，3 种映射方法和 2 种工作模式可组合成 5 种映射方式，如表 5-6 所示。

表 5-6　　　　　　　　　　　　PDH 信号进入 SDH 的映射方式

H-n	VC-n	映射方式		
		异步映射	比特同步映射	字节同步映射
H-4	VC-4	浮动模式	无	无
H-3	VC-3	浮动模式	浮动模式	浮动模式
H-12	VC-12	浮动模式	浮动/锁定	浮动/锁定

异步映射仅有浮动模式，最适合异步/准同步信号映射，包括将 PDH 通道映射进 SDH 通道的应用，能直接接入和取出各次 PDH 群信号，但不能直接接入和取出其中的 64 kbit/s 信号。异步映射的接口最简单，引入的映射延时最小，可适应各种结构和特性的数字信号，是一种最通用的映射方式，也是 PDH 向 SDH 过度期内必不可少的一种映射方式。

比特同步映射与传统的 PDH 相比并无明显优越性，不适合国际互连应用，目前也未用于国内网。

浮动的字节同步映射适合按 G.704 规范组帧的一次群信号，其净负荷既可以具有字节结构形式（64 kbit/s 和 $N \times 64$ kbit/s），也可以具有非字节结构形式，虽然接口复杂但能直接接入和取出 64 kbit/s 和 $N \times 64$ kbit/s 信号，同时允许对 VC-1X 通道进行独立交叉连接，主要用于不需要一次群接口的数字交换机互连应用和两个需要直接处理 64 kbit/s 和 $N \times 64$ kbit/s 业务的节点间的 SDH 连接。

锁定的字节同步映射可认为是浮动的字节同步映射的特例，只适合有字节结构的净负荷，主要用于大批 64 kbit/s 和 $N \times 64$ kbit/s 信号的传送和交叉连接，也适用于高阶 VC 的交叉连接。

下面以我国常用的 139.264 Mbit/s 和 2.048 Mbit/s 支路信号的映射为例介绍映射过程。

（2）139.264 Mbit/s 支路信号（H-4）的映射

139.264 Mbit/s 支路信号的映射一般采用异步映射、浮动模式。

① 139.264 Mbit/s 支路信号异步装入 C-4

这是由正码速调整方式异步装入的。可以把 C-4 比喻成一个集装箱，其结构容量一定大于 139.264 Mbit/s，只有这样才能进行正码速调整。C-4 的子帧结构如图 5-35 所示。

C-4 基帧的每行为一个子帧，每个子帧为一个速率调整单元，并分成 20 个 13 字节块。每个 13 字节块的第一个字节依次分别为 W，X，Y，Y，Y，X，Y，Y，Y，X，Y，Y，Y，X，Y，Y，Y，X，Y，Z。

X 字节内含 1 个调整控制比特（C 码），5 个固定塞入比特（R 码）和 2 个开销比特（O 码），由于每行有 5 个 X 字节，因此每行有 5 比特 C 码。

Z 字节内含 6 个信息比特（I 码），1 个调整机会比特（S 码）和 1 个 R 码。

Y 字节为固定塞入字节，含 8 个 R 码。

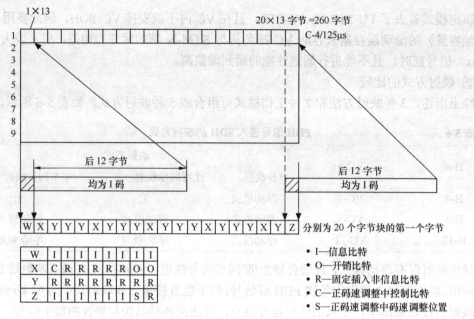

- I—信息比特
- O—开销比特
- R—固定插入非信息比特
- C—正码速调整中控制比特
- S—正码速调整中码速调整位置

图 5-35　C-4 的子帧结构

W 字节为信息字节，含 8 个信息比特。每个 13 字节块的后 12 个字节均为信息字节 W，共 96 个 I 码。

C4 子帧 =（C-4）/9 = 241W + 13Y + 5X + 1Z = 260（字节）

$\qquad\qquad$ =（1 934I + S）+ 5C + 130R + 10 O = 2 080（bit）

一个 C-4 子帧总计有 8 × 260 = 2 080 bit，其分配如下。

信息比特 I：$\qquad\qquad\qquad$ 1 934

固定塞入比特 R：$\qquad\qquad\quad$ 130

开销比特 O：$\qquad\qquad\qquad$ 10

调整控制比特 C：$\qquad\qquad$ 5

调整机会比特 S：$\qquad\qquad$ 1

C 码主要用来控制相应的调整机会比特 S，确定 S 应作为信息比特 I 还是调整比特 R^*，接收机对 R^* 不予理睬。

在发送端，CCCCC = 00000 时 S = I；CCCCC = 11111 时 S= R^*。

为什么用 5 个 C 比特与 1 个 S 比特配合使用呢？这是因为在收信端解同步器中，为了防范 C 码中单比特和双比特误码的影响，提高可靠性，当 5 个 C 码并非全 0 或全 1 时，应按照择多判决准则做出去码速调整决定，即当多数 C 码为 1 时，解同步器认为 S 位为 R^*，故不理睬 S 比特的内容，而多数 C 码为 0 时，解同步器把 S 比特中的内容作为信息比特。

下面分别令 S 全为 I 或全为 R^*，可算出 C-4 容器能容纳的信息速率 IC 的上限和下限。

$$IC_{max} = (1\ 934 + 1) \times 9 \times 8\ 000 = 139\ 320\ (kbit/s)$$

$$IC_{min} = (1\ 934 + 0) \times 9 \times 8\ 000 = 139\ 248\ (kbit/s)$$

根据 ITU-T 的建议，H-4 支路信号的速率范围是 $139\ 264 \pm 15 \times 10^{-6}$ = 13 9261～139 266（kbit/s），正处于 C-4 能容纳的负荷速率范围之内，故能适配地装入 C-4。

② C-4 装入 VC-4

在 C-4 的 9 个子帧前分别插入 VC-4 的通道开销（VC-4 POH）字节 J1，B3，C2，G1，F2，H4，F3，K3，N1，就构成了 VC-4 帧（即 VC-4 = C-4＋VC-4 POH），如图 5-36 所示。

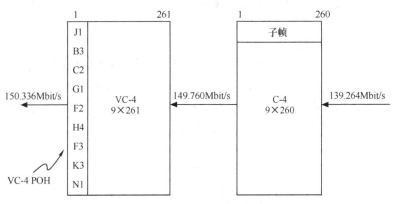

图 5-36　139.264 Mbit/s 信号映射图解

（3）2.048 Mbit/s 支路信号（H-12）的映射

2.048 Mbit/s 支路信号的映射既可以采用异步映射，也可以采用比特同步映射或字节同步映射。前面介绍低阶通道开销时提到复帧的概念，对于 2.048 Mbit/s 支路信号不论是异步映射还是同步映射，均采用复帧形式，只不过异步映射时需码速调整（正/零/负调整），同步映射时不需码速调整。

由于篇幅所限，在此仅简单介绍 2.048 Mbit/s 支路信号的异步映射。

首先将 2.048 Mbit/s 的支路信号装入 4 个基帧组成的 C-12 复帧，C-12 基帧的结构是 $9 \times 5-2$ 字节，C-12 复帧的字节数为 $4 \times (9 \times 5-2)$，其结构参见图 5-34（a）。由于 E1（H-12）支路信号的标称速率是 2.048 Mbit/s，实际速率可能会偏高或偏低些，所以要进行码速调整。

在 C-12 复帧中加上低阶通道开销（VC-1 POH）字节 V5，J2，N2，K4，便构成 VC-12（复帧），如图 5-34（b）所示。现改画成图 5-37 的形式。

由图 5-37 可见，VC-12 由 VC-1 POH 加上 1 023 （$32 \times 3 \times 8 + 31 \times 8 + 7$）个信息比特（I），6 个调整控制比特（C1，C2），2 个调整机会比特（S1，S2）、8 个开销通信通路比特（O）以及 49 个固定塞入比特（R）组成。

2 套 C1 和 C2 比特可以分别控制 2 个调整机会比特 S1 （负调整机会）和 S2（正调整机会）进行码速调整。当 C1C1C1 = 000 时，表示 S1 是信息比特，而 C1C1C1 = 111 时，表示 S1 是调整比特。C2 按同样方式控制 S2 比特。

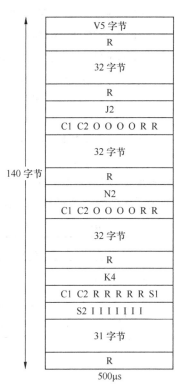

图 5-37　2.048Mbit/s 支路信号的
异步映射成 VC-12（复帧）

5.2.7 定位

定位是一种将帧偏移信息收进支路单元或管理单元的过程。即以附加于 VC 上的支路单元或管理单元指针指示和确定低阶 VC 帧的起点在 TU 净负荷中或高阶 VC 帧的起点在 AU 净负荷中的位置，在发生相对帧相位偏差使 VC 帧起点浮动时，指针值亦随之调整，从而始终保证指针值准确指示 VC 帧的起点位置。

SDH 中指针的作用可归结为三条。

（1）当网络处于同步工作方式时，指针用来进行同步信号间的相位校准。

（2）当网络失去同步时（即处于准同步工作方式），指针用作频率和相位校准；当网络处于异步工作方式时，指针用作频率跟踪校准（有关同步工作方式，准同步工作方式和异步工作方式的概念参见第 5 章有关 SDH 网同步的内容）。

（3）指针还可以用来容纳网络中的频率抖动和漂移。

设置 TU 或 AU 指针可以为 VC 在 TU 或 AU 帧内的定位提供一种灵活和动态的方法。因为 TU 或 AU 指针不仅能够容纳 VC 和 SDH 在相位上的差别，而且能够容纳帧速率上的差别。

下面仍以 139.264 Mbit/s 的 PDH 支路信号复用过程中在 AU-4 内的指针调整以及 2.048 Mbit/s 的支路信号复用过程中在 TU-12 内的指针调整为例说明指针调整原理及指针调整过程。

1. VC-4 在 AU-4 中的定位（AU-4 指针调整）

（1）AU-4 指针

VC-4 进入 AU-4 时应加上 AU-4 指针，即

AU-4 = VC-4 + AU-4 PIR

AU-4 PTR 由位于 AU-4 帧第 4 行第 1 至 9 列的 9 个字节组成，具体为

AU-4 PTR = H1 Y Y H2 1*1* H3 H3 H3

其中，Y = 1001 SS 11，SS 是未规定值的比特。

1* = 11111111

虽然 AU-4 PTR 共有 9 个字节，但用于表示指针值并确定 VC-4 在帧内位置的，只需 H1 和 H2 两个字节即可。H1 和 H2 字节是结合使用的，以这 16 个比特组成 AU-4 指针图案，其格式如图 5-38 所示。H1 和 H2 的最后 10 比特（即第 7 bit～16 bit）携带具体指针值。H3 字节用于 VC 帧速率调整，负调整时可携带额外的 VC 字节（详见后述）。

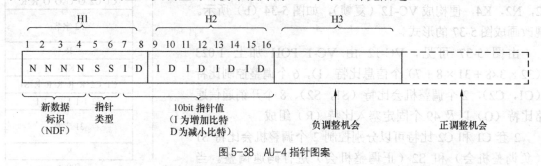

图 5-38　AU-4 指针图案

那么，10 个比特的指针值何以指示 VC-4 的 2 349（9 行 × 261 列而得）个字节位置呢？10 个比特的 AU-4 指针值仅能表示 2^{10} = 1 024 个 10 进制值，但 AU-4 指针调整是以 3 个字节

作为一个调整单位的，故 2 349 除以 3，只需 783 个调整位置即可。因此由 10 个二进制码组合成的指针值（1 024）足以表示 783 个位置。用 000，111，…782　782　782，共 783 个指针调整单位序号表示。

（2）指针调整原理

如图 5-39 所示为 AU-4 指针位置和偏移编号。

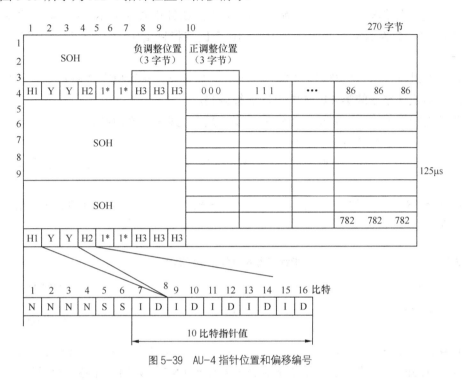

图 5-39　AU-4 指针位置和偏移编号

为了便于说明问题，图 5-39 中将 VC-4 的所有字节（2 349 个字节）安排在本帧的第 4 行到下帧的第 3 行，上下仍为 9 行。

① 正调整

先假定本帧虚容器 VC-4 的前 3 个字节位于图 5-39 中的"000"位置，即指针值为零。当下一帧的 VC-4 速率比 AU-4 的速率低时，就应提高 VC-4 的速率，以便使其与网络同步。此时应在 VC-4 的第 1 个字节（J1）前插入 3 个伪信息填充字节，使整个 VC-4 帧在时间上向后（即向右）推移一个调整单位，并且 10 进制的指针值加 1，VC-4 的前 3 个字节右移至"111"位置，这样就对 VC-4（支路信号）的速率进行了正调整。

在进行这一操作时，即在调整帧的 125μs 中，指针格式中的 NNNN 4 个比特要由稳定态的"0110"变为调整态的"1001"，10 个比特指针值中的 5 个"I"比特（增加比特）反转。

当速率偏移较大，需要连续多次指针调整时，相邻两次操作至少要间隔 3 帧，即经某次速率调整后，指针值要在 3 帧内保持不变，本次调整后的第 4 帧（不含调整帧）才能进行再次调整。

若先前的指针值已经最大，则最大指针值加 1，其指针值为零。

② 负调整

仍然是本帧虚容器 VC-4 的前 3 个字节位于图 5-39 中的"000"位置，当下帧的 VC-4

速率比 AU-4 的速率高时，就应降低 VC-4 的速率，以便使其与网络同步，即 VC-4 的前 3 个字节要前移（左移）。在本文所举的这个特殊例子中，可利用 AU-4 指针区的 H3 H3 H3 字节作为负调整机会，使 VC-4 的前 3 个字节移至其中。由于整个 VC-4 帧在时间上向前推移了一个调整单位，并且指针的 10 进制值减 1，故 VC-4（支路信号）的速率得到了负调整。

在进行这一操作时，即在调整帧的 125μs 中，指针格式中的 NNNN 4 个比特要由稳态时的"0110"变为调整态时的"1001"，10 个比特指针值中的 5 个"D"比特（减小比特）反转。

同样，在进行一次负调整后，3 帧内不允许再做调整，指针值在 3 帧内保持不变，如需调整，应在本次调整后的第 4 帧才能再次进行调整。

若先前的指针值为零，则最小指针值（零）减 1，其指针值为最大。

（3）速率调整时指针值变化举例

下面以 AU-4 指针做正调整为例，说明 H1 和 H2 两个字节组成的指针中各个比特状态是如何变化的。

根据图 5-38 所示出的指针格式，假定上一个稳定帧的 10 进制指针值为 6，指针中的各比特状态见表 5-7 所示。

表 5-7   **指针值为 6 时各比特状态表**

0110	10	0000000110
←NDF→	←SS→	←指针值为 6→（10 进制值）

若网络净负荷发生变化，在本帧发生了速率偏差，例如要正调整，则本帧叫作调整帧，在调整帧的 125μs 中，指针各比特状态见表 5-8 所示（NDF 及"I"比特都要反转）。

表 5-8   **125μs 中各比特状态**

1001	10	1010101100
←NDF→	←SS→	←10 个比特中的→"I"比特反转

经 125μs 的调整帧，在下一帧便确定了新的指针值，即重新获得了稳定状态，此时各个比特状态见表 5-9 所示。

表 5-9   **稳定状态后的各比特状态**

0110	10	0000000111
←NDF→	←SS→	←指针值为 7→（10 进制值）

本例说明，在 SDH 网络中，某节点有失步时，就要发生指针调整，以达到同步的目的，可见指针调整是一种将帧速率的偏移信息收进管理单元的过程。

（4）AU-4 指针调整小结

综上所述，用表 5-10 对 AU-4 指针调整作一小结。

表 5-10 指针调整小结

N N N N	S S	I D I D I D I D I D
新数据标帜（NDF） 表示所载净负荷容量有变化。 净负荷无变化时， NNNN 为正常值"0110"。 在净负荷有变化的 那一帧，NNNN 反转为 "1001"此即 NDF。 NDF 出现那一帧，指针 值随之改变为指示 VC 新位置的新值，称为 新数据。若净负荷不 再变化，下一帧 NDF 又返回到正常值 "0110"，并至少在 3 帧内不作指针值增 减操作。	**AU 类别** 对于 AU-4 SS = 10	**10 比特指针值** AU-4 指针值为 0～782； 指针值指示了 VC 帧的首字节 J1 与 AU 指针中最后一个 H3 字节间的偏移量。 **指针调整规则** 　（1）在正常工作时，指针值确定了 VC-4 帧在 AU-4 帧内的起始位置。NDF 设置为"0110"。 　（2）若 VC 帧速率比 AU 帧速率低，5 个 I 比特反转表示要作正帧频调整，该 VC 帧的起始点后移，下帧中的指针值是先前指针值加 1。 　（3）若 VC 帧速率比 AU 帧速率高，5 个 D 比特反转表示要作负帧频调整，负调整位置 H3 用 VC 的实际信息数据重写，该 VC 帧的起始点前移，下帧中的指针值是先前指针值减 1。 　（4）如果除上述（2）、（3）条规则以外的其他原因引起 VC 定位的变化，应送出新的指针值，同时 NDF 设置为"1001"。NDF 只在含有新数值的第 1 帧出现，VC 的新位置将由新指针标明的偏移首次出现时开始。 　（5）指针值完成一次调整后，至少停 3 帧方可有新的调整。

2. VC-12 在 TU-12 中的定位（TU-12 指针调整）

由前述可知 2.048 Mbit/s 的支路信号映射进 VC-12（以复帧形式出现），VC-12 加上 TU-12 PTR 则构成 TU-12 复帧，即

TU-12 = VC-12+ TU-12 PIR

TU-12 PTR 为净负荷 VC-12 在 TU-12 复帧内的灵活动态的定位提供了一种方法，即 TU-12 PTR 可以指出 VC-12 在 TU-12 复帧内的位置。

（1）TU-12 指针

TU-12 复帧的结构如图 5-40 所示。

在 TU-12 复帧中有 4 个字节（V1，V2，V3，V4）分别为 TU-12 指针使用。其中 V1 是 TU-12 复帧的第 1 个字节，也即复帧中第 1 个 TU-12 帧的第 1 个字节。V2 到 V4 则是复帧中随后各个 TU-12 帧的第 1 个字节。真正用于表示 TU-12 指针值的是 V1 和 V2 字节，V3 字节作为负调整字节，其后的那个字节作正调整字节，V4 作为保留字节。

V1 和 V2 字节可以看作一个指针码字，其编码方式如图 5-41 所示。

其中，两个 S 比特表示 TU 的规格（TU-12 为 10，TU-11 为 11，TU-2 为 00），第 7～16 bit 表示二进制数的指针值，指示 V2 至 VC-12 第 1 字节的偏移。

（2）TU-12 指针调整原理

TU-12 指针调整原理与 AU-4 指针调整原理基本相同（包括指针值的变化及 NDF 的含义等），唯一区别的是 AU-4 有 3 个调整字节，而 TU-12 只有 1 个调整字节。

另外，需要指出的是此处只介绍的是 TU-12 指针调整，而 TU-11 和 TU-2 指针调整与 TU-12 相同，只不过指针值中的 SS 不同以及 V2 至第一字节的偏移范围不同。

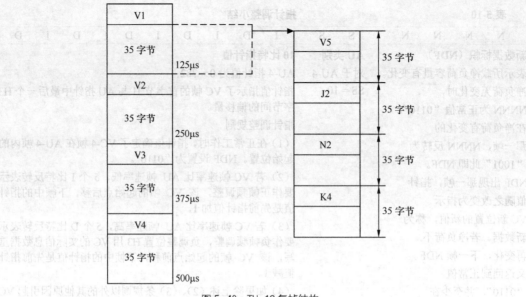

图 5-40　TU-12 复帧结构

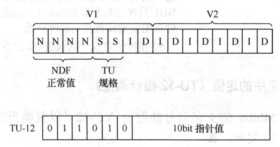

图 5-41　TU-12 指针编码

5.2.8　复用

复用是一种使多个低阶通道层的信号适配进高阶通道或者把多个高阶通道层信号适配进复用层的过程，即以字节交错间插方式把 TU 组织进高阶 VC 或把 AU 组织进 STM-N 的过程。由于经 TU 和 AU 指针处理后的各 VC 支路已相位同步，此复用过程为同步复用。

下面还是以 139.264 Mbit/s 支路信号和 2.048 Mbit/s 支路信号在映射、定位、复用过程中所涉及的复用为例加以介绍（请读者结合图 5-31 学习以下内容）。

1. TU-12 复用进 TUG-2 再复用进 TUG-3

3 个 TU-12（此处的 TU-12 不是复帧而是基本帧，有 9 行 4 列，共 36 字节）先按字节间插复用进一个 TUG-2（9 行 12 列），然后 7 个 TUG-2 按字节间插复用进 TUG-3（9 行 86 列，其中第 1，2 列为塞入字节）。这个过程如图 5-42 所示。

2. 3 个 TUG-3 复用进 VC-4

将 3 个 TUG-3 复用进 VC-4 的安排如图 5-43 所示。

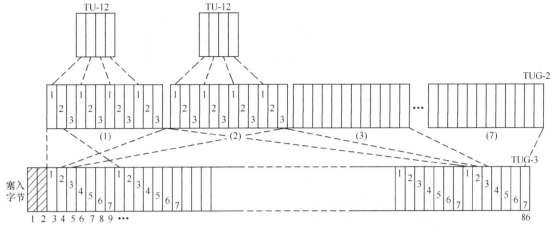

图 5-42 TU-12 复用进 TUG-2 再复用进 TUG-3

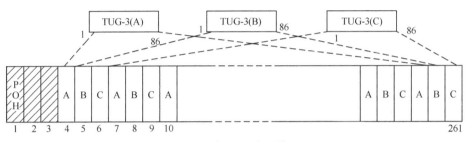

图 5-43 3 个 TUG-3 复用进 VC-4

3 个 TUG-3 按字节间插构成 9 行 $3 \times 86 = 258$ 列，作为 VC-4 的净负荷，VC-4 是 9 行 261 列，其中第 1 列为 VC-4 POH，第 2，3 列是固定塞入字节。TUG-3 相对于 VC-4 有固定的相位。

3. AU-4 复用进 AUG

单个 AU-4 复用进 AUG 的结构如图 5-44 所示。

已知 AU-4 由 VC-4 净负荷加上 AU-4 PTR 组成，VC-4 在 AU-4 内的相位是不确定的，由 AU-4 PTR 指示 VC-4 第 1 字节在 AU-4 中的位置。但 AU-4 与 AUG 之间有固定的相位关系，所以只需将 AU-4 直接置入 AUG 即可。

4. N 个 AUG 复用进 STM-N 帧

如图 5-45 所示为如何将 N 个 AUG 复用进 STM-N 帧的安排。N 个 AUG 按字节间插复用，再加上段开销（SOH）形成 STM-N 帧，这 N 个 AUG 与 STM-N 帧有确定的相位关系。

5. 2.048 Mbit/s 信号复用、定位、映射过程总结

以上一直以 139.264 Mbit/s 支路信号和 2.048 Mbit/s 支路信号为例介绍了映射、定位、复用过程。由 139.264 Mbit/s 支路信号经映射、定位、复用成 STM-N 帧的过程已在本节开始给予显示，请参见图 5-32。现将由 2.048 Mbit/s 支路信号经映射、定位、复用成 STM-N 帧的过程加以归纳总结，如图 5-46 所示。

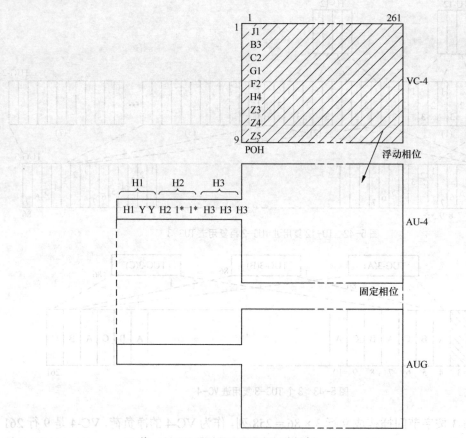

注：1*=11111111，Y=1001SS11（S 未规定）

图 5-44　AU-4 复用进 AUG

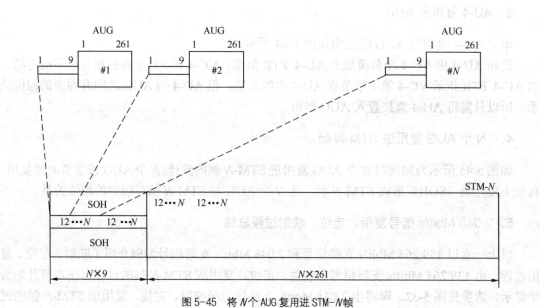

图 5-45　将 N 个 AUG 复用进 STM-N 帧

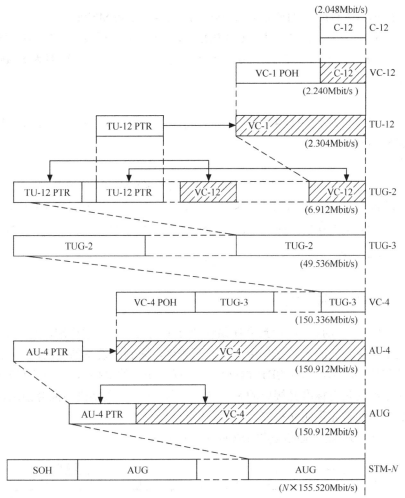

注：非阴影区域是相位对准定位的，阴影区与非阴影区间的相位对准定
位由指针规定并由箭头指示。

图 5-46 2.048 Mbit/s 支路信号映射、定位、复用过程

具体过程如下。

（1）映射

速率为 2.048 Mbit/s 的信号先进入 C-12 作适配处理后，加上 VC-12 POH 构成了 VC-12。由前述映射过程可知，一个 500 μs 的 VC-12 复帧容纳的比特数为 $4 \times (4 \times 9-1) \times 8 = 1\,120$ bit，所以 VC-12 的速率为 $1\,120/500 \times 10^{-6} = 2.240$ Mbit/s。

（2）定位（指针调整）

VC-12 加上 TU-12 PTR 构成 TU-12。一个 500μs 的 TU-12 复帧有 4 个字节的 TU-12PTR，所含总比特数为 $1\,120 + 4 \times 8 = 1\,152$ bit，故 TU-12 的速率为 $1\,152/500 \times 10^{-6} = 2.304$ Mbit/s。

（3）复用

3 个 TU-12（基帧）复用进 1 个 TUG-2，每个 TUG-2 由 9 行 12 列组成，容纳的比特数为 $9 \times 12 \times 8 = 864$ bit，TUG-2 的帧频为 8 000 帧/s，因此 TUG-2 的速率为 $8\,000 \times 864 = 6.912$ Mbit/s（或 $2.304 \times 3 = 6.912$ Mbit/s）。

7 个 TUG-2 复用进 1 个 TUG-3，1 个 TUG-3 可容纳的比特数为 $864 \times 7 + 9 \times 2 \times 8$（塞入

比特）= 6 192 bit，故 TUG-3 的速率为 8 000 × 6 192 = 49.536 Mbit/s。

3 个 TUG-3 按字间插，再加上 VC-4 POH 和塞入字节后形成 VC-4（参见图 5-43），每个 VC-4 可容纳（86 × 3＋3）× 9×8 = 261 × 9×8 = 18 792 bit，所以其速率为 8 000 × 18 792 = 150.336 Mbit/s。

（4）定位

VC-4 再加 576 kbit/s 的 AU-4 PTR（8 000 × 9×8 = 0.576 Mbit/s）组成 AU-4，其速率为 150.336 + 0.576 = 150.912 Mbit/s.

（5）复用

单个 AU-4 直接置入 AUG，速率不变。AUG 加 4.608 Mbit/s 的段开销 SOH（8 000 × 8× 9 × 8 = 5.608 Mbit/s），即形成 STM-1，速率为 5.608 + 150.912 = 155.520 Mbit/s。

或者 N 个 AUG 按字节间插复用（再加上 SOH）成 STM-N 帧，速率为 N × 155.520 Mbit/s。

5.2.9　SDH 光接口、电接口技术标准

1. SDH 光接口、电接口的定界

前面已经介绍过，PDH 准同步数字体系仅建立了电接口的技术标准，而未制定光接口的技术标准，使各厂家开发的产品在光接口上互不兼容，限制了设备的灵活性，同时也增加了网络的复杂性和运营成本。而在 SDH 网络中，不仅有统一的电接口，而且有统一的光接口，这样不同厂家生产的具有标准光接口的 SDH 网元可以在一个数字段中混合使用，从而可实现其横向兼容性。下面首先说明光接口、电接口的定界。

一个完整的光纤通信系统的具体组成如图 5-47 所示。

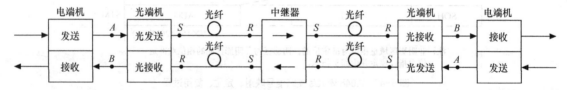

图 5-47　光纤通信系统方框图

把光端机与光纤的连接点称为光接口，图 5-47 中光接口共有两个，即"S"和"R"。所谓"S"点是指光发射机与光纤的连接点，经该点光发射机可向光纤发送光信号；而"R"点是指光接收机与光纤的连接点，通过该点光接收机可以接收来自光纤的光信号。

把光端机与数字设备（电端机）的连接点称为电接口。图 5-47 中电接口也有两个，即"A"和"B"。光端机可由 A 点接收从数字终端设备送来的 STM-N 电信号；可由 B 点将 STM-N 电信号送至数字终端设备。

由于光端机的接口有光接口和电接口两种，所以其技术指标也分为两大类，即光接口指标和电接口指标，下面分别进行介绍。

2. 光接口的分类

（1）光接口分类

光接口可以从三个方面分类。

① 按光传输距离分以下几类。

- 局内通信。一般传输距离只有几百米，最多不超过 2 km。
- 短距离局间通信。一般指局间再生段距离为 15 km 左右的场合。
- 长距离局间通信。一般指局间再生段距离为 40～80 km 的场合。
- 甚长距离局间通信。一般指局间再生段距离为 80～120 km 的场合。
- 超长距离局间通信。一般指局间再生段距离为 160 km 左右的场合。

值得说明的是采用光放大器可增加局间通信距离，因而此时的短距离局间通信的通信距离可达 20～40 km，而长距离局间通信 L 的通信距离为 40～80 km。

② 按所传输的 SDH 信号的速率等级分。SDH 信号的速率等级有 STM-1、STM-4、STM-16 和 STM-64。

③ 按光接口适用的光纤类型和工作波长分。常采用的光纤类型和工作波长如下。

- G.652 光纤，其工作波长为 1 310 nm。
- G.652、G.654 光纤，其工作波长为 1 550 nm。
- G.653 光纤，其工作波长为 1 550 nm。

（2）SDH 光接口代号

SDH 光接口代号包括三部分，即：

字母—数字（1 到 2 位）. 数字（1 位）

第一部分的字母表示光传输距离，其中

I：表示局内通信；

S：表示短距离局间通信；

L：表示长距离局间通信；

V：表示甚长距离局间通信；

U：表示超长距离局间通信。

第二部分的数字（第一部分与第二部分之间用一个横线隔开）表示 SDH 信号的速率等级。

1：表示 STM-1；

4：表示 STM-4；

16：表示 STM-16；

64：表示 STM-64。

第三部分的数字（第二部分与第三部分之间用圆点隔开）表示该接口适用的光纤类型和工作波长，其含义如下。

1 或空白：表示适用于 G.652 光纤，其工作波长为 1 310 nm；

2：表示适用于 G.652、G.654 光纤，其工作波长为 1 550 nm；

3：表示适用于 G.653 光纤，其工作波长为 1 550 nm。

举例说明如下：设一个 SDH 光接口代号为 S-16.1，说明此光接口是短距离局间通信的接口，SDH 信号的速率等级为 STM-16，该接口适用于 G.652 光纤，其工作波长为 1 310 nm。

表 5-11 中列出了几种不同应用场合的光接口代号及所使用的光纤类型、工作窗口波长和典型传输距离的关系。

表 5-11　　　　　　　　　　　　　　　　　　SDH 光接口分类代号

应用场合	局内	短距离局间		长距离局间			甚长距离局间			超长距离局间	
工作波长（nm）	1 310	1 310	1 550	1 310	1 550		1 310	1 550		1550	
光纤类型	G.652	G.652	G.652	G.652	G.652 G.654	G.653	G.652	G.652	G.653	G.652	G.653
传输距离（km）	≤2	≤15	≤15	≤40	≤80	≤80	≤80	≤120	≤120	≤160	≤160
STM-1	I-1	S-1.1	S-1.2	L-1.1	L-1.2	L-1.3					
STM-4	I-4	S-4.1	S-4.2	L-4.1	L-4.2	L-4.3	V-4.1	V-4.2	V-4.3	U-4.2	U-4.3
STM-16	I-1.6	S-16.1	S-16.2	L-16.1	L-16.2	L-16.3	V-16.1	V-16.2	V-16.3	U-16.2	U-16.3
传输距离（km）	—	≤20	≤40	≤40	≤80	≤80	≤80	≤120	≤120		
STM-64	—	S-64.1	S-64.2	S-64.3	S-64.1	L-64.3	V-64.1	V-64.2	V-64.3		

其中 G.652 光纤是目前使用最为广泛的单模光纤，它在 1 310 nm 处的理论色散最小，在 1 550 nm 处理论衰减最小，它既可以使用在 1 310 nm 波长上，也可以运用于 1 550 nm 波长窗口。G.653 为色散位移光纤，这是通过改变光纤的折射率分布，使理论色散最小点移到 1 550 nm 处，这样在 1 550 nm 波长处，既可以获得衰减最小，也可以用于长距离、大容量的光通信系统中。G.654 光纤又称为 1 550 nm 最小衰减光纤，它的零色散点仍然出现在 1 310 nm 处，只是进一步降低了 1 550 nm 处的衰减，这样可以通过采用单纵模激光器来限制色散的影响，从而解决了超长中继距离的问题。

3. SDH 光接口技术指标

SDH 光接口技术参数大致分为三部分：发射机 S 点特性、接收机 R 点特性和 SR 点间光通道特性。具体参数规范参见表 5-12、表 5-13、表 5-14。

（1）发射机

光发射机的技术参数包括：光谱特性、平均发送功率、消光比、码型和眼图模板。

① 光谱特性

为了保证高速光脉冲信号的传输质量，必须对 SDH 光接口所使用的光源的光谱特性做出规定。所使用的光源性质不同，其所呈现的光谱特性也不同。

② 平均发送功率

平均发送功率是指在光端机发送伪随机序列时在参考点 S 所测得的平均光功率，其大小与光源类型、标称波长、传输容量和光纤类型有关。

③ 消光比

光源的消光比是指输入光端机的信号为全"0"码时与全"1"码时，光端机的平均发送光功率之比。

④ 码型

SDH 光接口的线路码型为加扰的 NRZ（非归零码），其扰码采用 x^7+x^6+1 为生成多项式的 7 级扰码器。

表 5-12　　STM-1 光接口参数规范

项目	单位	数值 STM-1 155520									
标称比特率	kbit/s	STM-1 155520									
应用分类代码		1-1	S-1.1	S-1.2		L-1.1		L-1.2	L-1.3		
工作波长范围	nm	1260~1360	1261~1360	1430~1576	1430~1580	1263~1360		1480~1580	1534~1566	1523~1577	1480~1580
光源类型		MLM　LED	MLM	MLM	SLM	MLM	SLM	SLM	MLM	MLM	SLM
发送机在 S 点特性　最大均方根谱宽 (σ)	nm	40　80	7.7	2.5	—	3	—	—	3	2.5	—
最小−20dB 谱宽	nm	—	—	—	1	—	1	1	—	—	1
最小边模抑制比	dB	—	—	—	30	—	30	30	—	—	30
最大平均发送功率	dBm	−8	−8	−8	−8	0	0	0	0	0	0
最小平均发送功率	dBm	−15	−15	−15	−15	−5	−5	−5	−5	−5	−5
最小消光比	dB	8.2	8.2	8.2	8.2	10	10	10	10	10	10
S—R 点光通道特性　衰减范围	dB	0~7	0~12	0~12	0~12	10~28	10~28	10~28	10~28	10~28	10~28
最大色散	ps/nm	18　25	96	296	NA	246	NA	NA	246	296	NA
光缆在 S 点的最小回波损耗（含有任何活接头）	dB	NA	NA	NA	NA	NA	NA	20	NA	NA	NA
S—R 点间最大离散反射系数	dB	NA	NA	NA	NA	NA	NA	−25	NA	NA	NA
接收机在 R 点特性　最差灵敏度	dBm	−23	−28	−28	−28	−34	−34	−34	−34	−34	−34
最小过载点	dBm	−8	−8	−8	−8	−10	−10	−10	−10	−10	−10
最大光通道代价	dB	1	1	1	1	1	1	1	1	1	1
接收机在 R 点的最大反射系数	dB	NA	NA	NA	NA	NA	NA	−25	NA	NA	NA

NA 表示不作要求

表5-13　STM-4 光接口参数规范

数值　STM-4　622080（标称比特率　kbit/s）

项目	单位	1.4	1.4	S-4.1	S-4.1	S-4.2	L-4.1	L-4.1	L-4.1	L-4.1(JE)	L-4.2	L-4.3
应用分类代码		1.4		S-4.1		S-4.2	L-4.1			L-4.1(JE)	L-4.2	L-4.3
工作波长范围	nm	1260~1360	1260~1360	1293~1334	1274~1356	1430~1580	1300~1325	1296~1330	1280~1335	1302~1318	1480~1580	1480~1580
光源类型		MLM	LED	MLM	MLM	SLM	MLM	MLM	SLM	MLM	SLM	SLM
发送机在 S 点特性 最大均方根谱宽 (σ)	nm	14.5	—	4	2.5	—	2	1.7	—	<1.7	—	—
最大 -20dB 谱宽	nm	—	35	—	—	1	—	—	1	—	<1*	1
最小边模抑制比	dB	—	—	—	—	30	—	—	30	—	30	30
最大平均发送功率	dBm	-8	-8	-8	-8	-8	2	2	2	2	2	2
最小平均发送功率	dBm	-15	-15	-15	-15	-15	-3	-3	-3	-1.5	-3	-3
最小消光比	dB	8.2	8.2	8.2	8.2	8.2	10	10	10	10	10	10
S—R 点光通道特性 衰减范围	dB	0~7	0~7	0~12	0~12	0~12	10~24	10~24	10~24	27	10~24	10~24
最大色散	ps/nm	13	14	46	74	NA	92	109	NA	109	*	NA
光缆在 S 点的最小回波损耗（含有任何活接头）	dB	NA	NA	NA	NA	24	20	20	20	24	24	20
S—R 点间最大离散反射系数	dB	NA	NA	NA	NA	-27	-25	-25	-25	-25	-27	-25
接收机在 R 点特性 最差灵敏度	dBm	-23	-23	-28	-28	-28	-28	-28	-28	-30	-28	-28
最小过载点	dBm	-8	-8	-8	-8	-8	-8	-8	-8	-8	-8	-8
最大光通道代价	dB	1	1	1	1	1	1	1	1	1	1	1
接收机在 R 点的最大反射系数	dB	NA	NA	NA	NA	-27	-14	-14	-14	-14	-27	-14

* 表示待将来国际标准确定

NA 表示不作要求

表 5-14　STM-16 光接口参数规范

项目		单位	数值							
标称比特率		kbit/s	STM-1b 2488320							
应用分类代码			1-16	S-16.1	S-16.2	L-16.1	L-16.1(JE)	L-16.2	L-16.2(JE)	L-16.3
工作波长范围		nm	1266~1360	1260~1360	1430~1580	1280~1335	1280~1335	1500~1580	1530~1560	1500~1580
光源类型			MLM	SLM	SLM	SLM	SLM	SLM	SLM(MQW)	SLM
发送机在 S 点特性	最大均方根谱宽(σ)	nm	4	—	—	—	—	—	—	—
	最大-20dB 谱宽	nm	—	1	<1*	1	<1	<1*	<0.6	<1*
	最小边模抑制比	dB	—	30	30	30	30	30	30	30
	最大平均发送功率	dBm	-3	0	0	+3	+3	+3	+5	+3
	最小平均发送功率	dBm	-10	-5	-5	-2	-0.5	-2	+2	-2
	最小消光比	dB	8.2	8.2	8.2	8.2	8.2	8.2	8.2	8.2
S~R 点光通道特性	衰减范围	dB	0~7	0~12	0~12	0~24	26.5	10~24	28	10~24
	最大色散	ps/nm	12	NA	*	NA	216	1200~1600	1600	*
	光缆在 S 点的最小回波损耗（含有任何活接头）	dB	24	24	24	24	24	24	24	24
	S~R 点间最大离散反射系数	dB	-27	-27	-27	-27	-27	-27	-27	-27
接收机在 R 点特性	最差灵敏度	dBm	-18	-18	-18	-27	-28	-28	-28	-27
	最小过载点	dBm	-3	0	0	-9	-9	-9	-9	-9
	最大光通道代价	dB	1	1	1	1	1	2	2	1
	接收机在 R 点的最大反射系数	dB	-27	-27	-27	-27	-27	-27	-27	-27

*表示待将来国际标准确定

NA 表示不作要求

⑤ 眼图模板

在高速光通信系统中，当发送光脉冲波形不理想时，便会使光接收机的灵敏度下降，从而影响系统质量，因而必须对脉冲波形加以规范。在 SDH 系统中是采用眼图模板来对光发射机的输出波形进行限制，因此要求 SDH 发射机在 S 点的输出信号应满足图 5-48 的要求，图 5-48 中 $x_1 \sim x_4$，y_1, y_2 是相关参数，不同等级的速率信号所要求的相关参数不同。

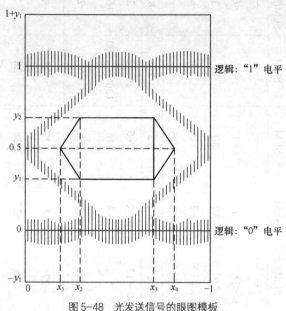

图 5-48　光发送信号的眼图模板

（2）接收机

光接收机的技术参数包括：接收灵敏度、接收机过载功率、接收机反射系数和光通道功率代价。

① 接收灵敏度

接收灵敏度是指在 R 点处满足给定误码率（BER = 1×10^{-10}）条件下，光端机能够接收到的最小平均光功率。接收灵敏度的功率值的电平单位是 dBm。

② 接收机过载功率

光接收机的过载功率是指在误码率 BER ≤ 1×10^{-10} 时，在 R 点所需要的最小平均接收光功率。

③ 接收机反射系数

光接收机的反射系数是指在 R 点的反射光功率与入射光功率之比。

④ 光通道功率代价

根据 ITU-T G.957 建议，光通道功率代价应包括码间干扰、模分配噪声、啁啾声所引起的总色散代价以及光反射功率代价。通常不得超过 1 dB，而对 L-16.2 系统，则不得超过 2 dB。

（3）光通道

光通道的技术参数包括传输衰减、最大色散、S—R 间的最大反射系数和 S 点的最小回波损耗。

① 传输衰减

光通道的传输衰减包括两部分的内容，其一是光纤本身的固有衰减（光纤损耗），再者就是光纤的连接损耗和微弯带来的附加损耗（衰减也叫损耗）。

形成光纤损耗的原因很复杂，归结起来主要包括两大类：吸收损耗和散射损耗。吸收损耗是光波通过光纤材料时，有一部分光能变成热能，从而造成光功率的损失。散射损耗则是由光纤的材料、形状、折射指数分布等的缺陷或不均匀而引起光纤中的传导光发生散射，从而引入的损耗。

② 色散

信号在光纤中是由不同频率成份和不同模式成份携带的，这些不同的频率成份和模式成分有不同的传播速度，这样在接收端接收时，就会出现前后错开，这就是色散现象，使波形在时间上发生了展宽。

光纤色散包括材料色散、波导色散和模式色散。前两种色散是由于信号不是由单一频率而引起的，后一种色散是由于信号不是单一模式而引起的。

③ SR 间的最大反射系数和 S 点的最小回波损耗

由光纤制造工艺决定，光纤本身的折射率分布存在不均匀的现象，因而会产生反射，一般 1 km 光纤所产生的反射约–40 dB；另外由于光纤中存在很多连接点，无论是活接头，还是熔接接头，在其连接点处均会出现折射率不连续的现象，这样当光波经过时，便会产生反射波，即使接续性良好的熔接接头，也存在–70 dB 反射损耗。

如果当通道中存在两个以上的反射点时，则会出现多次反射现象。多次反射波之间会发生干涉，当其进入发送机后，这些干涉信号间的相对延时会使激光器产生相位噪声，再经过光纤到达光接收机处又会转化成强度噪声，这种噪声的大小与激光器相位噪声的光谱形状相同，但带宽加倍，这样很容易落在接收机带内，使接收灵敏度恶化。为了描述反射影响程度，引入两个不同的反射指标：S 点的最小回波损耗和 S—R 点之间的最大离散反射系数。

4．SDH 电接口指标

SDH 系统只配置了 2.048 Mbit/s，34.368 Mbit/s，139.264 Mbit/s 和 STM-1 的电接口，其他更高等级只配置了标准的光接口。

（1）STM-1 电接口参数

STM-1 电接口参数如下。

- 标准比特率：156.520 Mbit/s。
- 比特率容差：$\pm 20 \times 10^{-6}$。
- 码型：为了与常规 139.264 Mbit/s PDH 接口标准兼容，STM-1 等级的电接口标准码型也采用传号反转码——CMI 码。按照其编码规则，"0" 为 "01"，"1" 为 "00" 或 "11"，并彼此交替出现，其最大连续码数为 123 个，该码型结构简单，便于编解码操作。
- 输出口规范：输出口的各项电气性能指标应该满足指标要求。
- 输入口规范：输入口的各项电气性能指标也应满足指标要求。

（2）PDH 支路的电接口参数

PDH 支路的电接口参数如下。

- 比特率及容差——由于信号衰减、抖动及其他影响，实际通过数字信号的比特率与标称比特率之间会有些差别。当差别在一定范围内变化时，光端机仍能正确接收传输信号，而不产生误码，这种差别的允许范围即为容差。

- 反射损耗——当传输电缆与光端机相连时，若连接点处阻抗不匹配，就会产生反射损耗。

- 输入口允许衰减——信号由电端机经过一段电缆送入光端机时，电缆对信号有一定的衰减，这就要求光端机在接收这种信号时仍不会发生误码，这种光端机输入口能承受一定传输衰减的特性，用允许衰减来表示。

- 输入口抗干扰能力——对于光端机而言，由于数字配线架和上游设备输出口阻抗的不均匀性，会在接口处产生信号反射，反射信号对有用信号来说是个干扰信号。通常把光端机在接收被干扰的有用信号后仍不会产生误码的能力称为输入口的抗干扰能力。

- 输出口波形。

- 无输入抖动时的输出抖动。

由于种种原因，无论复接设备，还是数字段，都会给系统引入抖动，因而人们用无输入抖动情况下的输出抖动最大值来衡量系统的质量。

小　结

（1）准同步数字体系（PDH）主要有 PCM 一次群、二次群、三次群、四次群等，其速率分别为 2.048 Mbit/s，8.448 Mbit/s，35.368 Mbit/s 及 139.264 Mbit/s（欧洲和中国的系列）。

二次群及其以上的各次群是采用数字复接的方法形成的，其具体实现有按位复接和按字复接，PDH 采用的是按位复接。数字复接所要解决的首要问题是同步（即要复接的各低次群的数码率相同），然后才复接。数字复接的方法有同步复接和异步复接，PDH 大多采用异步复接。

（2）同步复接是被复接的各支路的时钟都是由同一时钟源供给的，其数码率相同。但为了满足接收端分接的需要，需插入一些附加码，所以要进行码速变换。码速变换是各支路在平均间隔的固定位置先留出空位，待复接合成时再插入附加码。收端再进行码速恢复。

异步复接是各个支路有各自的时钟源，其数码率不完全相同，需要先进行码速调整再复接。收端分接后进行码速恢复以还原各支路。码速调整过程是以码速调整前的速率将支路信码写入缓冲存储器，然后以码速调整后的速率读出（慢写快读），并在适当位置插入脉冲。

异步复接二次群帧周期是 100.38 μs，帧长度为 848 bit，其中信息码占 820 bit（最少），插入码有 28 bit（最多）。28 bit 插入码包括 10 bit 二次群帧同步码，1 bit 告警，1 bit 备用，最多 4 bit 码速调整用的插入码，12 bit 插入标志码。插入标志码的作用是通知收端各支路有无 V_i 插入，以便消插，每个支路采用 3 位插入标志码，是为防止信道误码引起的收端错误判决（"三中取二"）。

（3）PCM 零次群指的是 64 kbit/s 速率的复接数字信号。

PCM 三次群、四次群等与二次群一样，也是采用异步复接的方法形成。它们的帧周期分别为 44.69 μs 和 21.02 μs，帧长度分别为 1 536 bit 和 2 928 bit。三、四次群的帧结构与二次群相似。PCM 一至三次群的接口码型均为 HDB₃ 码，四次群的接口码型是 CMI 码。

（4）由于 PDH 存在着全世界没有统一的速率体系和帧结构等弱点，为了适应现代电信网和用户对传输的新要求，发展了 SDH。

SDH 网是由一些 SDH 的网络单元组成的，在光纤上进行同步信息传输、复用和交叉连接的网络，SDH 有一套标准化的信息结构等级（即同步传递模块），全世界有统一的速率，其帧结构为页面式的。SDH 最主要的特点是：同步复用、标准的光接口和强大的网络管理能力，而且 SDH 与 PDH 完全兼容。

（5）SDH 的同步传递模块有 STM-1，STM-4，STM-16 和 STM-64，其速率分别为155.520 Mbit/s，622.080 Mbit/s，2 488.320 Mbit/s 和 9 953.280 Mbit/s。STM-4 可以由四个 STM-1 同步复用、按字节间插形成，依此类推。

（6）SDH 的基本网络单元有终端复用器（TM）、分插复用器（ADM）、再生中继器（REG）和数字交叉连接设备（SDXC）四种。

终端复用器（TM）的主要任务是将低速支路信号纳入 STM-1 帧结构，并经电/光转换成为 STM-1 光线路信号，其逆过程正好相反。分插复用器（ADM）将同步复用和数字交叉连接功能综合于一体，具有灵活地分插任意支路信号的能力（它也具有电/光、光/电转换功能）。再生中继器的作用是消除信号衰减和失真。数字交叉连接设备（SDXC）的作用是实现支路之间的交叉连接。

（7）网络节点接口是传输设备与其他网络单元之间的接口。

SDH 的帧周期为 125 μs，帧长度为 $9 \times 270 \times N$ 个字节（或 $9 \times 270 \times N \times 8$ bit）。其帧结构为页状的，有 9 行，$270 \times N$ 列。主要包括三个区域：段开销（SOH）、信息净负荷区及管理单元指针。段开销区域用于存放 OAM 字节；信息净负荷区域存放各种信息负载；管理单元指针用来指示信息净负荷的第一字节在 STM-N 帧中的准确位置，以便在接收端能正确的分接。

SOH 字节主要包括：帧定位字节 A1 和 A2、再生段踪迹字节 J0、数据通信通路 DCC、公务字节 E1 和 E2、使用者通路 F1、比特间插奇偶校验 8 位码 B1，比特间插奇偶校验 24 位码 B2 B2 B2 等。

（8）G.709 建议的 SDH 复用结构显示了将 PDH 各支路信号通过复用单元复用进 STM-N 帧结构的过程，我国主要采用的是将 2.048 Mbit/s，34.368 Mbit/s（用得较少）及 139.264 Mbit/s PDH 支路信号复用进 STM-N 帧结构。

SDH 的基本复用单元包括标准容器 C、虚容器 VC、支路单元 TU、支路单元组 TUG、管理单元 AU 和管理单元组 AUG。

将 PDH 支路信号复用进 STM-N 帧的过程要经历映射、定位和复用三个步骤。

（9）映射是一种在 SDH 边界处使支路信号适配进虚容器的过程。即各种速率的 G.703 信号先分别经过码速调整装入相应的标准容器，之后再加进低阶或高阶通道开销（POH）形成虚容器。

通道开销分为低阶通道开销和高阶通道开销。低阶通道开销附加给 C-1/C-2 形成 VC-1/VC-2，其主要功能有 VC 通道性能监视、维护信号及告警状态指示等。高阶通道开销附加给 C-3 或者多个 TUG-2 的组合体形成 VC-3，而将高阶通道开销附加给 C-4 或者多个 TUG-3 的组合体即形成 VC-4。高阶 POH 的主要功能有 VC 通道性能监视、告警状态指示、维护信号以及复用结构指示等。

映射分为异步、比特同步和字节同步 3 种方法与浮动和锁定两种工作模式。3 种映射方法和 2 种工作模式可组合成 5 种映射方式，如表 5-6 所示。

（10）定位是一种将帧偏移信息收进支路单元或管理单元的过程。即以附加于 VC 上的支路单元或管理单元指针指示和确定低阶 VC 帧的起点在 TU 净负荷中或高阶 VC 帧的起点在 AU 净负荷中的位置，在发生相对帧相位偏差使 VC 帧起点浮动时，指针值亦随之调整，从而始终保证指针值准确指示 VC 帧的起点的位置。

SDH 中指针的作用可归结为以下三条。

① 当网络处于同步工作方式时，指针用来进行同步信号间的相位校准。

② 当网络失去同步时（即处于准同步工作方式），指针用作频率和相位校准；当网络处于异步工作方式时，指针用作频率跟踪校准。

③ 指针还可以用来容纳网络中的频率抖动和漂移。

（11）复用是一种使多个低阶通道层的信号适配进高阶通道或者把多个高阶通道层信号适配进复用层的过程，即以字节交错间插方式把 TU 组织进高阶 VC 或把 AU 组织进 STM-N 的过程。

（12）SDH 传输接口有光接口和电接口两种，其技术指标也分为两大类，即光接口指标和电接口指标。

习　题

5-1　高次群的形成采用什么方法？为什么？

5-2　比较按位复接与按字复接的优缺点。

5-3　为什么复接前首先要解决同步问题？

5-4　数字复接的方法有哪几种？PDH 采用哪一种？

5-5　画出数字复接系统方框图，并说明各部分的作用。

5-6　为什么同步复接要进行码速变换？

5-7　异步复接中的码速调整与同步复接中的码速变换有什么不同？

5-8　异步复接码速调整过程中，每个一次群在 100.38μs 内插入几个比特？

5-9　异步复接二次群的数码率是如何算出的？

5-10　为什么说异步复接二次群一帧中最多有 28 个插入码？

5-11　插入标志码的作用是什么？

5-12　什么叫 PCM 零次群？PCM 一至四次群的接口码型分别是什么？

5-13　SDH 的特点有哪些？

5-14　SDH 的基本网络单元有哪几种？

5-15　SDH 帧结构分哪几个区域？各自的作用是什么？

5-16　由 STM-1 帧结构计算出①STM-1 的速率；②SOH 的速率；③AU-PTR 的速率。

5-17　简述段开销字节 BIP-8 的作用及计算方法。

5-18　将 PDH 支路信号复用进 STM-N 帧的过程要经历哪几个步骤？

5-19　简述 139.264 Mbit/s 支路信号复用映射进 STM-1 帧结构的过程。

5-20　映射分为哪几种方法？

5-21　SDH 中指针的作用有哪些？

5-22　复用的概念是什么？

第 6 章 数字信号传输

数字信号的传输方式分为基带传输和频带传输，目前一般采用的是频带传输。

本章首先研究数字信号传输的基本理论，然后讨论传输码型、数字信号的基带传输及数字信号的频带传输问题，最后介绍 SDH 传输网。

6.1 数字信号传输基本理论

要探讨数字信号传输的细节问题，就应该首先了解数字信号传输的基本理论。本节主要介绍数字信号传输方式、数字信号波形与功率谱、基带传输系统的构成及数字信号传输的基本准则等内容。

6.1.1 数字信号传输方式

1. 基带传输

基带传输就是编码处理后的数字信号（此信号叫基带数字信号）直接在信道中传输，基带传输的信道是电缆信道。

基带传输的实现方便容易，但传输距离及速率均受到一定限制。因此，基带传输目前只是在近距离的情况下使用，而频带传输则越来越被广泛采用。

2. 频带传输

频带传输是将基带数字信号的频带搬到适合于光纤、无线信道传输的频带上再进行传输。显然频带传输的信道是光纤或微波、卫星等无线信道。

6.1.2 数字信号波形与功率谱

讨论数字信号传输所要研究的主要问题是信号的功率谱特性、信道的传输特性以及数字信号经信道传输后的波形，所以要对数字信号的波形与功率谱有所了解。

数字信号波形的种类很多，其中较典型的是二进制矩形脉冲信号，它可以构成多种形式的信号序列，如图 6-1 所示。

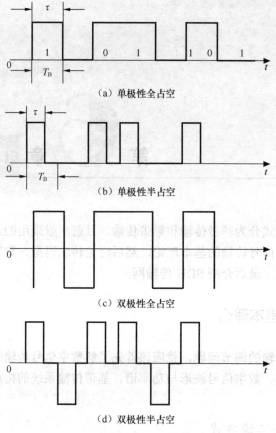

（a）单极性全占空

（b）单极性半占空

（c）双极性全占空

（d）双极性半占空

图 6-1　二进制数字信号序列的基本波形

其中，图 6-1（a）是单极性全占空脉冲序列（$\tau/T_B = 1$）；图 6-1（b）是单极性半占空脉冲序列（$\tau/T_B = 1/2$）；图 6-1（c）是双极性全占空脉冲序列（$\tau/T_B = 1$）；图 6-1（d）是双极性半占空脉冲序列（$\tau/T_B = 1/2$）。（此处介绍的 T_B 与前面介绍的 t_B 是一回事）

图 6-3 中单极性码是用正电平表示"1"码，0 电平表示"0"码；双极性码则用正电平表示"1"码，负电平表示"0"码。但无论怎样，图 6-1 所示的脉冲序列的基本信号单元都是矩形脉冲。在研究信号序列特性时，从研究单元矩形脉冲的特性入手，继而导出数字信号序列的特性。

单元矩形脉冲波形如图 6-2（a）所示，其函数表示式为

$$g(t) = \begin{cases} A & |t| \leqslant \dfrac{\tau}{2} \\ 0 & |t| > \dfrac{\tau}{2} \end{cases} \tag{6-1}$$

通常可以认为 $g(t)$ 是一个非周期函数，由傅里叶变换可求得所对应的频谱函数 $G(\omega)$ 为

$$G(\omega) = \int_{-\infty}^{\infty} g(t) \cdot e^{-j\omega t} dt = \int_{-\tau/2}^{\tau/2} A \cdot e^{-j\omega t} dt$$

$$= A\tau \cdot \frac{\sin \omega \tau/2}{\omega \tau/2} \tag{6-2}$$

按式（6-2）画出 $G(\omega)$ 的波形如图 6-2（b）所示。

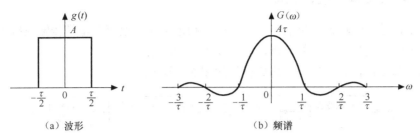

| （a）波形 | （b）频谱 |

图 6-2　单元矩形脉冲波形及频谱

该频谱图表明，矩形脉冲信号的频谱函数分布于整个频率轴上，而其主要能量集中在直流和低频段。

以上研究了单元矩形脉冲的频谱，下面来分析一下数字信号序列的功率谱。

对确知信号波形可用傅氏变换方法求得信号的频谱。但实际传输中的数字信号序列是由若干单元矩形脉冲信号组成的随机脉冲序列，它是非确知信号，不能用傅里叶变换方法确定其频谱，只能用统计的方法研究其功率谱密度（简称功率谱）。

如图 6-3 所示是几种随机二进制数字信号序列的功率谱曲线（设"0"码和"1"码出现的概率均为 1/2）。

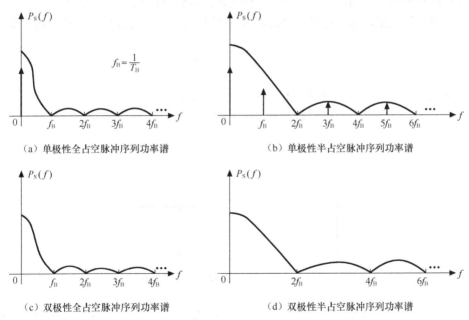

| （a）单极性全占空脉冲序列功率谱 | （b）单极性半占空脉冲序列功率谱 |
| （c）双极性全占空脉冲序列功率谱 | （d）双极性半占空脉冲序列功率谱 |

图 6-3　二进制数字信号序列的功率谱

经分析得出，随机二进制数字信号序列的功率谱包括连续谱和离散谱两个部分（图 6-3 中箭头表示离散谱分量，连续曲线表示连续谱分量）。连续谱是由非周期性单个脉冲所形成，它的频谱与单个矩形脉冲的频谱有一定的比例关系，连续谱部分总是存在的。离散谱部分则与信号码元出现的概率和信号码元的宽度有关，它包含直流、数码率（传信率）f_B 以及 f_B 的奇次谐波成份，在某些情况下可能没有离散谱分量。

6.1.3 基带传输系统的构成

虽然数字信号的传输方式目前一般采用的是频带传输，但有关基带传输系统和数字信号传输的基本准则等是频带传输的基础，所以要先了解这些内容。

数字信号基带传输系统的基本构成模型如图 6-4 所示。

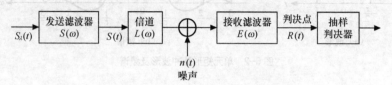

图 6-4 数字基带传输系统的基本构成模型

图 6-4 中，形成滤波器（也叫发送滤波器）的传递函数为 $S(\omega)$，其作用是将原始的数字信号序列 $S_\lambda(t)$ 变换为适合于信道传输的信号，即形成适合于在信道中传输的信号波形。

信道是各种电缆，其传递函数是 $L(\omega)$，$n(t)$ 为噪声干扰。

接收滤波器的传递函数为 $E(\omega)$，其作用是限制带外噪声进入接收系统以提高判决点的信噪比，另外还参与信号的波形形成（形成判决点的波形）。接收滤波器的输出端（称为抽样判决点或简称判决点）波形用 $R(t)$ 表示，其频谱为 $R(\omega)$。

抽样判决器对判决点的波形 $R(t)$ 进行抽样判决，以恢复原数字信号序列。

为了分析方便起见，通常用单位冲激脉冲序列近似表示原始的数字信号序列，即

$$S_\lambda(t) \approx \sum_{k=-\infty}^{\infty} a_k \delta(t - kT_{\mathrm{B}}) \tag{6-3}$$

式中，a_k 是二进制码元（"0" 码或 "1" 码）；T_{B} 是码元间隔。

单位冲激脉冲函数及所对应的频谱如图 6-5 所示。

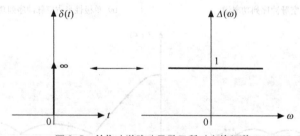

图 6-5 单位冲激脉冲函数及所对应的频谱

实际上，信源发出的数字信号序列是由宽度为 τ 的矩形脉冲 $g(t)$ 组成，其信号与对应的频谱如图 6-2 所示。而单位冲激脉冲的频谱则是在所有频域内为一常数，显然二者是有一定区别的。为使理论分析与实际过程一致，在实际传输系统中形成滤波器之前加一个孔径均衡器（或叫网孔均衡器），该网络的特性如图 6-6 中实线所示（图中虚线是宽度 τ 的矩形脉冲在 $1/\tau$ 范围内的频谱）。

从图 6-2 和图 6-6 中可以看出，$g(t)$（"1" 码）通过孔径网络后，在频带 $0 \sim 1/\tau$ 内就会具有平直的频谱特性，与频带 $0 \sim 1/\tau$ 内的 $\delta(t)$ 函数的频谱是一致的。可以证明基带传输系统的

有效传输频带 $\leqslant 1/\tau$（证明见 6.1 节后【附】）。也就是说，经过孔径网络均衡后，在有效传输频带内，完全可以用单位冲激脉冲序列来代替信源产生的数字信号序列。

在上述假定的条件下，图 6-4 所示基带传输系统的总特性可以写成

$$R(\omega) = S(\omega) \cdot L(\omega) \cdot E(\omega) \tag{6-4}$$

图 6-4 可简化为如图 6-7 所示。

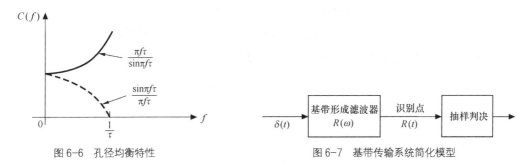

图 6-6　孔径均衡特性　　　　　　　　　　图 6-7　基带传输系统简化模型

即形成滤波器、信道、接收滤波器可等效为一个传输网络（称为基带形成滤波器），$R(\omega)$ 为其传递函数。此传输网络输入为单位冲激脉冲（序列）$\delta(t)$，输出响应（序列）则为 $R(t)$。

6.1.4　数字信号传输的基本准则（无码间干扰的条件）

1. 无码间干扰的时域条件（不考虑噪声干扰）

数字信号序列（近似等效于单位冲激脉冲序列）通过图 6-7 所示的传输网络，波形变化为 $R(t)$ 序列，收端抽样判决器要对 $R(t)$ 波形判决，识别出"1"码和"0"码，恢复原数字信号序列。

为准确地判决识别每一个码元，希望在判决时刻无码间干扰（所谓码间干扰是在本码元判决时刻，其他码元所对应的波形不为零，造成干扰）。无码间干扰的时域条件为

$$R(kT_{\mathrm{B}}) = \begin{cases} 1\text{（归一化值）} & k = 0\text{（本码判决点）} \\ 0 & k \neq 0\text{（非本码判决点）} \end{cases} \tag{6-5}$$

此式表示，当 $R(t)$ 的值除 $t = 0$（本码判决点）时不为零外，在其他所有非本码判决点上均为零时，不会影响其他码元的判决（即无码间干扰）。

为了进一步说明无码间干扰的条件，假设图 6-7 所示传输网络为理想低通滤波器，其特性如图 6-8 所示。

图中所示特性的传递函数可表示为：

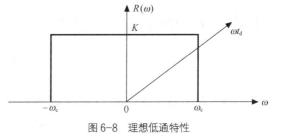

图 6-8　理想低通特性

$$R(\omega) = \begin{cases} K \cdot \mathrm{e}^{-\mathrm{j}\omega t_{\mathrm{d}}} & |\omega| \leqslant \omega_{\mathrm{c}} \\ 0 & |\omega| > \omega_{\mathrm{c}} \end{cases} \tag{6-6}$$

式中，t_{d} 是信号通过网络传输后的延迟时间；ωt_{d} 表示网络的线性相移特性；ω_{c} 是等效理想

低通滤波器的截止角频率；K 是通带内传递系数，通常令 $K=1$。

下面来分析一下当数字信号序列送入此理想低通滤波器，输出波形是什么样的。先讨论单个"1"码（如前所述近似用单位冲激脉冲表示）的情况。当单位冲激脉冲 $\delta(t)$ 通过理想低通，其输出响应可用下述方法求得。

首先求出输出响应的频谱函数 $Y(\omega)$ 为

$$Y(\omega) = \Delta(\omega) \cdot R(\omega) = 1 \cdot e^{-j\omega t_d}$$
$$= e^{-j\omega t_d} = R(\omega) \qquad |\omega| \leq \omega_c$$

对上式进行傅里叶反变换，可求得输出响应为

$$y(t) = R(t) = \frac{1}{2\pi} \int_{-\infty}^{\infty} R(\omega) e^{j\omega t} d\omega$$
$$= \frac{1}{2\pi} \int_{-\infty}^{\infty} e^{-j\omega(t-t_d)} d\omega$$
$$= \frac{\omega_c}{\pi} \cdot \frac{\sin \omega_c (t - t_d)}{\omega_c (t - t_d)} \tag{6-7}$$

输出响应的波形如图 6-9 所示（令 $t_d = 0$）。

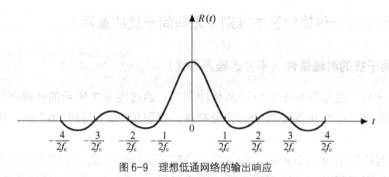

图 6-9　理想低通网络的输出响应

此波形的特点如下。

（1）$t = 0$ 时有输出最大值，且波形出现拖尾，其拖尾的幅度是随时间而逐渐衰减的；

（2）其响应值在时间轴上具有很多零点。第一个零点是 $\pm \frac{1}{2f_c}$，以后各相邻零点的间隔都是 $\frac{1}{2f_c}$（f_c 是理想低通的截止频率）。

第（2）个特点说明 $\delta(t)$ 通过理想低通网络传输时，其输出响应仅与理想低通截止频率有关。

当输入数字信号序列时，可用单位冲激脉冲序列近似表示为

$$\sum_{k=-\infty}^{\infty} a_k \delta(t - kT_B)$$

这数字信号序列经等效理想低通网络传输后输出响应为

$$\sum_{k=-\infty}^{\infty} a_k R(t - kT_B)$$

根据图 6-9 所示的输出响应波形特点，只要满足零点间隔 $\dfrac{1}{2f_c} = T_B$，则经等效理想低通传输后的输出响应都相应有一个最大值。此值仅唯一地由相应的 $\delta(t)$ 所决定，而与相邻其他的 $\delta(t)$ 的加入与否无关，即不受其他时刻加入脉冲的干扰。因为其他脉冲的输出响应在此处的干扰都是零。为了更形象地说明这个问题，下面来看一个例子。

设输入数字信号序列为…1011001…，它可用单位冲激脉冲序列表示为如图 6-10 所示。

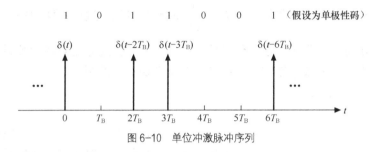

图 6-10 单位冲激脉冲序列

设 $T_B = \dfrac{1}{2f_c}$ 和 $T_B \neq \dfrac{1}{2f_c}$ 时的输出响应波形如图 6-11 所示。

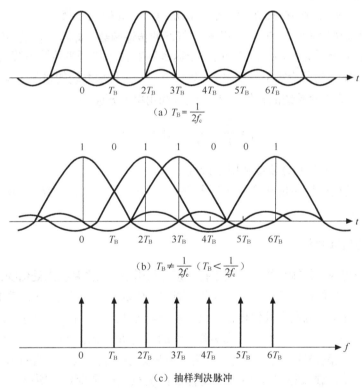

图 6-11 最大值点处抽样判决示意图

由图 6-11 可以看出，当传输的脉冲序列满足 $T_B = \dfrac{1}{2f_c}$ 的条件，或者说以 $2f_c$ 的速率发送脉冲序列时，在各个 T_B 的整数倍处的数值仅由本码元所决定。其他各码元对应的输出响应在此处均为零，即各码元间没有干扰。因此，如在 T_B 的整数倍处进行抽样判决，就可正确地恢复出"1"码和"0"码。但若 $T_B \neq \dfrac{1}{2f_c}$ 时，则在各 T_B 的整数倍处，其他码元的输出响应不为零，即各码元的输出响应是相互影响的，如在此处抽样判决，由于码间干扰，容易出现误码（错误判决），所以希望码间干扰越小越好。

由此得出结论：对于等效成截止频率为 f_c 的理想低通网络来说，若数字信号以 $2f_c$ 的符号速率传输，则在各码元的间隔处（即 $T_B = \dfrac{1}{2f_c}$ 的整数倍处）进行抽样判决，不产生码间干扰，可正确识别出每一个码元。这一信号传输速率与理想低通截止频率的关系就是数字信号传输的一个重要准则——奈奎斯特第一准则，简称奈氏第一准则。

2. 理想基带传输系统

由以上分析可知，若图 6-7 所示基带传输网络为理想低通，则满足奈氏第一准则，或者说输出响应波形 $R(t)$ 在抽样判决点满足无码间干扰的条件，此时的基带传输系统称为理想基带传输系统。

理想基带传输系统有以下三个主要特点。

（1）输出响应波形 $R(t)$ 在抽样判决点（识别点）上无码间干扰。

（2）达到最高传输效率。若 $R(\omega)$ 为理想低通的传递函数（即基带传输系统具有理想低通特性），当满足奈氏第一准则时，由于信号的符号速率为 $2f_c$，所以基带传输系统的带宽为 $B = f_c$，称之为奈奎斯特带宽。它是给定符号速率 $2f_c$ 条件下的基带传输系统的极限带宽（最窄带宽）。

此时，理想基带传输系统的传输效率（频带利用率）η 为

$$\eta = \frac{N}{B} = \frac{2f_c}{f_c} = 2(\text{Bd}/\text{Hz}) \tag{6-8}$$

理想基带传输系统能够提供的频带利用率最高。

（3）在给定发送信号能量和信道噪声条件下，在抽样判决点上能给出最大信噪比（此处只给出结论，公式推导从略）。

3. 滚降低通传输网络

综上所述，理想基带传输系统在码间干扰、频带利用率、抽样判决点处信噪比等方面都能达到理想要求。然而理想低通特性是无法实现的，即实际传输中，不可能有绝对理想的基带传输系统（但理想低通特性可作为衡量其他传输网络的基础，在理论分析上具有重要意义）。这样一来，不得不降低频带利用率，采用具有奇对称滚降特性的低通滤波器作为图 6-7 所示的传输网络。如图 6-12 所示定性画出滚降低通的幅频特性（为了分析方便，假定滚降低通的相位为零）。

具有滚降特性的低通滤波器，由于幅度特性在 f_c 处呈平滑变化，所以容易实现。问题的关键是滚降低通滤波器作为传输网络，是否满足无码间干扰的条件，或者说，当滚降低通特性符合哪些要求时，可做到其输出波形 $R(t)$ 在抽样判决点无码间干扰。

根据推导得出结论：只要滚降低通的幅频特性以 $C(f_c, 1/2)$ 点呈奇对称滚降，则可满足无码间干扰的条件（此时仍需满足符号速率为 $2f_c$）。

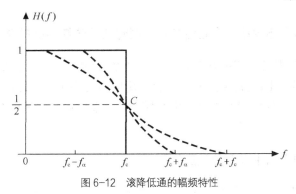

图 6-12　滚降低通的幅频特性

参见图 6-12，定义

$$\alpha = \frac{(\omega_c + \omega_a) - \omega_c}{\omega_c} = \frac{(f_c + f_a) - f_c}{f_c} \tag{6-9}$$

为滚降系数（式中 $f_c + f_a$ 表示滚降低通的截止频率，既滚降低通网络的带宽）。α 不同，可有不同的滚降特性。满足奇对称滚降条件时的 f_a 的最大值等于 f_c，由式（6-9）可看出，这时的 $\alpha = 100\%$，这样的滚降特性称为滚降系数为 100% 的滚降特性，如果取 $f_a = \frac{1}{2}f_c$ 构成滚降系数为 50% 的滚降特性。而当 $\alpha = 0$ 时，滚降低通转化为理想低通滤波器。实质上理想低通是滚降低通的一个特例。

用滚降低通作为传输网络时，实际占用的频带展宽了，则传输效率有所下降，当 $\alpha = 100\%$ 时，传输效率只有 1 Bd/Hz。

注：由图 6-3 可知，单或双极性全占空脉冲序列功率谱（连续谱）第 1 个零点为 $f_B = \frac{1}{T_B} = \frac{1}{\tau}$，单或双极性半占空脉冲序列功率谱（连续谱）第 1 个零点为 $2f_B = \frac{2}{T_B} = \frac{2}{2\tau} = \frac{1}{\tau}$。因为基带数字信号序列的主要频率成份在第 1 个零点以内，所以一般基带传输系统只让第 1 个零点以内频率的信号通过，即基带传输系统的带宽 $\leqslant \frac{1}{\tau}$。

6.2　传输码型

6.1 节讨论了数字信号传输基本理论，其中介绍了二进制数字信号的几种表示形式及其功率谱。那么什么样的码型适合于基带传输呢？不同的码型具有不同的功率谱结构，码型的功率谱结构应适合于给定信道的传输特性和对定时时钟提取的要求等。

数字信号基带传输采用的线路码型为基带传输码型，而且在进入频带传输系统之前的接口处，信道一般采用电缆（此处相当于是基带传输），接口码型的选择要求与基带传输时对码型的要求类似，所以这里要研究基带传输码型。

6.2.1　对传输码型的要求

适合于基带传输的传输码型应满足以下几个要求。

1. 传输码型的功率谱中应不含直流分量，同时低频分量要尽量少

满足这种要求的原因是 PCM 端机、再生中继器与电缆线路相互连接时，需要安装变量器，以便实现远端供电（因设置无人站）以及平衡电路与不平衡电路的连接。

由于变量器的接入，使信道具有低频截止特性，如果传输信码流中存在直流和低频成分，则无法通过变量器从而引起波形失真。

2. 传输码型的功率谱中高频分量应尽量少

这是因为一条电缆中包含有许多线对，线对间由于电磁感应会引起串话，且这种串话随频率的升高而加剧。为尽量减少由于电磁感应引起的串音干扰，所以要求传输码型的功率谱中高频分量尽量少。

3. 便于定时时钟的提取

传输码型功率谱中应含有定时钟信息，以便再生中继器或接收端能提取必需的定时钟信息。

4. 传输码型应具有一定的检测误码能力

数字信号在信道中传输时，由于各种因素的影响，有可能产生误码。若传输码型有一定的规律性，那么就可根据这一规律性来检测是否有误码，即做到自动监测，以保证传输质量。

5. 对信源统计依赖性最小

信道上传输的基带传输码型应具有对信源统计依赖最小的特性，即对经信源编码后直接转换的数字信号（由信息源直接转换的数字信号）的类型不应有任何限制（例如"1"和"0"出现的概率及连"0"多少等）。这种与信源的统计特性无关的特性称为对信源具有透明性。

6. 要求码型变换设备简单、易于实现

由信息源直接转换的数字信号不适合于在电缆信道中传输（原因见后），需经码型变换设备转换成适合于传输的码型，要求码型变换设备要简单、易于实现。

6.2.2 常见的传输码型

1. 单极性不归零码（即 NRZ 码）

编码器直接编成这种最原始的码型输出。单极性不归零码（全占空 $\tau = T_{\mathrm{B}}$）的码型及其功率谱如图 6-13 所示。

由图 6-13 可见，单极性不归零码有如下缺点。

（1）有直流成分，且信号能量大部分集中在低频（占空比越大，信号能量越集中在低频部分）。

（2）提取时钟 f_{B} 困难，因无 f_{B} 定时钟频率成分。

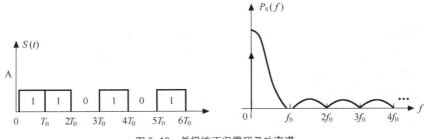

图 6-13　单极性不归零码及功率谱

（3）无检测误码能力，因传输码型无规律。

另外，这种由语音通过 A/D 变换的数字码均是一些随机的码型，码序列中"1"和"0"出现的概率是随机的。数字码流中"0 码出现的多少与信息源关系十分密切，完全取决于信息源幅度的变化规律。因此，长串"0"的出现是不可避免的，这种码不能直接用于传输（不利于定时钟提取）。用于信道上传输的基带传输码型应具有对信源统计依赖最小的特性。

综上所述，NRZ 码不符合要求，它不适合在电缆信道中传输。

2．单极性归零码（即 RZ 码）

单极性归零码（$\tau = T_B/2$）的码型及功率谱如图 6-14 所示。

RZ 码与 NRZ 码相比，f_B 成分不为零，其他缺点仍然存在，所以单极性归零码也不适合在电缆信道中传输但设备内部传输常采用单极性归零码（码间干扰比 NRZ 码小）。

3．传号交替反转码（AMI 码）

传号交替反转码的码型及功率谱如图 6-15 所示。由于传号码（称"1"码为传号码，"0"码为空号码）的极性是交替反转的，所以称为传号交替反转码，简称 AMI 码（这是一种伪三进码）。AMI 码与二进码序列（指编码器输出的单极性二进码序列）的关系是：二进码序列中的"0"码仍编为"0"码，而二进码序列中的"1"码则交替地变为"+1"及"-1"码。

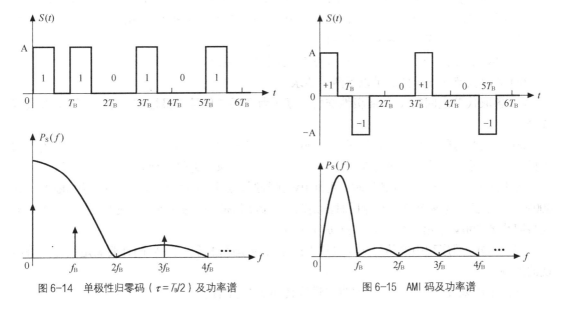

图 6-14　单极性归零码（$\tau = T_B/2$）及功率谱　　　　图 6-15　AMI 码及功率谱

例如：

二进码序列： 1 1 0 1 0 0 1 0 0 0 1 1

AMI 码序列：+1 −1 0 +1 0 0 −1 0 0 0 +1 −1

从 AMI 码的功率谱中可以看出它有以下优点。

（1）无直流成分，低频成份也少（由于 AMI 码的传号码极性交替反转），有利于采用变量器进行远供电源的隔离，而且对变量器的要求（如体积）也可以降低。

（2）高频成分少。这不仅可节省传输频带、提高信道利用率，同时也可以减少电磁感应引起的串话。

（3）码型功率谱中虽无 f_B 定时钟频率成份，但经全波整流，可将 AMI 码变换成单极性半占空码，就会含有定时钟 f_B 成分（见图 6-14），便可从中提取定时钟成分。

（4）AMI 码具有一定的检错能力。因为传号码的极性是交替反转的，如果收端发现传号码的极性不是交替反转的，就一定是出现了误码，因而可以检出单个误码。

由于上述优点，AMI 码广泛用于 PCM 基带传输系统中，它是 ITU-T 建议采用的传输码型之一。

但 AMI 码的缺点是二进码序列中的"0"码变换后仍然是"0"码，如果原二进码序列中连"0"码过多，AMI 码中便会出现长连"0"，这就不利于定时钟信息的提取。为了克服这一缺点，引出了 HDB₃ 码。

4．三阶高密度双极性码（HDB₃ 码）

HDB₃ 码是三阶高密度码的简称。HDB₃ 码保留了 AMI 码所有优点，还可将连"0"码限制在 3 个以内，即克服了 AMI 码如果长连"0"过多对提取定时钟不利的缺点。HDB₃ 码的功率谱基本上与 AMI 码类似。

如何由二进码转换成 HDB₃ 码呢？

HDB₃ 码编码规则如下。

（1）二进码序列中的"0"码在 HDB₃ 码中原则上仍编为"0"码，但当出现 4 个连"0"码时，用取代节 000V 或 B00V 代替。取代节中 V 码、B 码均代表"1"码，它们可正可负（即 V + 代表 +1，V−代表−1，B + 代表 +1，B−代表−1）。

（2）取代节的安排顺序是：先用 000V，当它不能用时，再用 B00V。

000V 取代节的安排要满足以下两个要求。

① 各取代节之间的 V 码要极性交替出现（为了保证传号码极性交替出现，不引入直流成分）。

② V 码要与前一个传号码的极性相同（为了在接收端能识别出哪个是原二进码序列中的"1"码—原始传号码，哪个是 V 码和 B 码，以恢复成原二进码序列）。

当上述两个要求能同时满足时，用 000V 代替原二进码序列中的 4 个"0"（用 000V + 或 000V−）；而当上述两个要求不能同时满足时，则改用 B00V（B + 00V + 或 B−00V−，实质上是将取代节 000V 中第一个"0"码改成 B 码）。

（3）HDB₃ 码序列中的传号码（包括"1"码、V 码和 B 码）除 V 码外要满足极性交替出现的原则。

下面举例来具体说明一下如何将二进码转换成 HDB₃ 码。

例如

二进码序列：　　| 1 0000　10 10　000 0 1 1 10000 0 000 01

HDB$_3$ 码序列：V+ | –1 0 0 0 V–+1 0 –1 B +0 0 V+0 –1 +1 –1 0 0 0 V–B +0 0 V+0 –1

从上例可以看出以下两点。

① 当两个取代节之间原始传号码的个数为奇数时，后边取代节用 000V；当两个取代节之间原始传号码的个数为偶数时，后边取代节用 B00V。

② V 码破坏了传号码极性交替出现的原则，所以叫破坏点；而 B 码未破坏传号码极性交替出现的原则，叫非破坏点。

接收端收到 HDB$_3$ 码后，应对 HDB$_3$ 码解码还原成二进码（即进行码型反变换）。根据 HDB$_3$ 码的特点，HDB$_3$ 码解码主要分成三步进行：首先检出极性破坏点，即找出四连"0"码中添加 V 码的位置（破坏点的位置）；其次去掉添加的 V 码；最后去掉四连"0"码中第一位添加的 B 码，还原成单极性不归零码。

具体地说码型反变换的原则是：接收端当遇到连着 3 个"0"前后"1"码极性相同时，后边的"1"码（实际是 V 码）还原成"0"；当遇到连着 2 个"0"前后"1"码极性相同时，前后 2 个"1"（前边的"1"是 B 码，后边的"1"是 V 码）均还原成"0"。另外，其他的 ±1 一律还原为 +1，其他的"0"不变。

5. 传号反转码（CMI 码）

CMI 码是一种二电平不归零码，属于 1B2B 码（即将 1 位二元码编成 2 位二元码）。表 6-1 示出了其变换规则。

表 6-1　　　　　　　　　　　　　　　　CMI 码变换规则

输入二元码	CMI 码
0	0 1
1	00 与 11 交替出现

CMI 码将原来二进码的"0"编为"01"，将"1"编为"00"或"11"，若前次"1"编为"00"，则后次"1"编为"11"，否则相反，即"00"和"11"是交替出现的，从而使码流中的"0"，"1"出现的概率均等。"10"作为禁字不准出现。收方码流中一旦出现"10"判为误码，借此监测误码。

如图 6-16（a）所示为 CMI 码波形例子，CMI 码的功率谱如图 6-16（b）所示。

由图 6-16 可见，CMI 码在有效频带范围内低频分量和高频分量均较小，且具有一定的检测误码能力。另外，CMI 码"0"和"1"等概出现，即不会有长连"0"现象，所以有利于定时钟提取，但 CMI 码含有直流分量。

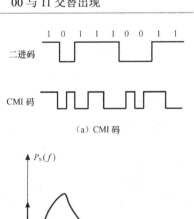

（a）CMI 码

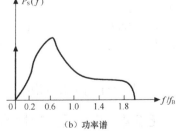

（b）功率谱

图 6-16　CMI 码及功率谱

6.2.3 传输码型的误码增殖

数字信号在线路中传输时，由于信道不理想和噪声干扰，接收端会出现误码，当线路传输码中出现 n 个数字码错误时，在码型反变换后的数字码中出现 n 个以上的数字码错误的现象称为误码增殖。误码增殖是由各码元的相关性引起的。误码增殖现象可用误码增殖比（ε）来表示，定义为

$$\varepsilon = \text{反变换后误码个数/线路误码个数} \tag{6-10}$$

下面举例说明误码增殖情况。先分析 AMI 码的误码增殖情况，表 6-2～表 6-4 打*号者为信道误码位。在收端把 AMI 码恢复成二进码时，只要把 AMI 码中"+1"，"−1"码变为"1"码，"0"码仍然为"0"码即可。由于各码元之间互不关联，AMI 码中的一位误码对应着二进码的一位误码（见表 6-2），即无误码增殖，故误码增殖比 $\varepsilon = 1$。

表 6-2　　　　　　　　　　　　　　AMI 码误码增殖情况

原来的二进码	1	0	0	0	0	1	0	1	0	0	0	0	1
		*								*			
正确的 AMI 码	+1	0	0	0	0	−1	0	+1	0	0	0	0	−1
错误的 AMI 码	+1	−1	0	0	0	−1	0	+1	0	+1	0	0	−1
恢复的二进码	1	1	0	0	0	1	0	1	0	1	0	0	1
		*								*			

但在 HDB$_3$ 码中的一位误码就可能使得相应的二进码中产生多位误码（见表 6-3）。

表 6-3　　　　　　　　　　　　　　HDB$_3$ 码误码增殖情况

原来的二进码	1	0	0	0	0	1	0	1	0	0	0	0	1
			*							*			
正确的 HDB$_3$ 码	1	0	0	0	V+	−1	0	+1	B−	0	0	V−	+1
错误的 HDB$_3$ 码	+1	0	−1	0	V+	−1	0	+1	B−	+1	0	V−	+1
恢复的二进码	1	0	1	0	0	1	0	1	1	1	0	0	1
			*	*					*	*		*	

可见，HDB$_3$ 码有误码增殖，$\varepsilon > 1$。

接着分析 CMI 码的误码增殖情况（见表 6-4）。

表 6-4　　　　　　　　　　　　　　CMI 码误码增殖情况

原来的二进码	1	0	0	0	0	1	0	1	0	0	0	0	1
		*						*					
正确的 CMI 码	11	01	01	01	01	00	01	11	01	01	01	01	00
错误的 CMI 码	11	11	01	01	01	01	01	11	01	01	01	01	00
恢复的二进码	1	1	0	0	0	0	0	1	0	0	0	0	1
		*						*					

显然 CMI 码无误码增殖，$\varepsilon = 1$。

6.2.4 传输码型特性的分析比较

以上介绍了几种传输码型，下面主要将 AMI 码、HDB$_3$ 码和 CMI 码的性能做一分析比较。

1. 最大连"0"数及定时钟提取

最大连"0"数及定时钟提取（见表 6-5）。

表 6-5　　　　　　　　几种传输码型的最大连"0"数及定时钟提取

	AMI 码	HDB₃ 码	CMI 码
最大连"0"数	未限	3 个	3 个
定时钟提取	不利	有利	有利

2. 检测误码能力

AMI 码、HDB$_3$ 码和 CMI 码均具有一定的检测误码能力。

3. 误码增殖

由前面分析可见：AMI 码和 CMI 码无误码增殖，而 HDB$_3$ 码有误码增殖。

4. 电路实现

AMI 码和 CMI 码的实现电路（即码型变换电路）简单，HDB$_3$ 码实现电路比较复杂一些，也可以实现。

由以上分析可见，AMI 码、HDB$_3$ 码和 CMI 码各有利弊。综合考虑，选择 HDB$_3$ 码作为基带传输的主要码型（主要从对定时钟提取有利方面考虑），当然 AMI 码也是 ITU-T 建议采用的基带传输码型。

另外，HDB$_3$ 码作为 PCM 一～三次群的接口码型，而 CMI 码则作为 PCM 四次群的接口码型。

6.3 数字信号的基带传输

本节以数字信号基带传输的基本理论为依据来研究 PCM 信号的再生中继系统以及再生中继器各组成部分的作用和原理。

下面首先讨论一下基带传输信道特性。

6.3.1 基带传输信道特性

信道是指信号的传输通道，目前有两种定义方法。

狭义信道——是指信号的传输媒介，其范围是从发送设备到接收设备之间的媒质。如电缆、光缆以及传输电磁波的自由空间等。

广义信道——指消息的传输媒介。除包括上述信号的传输媒介外，还包括各种信号的转换设备，如发送、接收设备，调制、解调设备等（6.1 节中所介绍的基带传输系统中发送滤波器、信道、接收滤波器合起来实际上就是广义信道）。

这里研究的是狭义信道。传输信道是通信系统必不可少的组成部分，而信道中又不可避免地存在噪声干扰，因此 PCM 信号在信道中传输时将受到衰减和噪声干扰的影响。随着信道长度的增加，接收信噪比将下降，误码增加，通信质量下降，所以研究信道特性及噪声干扰特性是通信系统设计的重要问题。

数字信号通过信道传输会产生失真，下面来看看信道传输特性对信号的影响，即经信道传输后，数字信号波形到底产生什么样的失真。

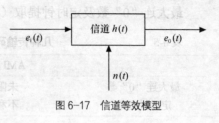

图 6-17　信道等效模型

如果把信道特性等效成为一个传输网络，则信号通过信道的传输可用图 6-17 所示模型来表示。其数学表示式为

$$e_0(t) = e_i(t) * h(t) + n(t) \tag{6-11}$$

式中，$e_i(t)$ 为信道输入信号；$e_0(t)$ 为信道输出信号；$n(t)$ 为信道引入的加性干扰噪声；$h(t)$ 为以冲激响应表示的信道特性；*为卷积符号。

式（6-11）是求传输响应的一般表示式。如果信道特性 $h(t)$ 和噪声特性 $n(t)$ 是已知的，在给定某一发送信号条件下，就可以求得经过信道传输后的接收信号。

由传输线基本理论可知，传输线衰减频率特性的基本关系是与 $\sqrt{f}$ 成比例变化的（f 是指传输信号频率）。如图 6-18 所示为三种不同电缆的传输衰减特性。

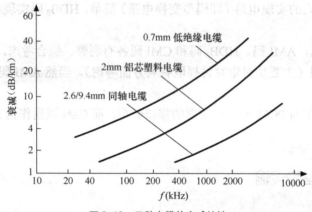

图 6-18　三种电缆的衰减特性

由图 6-8 可见，衰减是与频率有关的，那么当具有较宽频谱的数字信号通过电缆传输后会改变信号频谱幅度的比例关系。

一个脉宽为 0.4 μs、幅度为 1 V 的矩形脉冲（实际上它代表 1 个"1"码）通过不同长度的电缆传输后的波形示意图如图 6-19 所示（没考虑噪声干扰）。

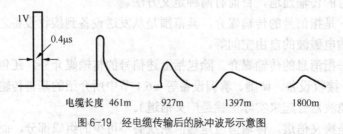

图 6-19　经电缆传输后的脉冲波形示意图

由图 6-19 可见，这种矩形脉冲信号经信道传输后，波形产生失真，其失真主要反映在以

下几个方面。

（1）接收到的信号波形幅度变小。这是由于传输线存在着衰减造成的。传输距离越长，衰减越大，幅度降低越明显。

（2）波峰延后。这反映了传输线的延迟特性。

（3）脉冲宽度大大增加。这是由于传输线有频率特性，使波形产生严重的失真而造成的。波形失真最严重的后果是产生拖尾，这种拖尾失真将会造成数字信号序列的码间干扰。

图 6-19 是只考虑信道本身的衰减特性时，"1" 码的矩形脉冲通过信道传输产生的波形失真。若再考虑噪声干扰，图 6-19 的失真波形会变得更乱。

由于数字信号序列经过电缆信道传输后会产生波形失真，而且传输距离越长，波形失真越严重。当传输距离增加到某一长度时，接收到的信号将很难识别，为此，PCM 信号传输距离将受到限制。为了延长通信距离，在传输通路的适当距离应设置再生中继装置，即每隔一定的距离加一个再生中继器，使已失真的信号经过整形后再向更远的距离传送。下面就来看看再生中继系统的有关问题。

6.3.2　再生中继系统

1. 再生中继系统的构成

再生中继系统的方框图如图 6-20 所示。再生中继的目的是：当信噪比下降得不太大、波形失真的还不很严重时，对失真的波形及时识别判决（识别出是"1"码还是"0"码），只要不误判，经过再生中继后的输出脉冲会完全恢复为原数字信号序列。

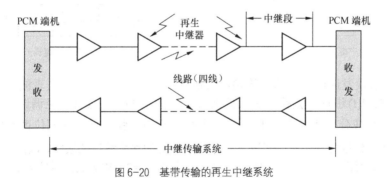

图 6-20　基带传输的再生中继系统

2. 再生中继系统的特点

再生中继系统中，由于每隔一定的距离加一再生中继器，所以它有以下两个特点。

（1）无噪声积累

数字信号在传输过程中会受到噪声的影响，噪声主要会导致信号幅度的失真。虽然模拟信号传送一定的距离后也要用增音设备对衰减失真的信号加以放大，但噪声也会被放大，噪声的干扰无法去掉，因此随着通信距离的增加，噪声会积累。而数字通信中的再生中继系统，由于噪声干扰可以通过对信号的均衡放大、再生判决后去掉，所以理想的再生中继系统是不存在噪声积累的。但是对再生中继系统来说会出现另一种积累，这就是下面要说的第二个特点。

（2）有误码率的积累

所谓误码，就是指信息码在中继器再生判决过程中因存在各种干扰（码间干扰、噪声干扰等），会导致判决电路的错误判决，即"1"码误判成"0"码，或"0"码误判成"1"码。这种误码现象无法消除，反而随通信距离增长而积累，因为各个再生中继器都有可能误码，通信距离越长，中继站也就越多，误码积累也越多。

3. 再生中继器

再生中继系统中的重要组成部分是再生中继器，其方框简图如图6-21所示。

再生中继器由三大部分组成，即均衡放大、定时钟提取和抽样判决与码形成（即判决再生），它们的主要功能如下。

均衡放大——将接收的失真信号均衡放大成易于抽样判决的波形（均衡波形）。

定时钟提取——从接收信码流中提取定时钟频率成分，以获得再生判决电路的定时脉冲。

抽样判决与码形成（判决再生）——对均衡波形进行抽样判决，并进行脉冲整形，形成与发端一样的脉冲形状。

再生中继器完整的方框图如图6-22所示。

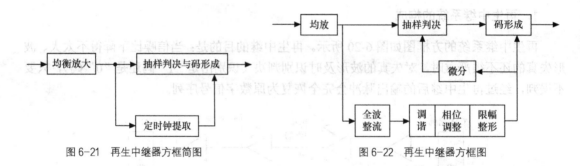

图 6-21　再生中继器方框简图　　　　　　　　图 6-22　再生中继器方框图

图6-22中假设发送信码经信道传输后波形产生失真，由均放将其失真波形均衡放大成均衡波形 $R(t)$。对 $R(t)$ 进行全波整流后，其频谱中含有丰富的 f_B 成分，经调谐电路（谐振频率为 f_B）只选出 f_B 成分，所以调谐电路输出频率为 f_B 的正弦信号，由相位调整电路对其进行相位调整（目的是使抽样判决脉冲对准各"1"码所对应的均衡波形的波峰，以便正确抽样判决），再通过限幅整形电路将正弦波转换成矩形波（频率为 f_B=2 048 kHz，周期为 T_B = 0.488 μs，也就是 1 bit），此周期性矩形脉冲信号即为定时钟信号。定时钟信号经微分后便得到抽样判决脉冲（抽样判决与码形成电路只需正的抽样判决脉冲）。在抽样判决与码形成电路中，对均衡波形进行抽样判决并恢复成原脉冲信号序列。

6.3.3　再生中继系统的误码性能

1. 误码率及误码率的累积

PCM 系统中的误码（"1"码误判为"0"码或"0"码误判为"1"码）主要发生在传输信道（包括中继器）中。产生误码的原因是多方面的，如噪声、串音以及码间干扰等。当总干扰幅度超过再生中继器的判决门限电平，将会产生误判而误码。误码被解码后形成"喀哧"

噪声，影响通信质量。衡量误码多少的指标是信道误码率，简称误码率。

（1）误码率

在第 1 章已经介绍过误码率的定义，现重写于下。

误码率的定义为：在传输过程中发生误码的码元个数与传输的总码元之比。即

$$P_e = \lim_{N \to \infty} \frac{\text{发生误码个数}(n)}{\text{传输总码元}(N)} \tag{6-12}$$

（2）误码率的累积

在实际 PCM 系统中包含着很多个再生中继段，而上述的误码率是指一个再生中继段的误码率。PCM 通信系统要求总误码率在 10^{-6} 以下，因此要分析一下总误码率 P_E 与每一个再生中继段的误码率 P_{ei} 的关系。

一般而言，当误码率 P_{ei} 很小时，在前一个再生中继段所产生的误码传输到后一个再生中继段时，因后一个再生中继段的误判，而将前一个再生中继段的误码纠正过来的概率是非常小的，所以可近似认为各再生中继段的误码是互不相关的，这样具有 m 个再生中继段的误码率 P_E 为

$$P_E \approx \sum_{i=1}^{m} P_{ei} \tag{6-13}$$

式中，P_{ei} 为第 i 个再生中继段的误码率。

当每个再生中继段的误码率均相同为 P_e 时，则全程总误码率为

$$P_E \approx m P_e \tag{6-14}$$

上式表明，全程总误码率 P_E 是按再生中继段数目成线性关系累积的。

例如，某一 PCM 通信系统共有 $m =100$ 个再生中继段，要求总误码率 $P_E =10^{-6}$，根据上式可算得每一个再生中继段的误码率 P_e 应小于 10^{-8}。

另外再看一例。一个 PCM 通信系统共 100 个再生中继段，其中 99 个再生中继段的信噪比为 22 dB，1 个再生中继段的信噪比为 20 dB（只恶化 2 dB）。可以计算出，信噪比为 22 dB 时，$P_e =2.366\,7 \times 10^{-10}$，信噪比为 20 dB 时，$P_e =4.460\,2 \times 10^{-7}$，则

$$P_E = 99 \times 2.366\,7 \times 10^{-10} + 4.460\,2 \times 10^{-7} = 4.694\,5 \times 10^{-7}$$

从上可看出，误码率主要由信噪比最差的再生中继段所决定。哪怕 100 个中继段中 99 个中继段的误码率都很小达 10^{-10} 量级，只有一个中继段的误码率较大为 10^{-7} 量级，那么总的误码率就由信噪比最差的中继段确定为 10^{-7} 量级（注：以后习惯上将全程总的误码率 P_E 写成 P_e）。

2. 误码信噪比

具有误码的码字被解码后将产生幅值失真，这种失真引起的噪声称误码噪声。这种误码噪声除与误码率有关外，还与编码率以及误码所在的段落等有关。这里主要分析 A 律 13 折线的误码信噪比。

假设 A 律 13 折线编码中"1"码和"0"码出现的概率相同，各位码元误码的机会相同，同时是相互独立的。另外，由于误码率 P_e 很小，故对每一个码字（8 位码）只考虑误一位码

（这样考虑是符合实际情况的）。

一个码字包括极性码、段落码和段内码，所误的一位码在极性码、段落码和段内码内都可能出现，它们的误码影响是不同的。设其误码噪声功率（均方值）分别为 σ_p^2、σ_s^2 和 σ_1^2，经过推导，总误码噪声功率 σ_e^2 为

$$\sigma_e^2 = \sigma_p^2 + \sigma_s^2 + \sigma_1^2 \approx 2\,881\,101\,P_e\,\Delta^2 \tag{6-15}$$

由于 $\Delta = U/2\,048$，故

$$\sigma_e^2 \approx 0.686\,P_e\,U^2$$

如令信号功率为 u_e^2，并令 $U = u_e \cdot c$，则上式变为

$$\sigma_e^2 \approx 0.686\,P_e \cdot u_e^2 \cdot c^2$$

则误码信噪比为

$$(S/N_e) = \frac{u_e^2}{\sigma_e^2} = \frac{1}{0.686 P_e \cdot c^2}$$

以分贝表示，应为

$$(S/N_e)_{dB} = 10\lg \frac{1}{0.686 P_e \cdot c^2} = 20\lg \frac{1}{c} + 10\lg \frac{1}{P_e} + 1.6 \tag{6-16}$$

对于语音信号来说，为了减少过载量化噪声，音量应适当，当 $u_e/U = 1/10$，$(u_e/U)_{dB} = 20\lg(u_e/U) = -20$ dB 时，根据式（6-16）画出的误码信噪比曲线如图 6-23 所示。

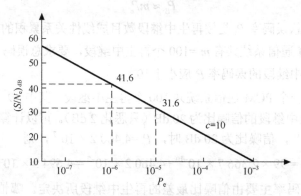

图 6-23　A 律 13 折线误码信噪比

前面提到过，PCM 通信系统要求总误码率要低于 10^{-6}，为什么呢？

由图 6-23 可看出，当 $P_e = 10^{-6}$ 时，误码信噪比 $(S/N_e)_{dB} = 41.6$ dB。但若信道误码率高于 10^{-6}，例如 $P_e = 10^{-5}$，则 $(S/N_e)_{dB} = 31.6$ dB（P_e 增加一个数量级，误码信噪比下降 10 dB），它低于 A 律压缩特性的最大量化信噪比（38 dB）。所以为了保证总的信噪比不因误码噪声而显著下降，信道误码率 P_e 应低于 10^{-6}。

6.4　数字信号的频带传输

所谓数字信号的频带传输是对基带数字信号进行调制，将其频带搬移到光波频段或微波

频段上，利用光纤、微波、卫星等信道传输数字信号。数字信号的频带传输系统主要有光纤数字传输系统、数字微波传输系统和数字卫星传输系统。

对基带数字信号进行调制称为数字调制。通过调制把基带数字信号进行了频率搬移，而且数字信号转换成了模拟信号，所以频带传输实际传输的是模拟信号。

本节首先简单介绍频带传输系统的基本构成，然后分析数字调制的基本方法，最后讨论几种具体的频带传输系统。

6.4.1 频带传输系统的基本结构

如图 6-24 所示给出了频带传输系统的两种基本结构。

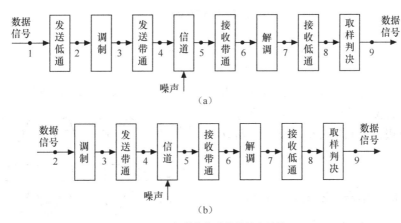

图 6-24 频带传输系统的基本结构

如图 6-24（a）所示，各部分的作用如下。

- 发送低通——发送低通对数字信号进行频带限制，数字信号经发送低通基本上形成所需要的基带信号（2 点的信号叫基带信号 $s(t)$）。
- 调制——经过调制将基带信号的频带搬到载频（载波频率）附近的上下边带，实现双边带调制。
- 发送带通——形成信道可传输的信号频谱，送入信道。
- 接收带通——除去信道中的带外噪声。
- 解调——是调制的反过程，解调后的信号中有基带信号和高次产物（2 倍载频成分）。
- 接收低通——除去解调中出现的高次产物，恢复基带信号。
- 取样判决——对恢复的基带信号取样判决还原为数据序列。

图 6-24（b）中没有发送低通，是直接以数字信号进行调制，但是在具体实现上是把发送低通的形成特性放在发送带通中一起实现。即把发送低通的特性合在发送带通特性中，最终实现的结果是送入信道，即图 6-24（b）中的 4 点所对应的信号和频谱特性与图 6-24（a）是完全一样的。

6.4.2 数字调制

数字调制的具体实现是利用基带数字信号控制载波（正弦波）的幅度、相位、频率变化，因此，有 3 种基本数字调制方法：数字调幅（ASK，也称幅移键控）、数字调相（PSK，也称相移键控）、数字调频（FSK，也称频移键控），下面分别加以介绍。

1. 数字调幅（ASK）

（1）ASK 信号的波形及功率谱

数字调幅系统构成框图如图 6-25 所示。

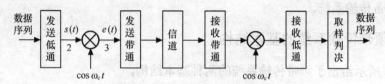

图 6-25　数字调幅系统构成框图

由图 6-25 可见，调制、解调用相乘器实现。已调信号可以表示为

$$e(t) = s(t) \cdot \cos\omega_c t \tag{6-17}$$

为了分析方便起见，假设图 6-25 中无发送低通（即 $s(t)$=数字信号序列），数字信号序列

直接调制，即直接与载波相乘。数字信号序列可以采用单极性不归零（全占空）码和双极性不归零码，调制信号和已调信号波形如图 6-26 所示。

若设 $s(t)$ 的功率谱（密度）为 $p_S(f)$，则已调信号 $e(t)$ 的功率谱 $p_E(f)$ 可以表示为

$$p_E(f) = \frac{1}{4}\left[p_S(f+f_c) + p_S(f-f_c)\right] \tag{6-18}$$

式（6-18）中，f_c 为载波频率。

由式（6-18）可见，如果 $p_S(f)$ 确定，则 $p_E(f)$ 也可确定。单极性不归零（全占空）码和双极性不归零码，其功率谱如图 6-3 所示，现重画如图 6-27 所示。（注：图 6-27

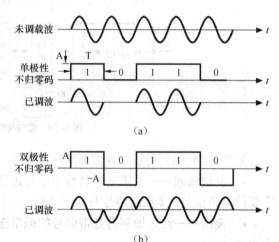

图 6-26　ASK 波形

中 f_S 为符号速率，一般分析二进制的数字信号时符号速率 f_S = 传信率 f_B）

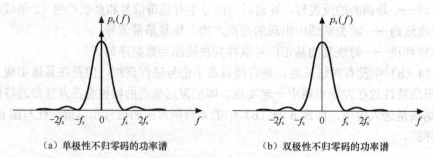

（a）单极性不归零码的功率谱　　　　（b）双极性不归零码的功率谱

图 6-27　单极性不归零码和双极性不归零码的功率谱

由式（6-18）可得出已调信号的功率谱（密度），如图 6-28 所示。

如果只画出正频谱，图 6-27 和图 6-28 改画成图 6-29。

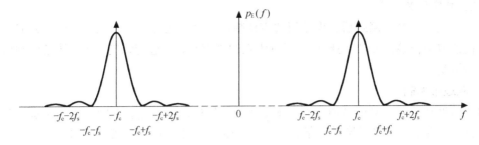

（a）2ASK 已调信号功率谱

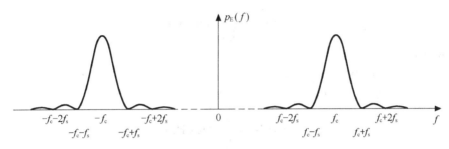

（b）抑制载频的 2ASK 已调信号功率谱

图 6-28 已调信号的功率谱（双边功率谱）示意图

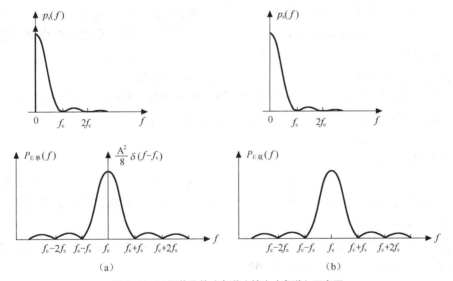

图 6-29 已调信号的功率谱（单边功率谱）示意图

由图 6-29 可得出以下结论。

- 调制后实现了双边带调制，即将基带信号的功率谱搬到载频 f_c 附近的上、下边带。
- 当数字信号序列是单极性码时，$P_S(f)$ 中有直流分量，所以调制后双边带功率谱 $P_E(f)$ 中就有载频分量，称之为不抑制载频的 2ASK（简称 2ASK，如图 6-28（a）所示）；当数字信号序列是双极性码时，$P_S(f)$ 中无直流分量，则调制后的 $P_E(f)$ 中无载频分量，称之为抑制载频的 2ASK（如图 6-28（b）所示）。
- 调制后的带宽为基带信号带宽的 2 倍，即 $B_{调} = 2B_{基}$。

（2）数字调幅分类

数字调幅（ASK）调制后实现了双边带调制，利用发送带通可以取双边带或只取一个边带等送往信道中传输，所以 ASK 具体又分为双边带调制、单边带调制、残余边带调制以及正交双边带调制。

① 双边带调制

双边带调制是利用发送带通取上、下双边带送往信道中传输。此时，信道带宽等于双边带的带宽，即为基带信号带宽的 2 倍。假设基带信号带宽为 f_m，二进制的数字信号的符号速率 $f_S = f_B$，则双边带调制的频带利用率为

$$\eta = \frac{f_B}{B} = \frac{f_S}{2f_m} (\text{bit/s/Hz}) \tag{6-19}$$

② 单边带调制

单边带调制是利用发送带通取一个边带（上或下边带）送往信道中传输。可见单边带调制的信道带宽等于基带信号带宽，其频带利用率为

$$\eta = \frac{f_B}{B} = \frac{f_S}{f_m} (\text{bit/s/Hz}) \tag{6-20}$$

单边带调制的频带利用率是双边带调制的频带利用率的 2 倍，但实现复杂。

③ 残余边带调制

残余边带调制是介于双边带和单边带之间的一种调制方法，它是使已调双边带信号通过一个残余边带滤波器，使其双边带中的一个边带的绝大部分和另一个边带的小部分通过，形成所谓的残余边带信号。残余边带信号所占的频带大于单边带，又小于双边带，所以残余边带系统的频带利用率也是小于单边带，大于双边带的频带利用率。

由于双边带调制、单边带调制、残余边带调制分别存在一些问题，目前应用较少。数字调幅中应用最为广泛的是正交双边带调制，下面重点加以介绍。

（3）正交双边带调制

① 正交双边带调制的概念

正交幅度调制（Quadrature Amplitude Modulation，QAM），又称正交双边带调制。它是将两路独立的基带波形分别对两个相互正交的同频载波进行抑制载波的双边带调制所得到的两路已调信号叠加起来的过程。

正交幅度调制一般记为 MQAM，M 的取值有 4、16、64 和 256 几种，所以正交幅度调制有 4QAM、16QAM、64QAM 和 256QAM。

② 基本原理

正交幅度调制（MQAM）信号产生和解调原理如图 6-30 所示。

MQAM 信号的产生过程如图 6-30（a）所示，输入的二进制序列（总传信速率为 f_B）经串/并变换得到两路数据流，每路的信息速率为总传信速率的二分之一，即 $f_B/2$。因为要分别对同频正交载波进行调制，所以分别称它们为同步路和正交路。接下来两路数据流分别进行 2/L 电平变换，每路的电平数 $L = \sqrt{M}$。两路 L 电平信号通过发送低通，产生 $s_I(t)$ 和 $s_Q(t)$ 两路独立的基带信号，它们都是不含直流分量的双极性基带信号。

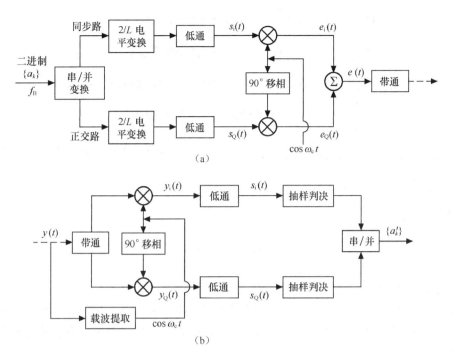

(a)

(b)

图 6-30 MQAM 调制和解调原理图

同相路的基带信号 $s_I(t)$ 与载波 $\cos\omega_c t$ 相乘，形成抑制载频的双边带调制信号 $e_I(t)$

$$e_I(t) = s_I(t)\cos\omega_c t \tag{6-21}$$

正交路的基带信号 $s_Q(t)$ 与载波 $\cos\left(\omega_c t + \dfrac{\pi}{2}\right) = -\sin\omega_c t$ 相乘，形成另外一路载频的双边带调制信号 $e_Q(t)$

$$e_Q(t) = s_Q(t)\cos\left(\omega_c t + \frac{\pi}{2}\right) = -s_Q(t)\sin\omega_c t \tag{6-22}$$

两路信号合成后即得 MQAM 信号

$$e(t) = e_I(t) + e_Q(t) = s_I(t)\cos\omega_c t - s_Q(t)\sin\omega_c t \tag{6-23}$$

由于同相路的调制载波与正交路的调制载波相位相差 $\pi/2$，所以形成两路正交的功率频谱。4QAM 信号的功率谱密度示意图如图 6-31 所示，两路都是双边带调制，而且两路信号同处于一个频段之中，可同时传输两路信号，故频带利用率是双边带调制的两倍（如果采用 16QAM、64QAM 和 256QAM，频带利用率将更高）。

正交幅度调制信号的解调采用相干解调方法，其原理如图 6-30（b）所示。假定相干载波与已调信号载波完全同频同相，且假设信道无失真、带宽不限、无噪声，即 $y(t)=e(t)$，则两个解调乘法器的输出分别为

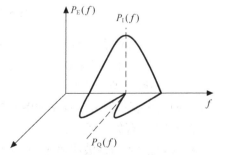

图 6-31 正交幅度调制信号的功率谱示意图

$$y_{\mathrm{I}}(t) = y(t)\cos\omega_{\mathrm{c}}t = \left[s_{\mathrm{I}}(t)\cos\omega_{\mathrm{c}}t - s_{\mathrm{Q}}(t)\sin\omega_{\mathrm{c}}t\right]\cos\omega_{\mathrm{c}}t$$

$$= \frac{1}{2}s_{\mathrm{I}}(t) + \frac{1}{2}\left[s_{\mathrm{I}}(t)\cos 2\omega_{\mathrm{c}}t - s_{\mathrm{Q}}(t)\sin 2\omega_{\mathrm{c}}t\right] \tag{6-24}$$

$$y_{\mathrm{Q}}(t) = y(t)(-\sin\omega_{\mathrm{c}}t) = \left[s_{\mathrm{I}}(t)\cos\omega_{\mathrm{c}}t - s_{\mathrm{Q}}(t)\sin\omega_{\mathrm{c}}t\right](-\sin\omega_{\mathrm{c}}t)$$

$$= \frac{1}{2}s_{\mathrm{Q}}(t) - \frac{1}{2}\left[s_{\mathrm{I}}(t)\sin 2\omega_{\mathrm{c}}t + s_{\mathrm{Q}}(t)\cos 2\omega_{\mathrm{c}}t\right] \tag{6-25}$$

经低通滤波器滤除高次谐波分量，上、下两个支路的输出信号分别为 $\frac{1}{2}s_{\mathrm{I}}(t)$ 和 $\frac{1}{2}s_{\mathrm{Q}}(t)$，经判决后，两路合成为原二进制数据序列。

2．数字调相

以基带数据信号控制载波的相位，称为数字调相，又称相移键控，简写为 PSK。

若按照参考相位来分，数字调相可以分为绝对调相和相对调相。绝对调相的参考相位是未调载波相位；相对调相的参考相位是前一符号的已调载波相位。

如果按照载波相位变化的个数分，数字调相有二相数字调相、四相数字调相、八相数字调相和十六相数字调相。其中四相数字调相以上的称为多相数字调相。下面重点介绍二相数字调相和四相数字调相。

（1）二相数字调相

① 二相数字调相的矢量图

根据 ITU-T 的建议，二进制数字调相有 A、B 两种相位变化方式，用矢量图表示如图 6-32 所示。

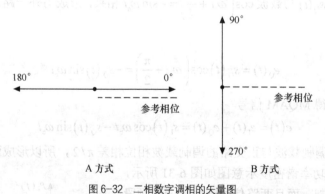

图 6-32　二相数字调相的矢量图

图 6-32 中虚线表示参考相位（注意绝对调相的参考相位是未调载波相位，相对调相的参考相位是前一符号的已调波相位），矢量图反映了与参考相位相比，相位改变量。

② 二相数字调相波形

二相数字调相波形示意图如图 6-33 所示。

图 6-33 中有如下假设。

• 码元速率与载波频率相等，所以一个符号间隔对应一个载波周期。

• 二相绝对调相（2PSK）的相位变化规则为："1"与未调载波（$\cos\omega_{\mathrm{c}}t$）相比，相位改变 0，"0"与未调载波（$\cos\omega_{\mathrm{c}}t$）相比，相位改变 π。

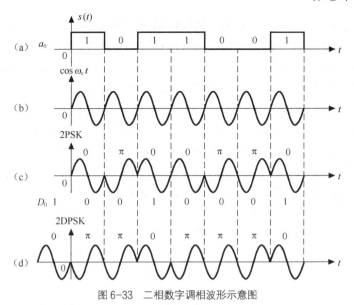

图 6-33 二相数字调相波形示意图

• 二相相对调相（2DPSK）的相位变化规则为："1"与前一符号的已调波相比，相位改变π，"0"与前一符号的已调波相比，相位改变 0。（上述相位变化规则也可以相反）

设原数字信号序列为 a_n（数字调相系统构成中没有发送低通，所以基带信号 $s(t)$ 等于数字信号序列为 a_n），经过码变换后变为 D_n，D_n 与 a_n 的关系为：$D_n = a_n \oplus D_{n-1}$。

以图 6-33 为例，已知 a_n，求出 D_n（设 D_n 的参考点为 0）

| a_n | | 1 0 1 1 0 0 1 |
| D_n | 0 | 1 1 0 1 1 1 0 |

经过观察 D_n 与图 6-33 中已调波的关系发现，a_n 的相对调相就是 D_n 的绝对调相，由此得出结论：相对调相的本质就是相对码变换后的数据序列的绝对调相。

③ 2PSK 信号的产生和解调

如图 6-34（a）所示是一种用相位选择法产生 2PSK 信号的原理框图。

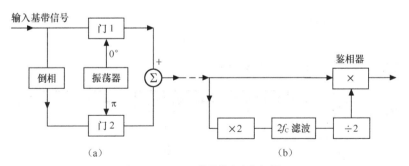

图 6-34 2PSK 信号的产生和解调

如图 6-34（a）所示，振荡器产生 0°，180° 两种不同相位的载波，如输入基带信号为单极性脉冲，当输入高电位 "1" 码时，门电路 1 开通，输出 0° 相位载波；当输入为低电位时，经倒相电路可以使门电路 2 开通，输出 180° 相位载波，经合成电路输出即为 2PSK 信号。

图 6-34（b）为 2PSK 信号的解调电路原理框图。2PSK 信号的解调与 4QAM 方式一样，

需要用相干解调的方式，即需要恢复相干载波以用于与接收的已调信号相乘。由于 2PSK 信号中无载频分量，无法从接收的已调信号中直接提取相干载波，所以一般采用倍频/分频法。首先将输入 2PSK 信号作全波整流，使整流后的信号中含有 $2f_c$ 频率的周期波，再利用窄带滤波器取出 $2f_c$ 频率的周期信号，再经 2 分频电路得到相干载波 $2f_c$，最后经过相乘电路进行相干解调即可得输出基带信号。

但这种 2PSK 信号的解调存在一个问题，即 2 分频器电路输出存在相位不定性（即 2 分频器电路输出的载波相位随机地取 0° 或 180°），称为相位模糊。当二分频器电路输出的相位为 180° 时，相干解调的输出基带信号就会存在 0 或 1 倒相现象，这就是二进制绝对调相方式不能直接应用的原因所在。解决这一问题的方法就是采用相对调相，即 2DPSK 方式。

④ 2DPSK 信号的产生和解调

根据 2DPSK 信号和 2PSK 信号的内在联系，只要将输入的基带数据序列变换成相对序列，即差分码序列，然后用相对序列去进行绝对调相，便可得到 2DPSK 信号，如图 6-35 所示。

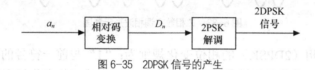

图 6-35　2DPSK 信号的产生

设 a_n、D_n 分别表示绝对码序列和相对（差分）码序列，它们的转换关系为

$$D_n = a_n \oplus D_{n-1} \tag{6-26}$$

2DPSK 的解调有两种方法：极性比较法和相位比较法。其中，极性比较法是比较常用的方法，如图 6-36 所示，它首先对 2DPSK 信号进行 2PSK 解调，然后用码反变换器将差分码变为绝对码。

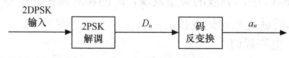

图 6-36　2DPSK 的极性比较法解调

由 D_n 到 a_n 的变换公式为

$$a_n = D_n \oplus D_{n-1} \tag{6-27}$$

2DPSK 的相位比较法解调，如图 6-37 所示。

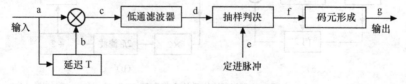

图 6-37　DPSK 的相位比较法解调

2DPSK 相位比较法解调的波形变换过程如图 6-38 所示。

⑤ 二相数字调相的频带利用率

经过推导可以得出结论：二相调相（包括 2PSK 和 2DPSK）的频带利用率与抑制载频的 2ASK 的频带利用率相同。

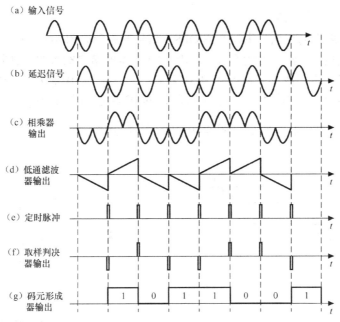

图 6-38　2DPSK 的相位比较法解调的波形变换过程

（2）四相数字调相

① 四相调相的矢量图

四进制数字调相（QPSK），简称四相调相，是用载波的四种不同相位来表征传送的数据信息。在 QPSK 调制中，首先对输入的二进制数据进行分组，将两位编成一组，即构成双比特码元。对于 $k=2$，则 $M=2^2=4$，对应四种不同的相位或相位差。

把组成双比特码元的前一信息比特用 A 代表，后一信息比特用 B 代表，并按格雷码排列，以便提高传输的可靠性。按国际统一标准规定，双比特码元与载波相位的对应关系有两种，称为 A 方式和 B 方式，它们的对应关系如表 6-6 所示，其矢量表示如图 6-39 所示。

表 6-6　　　　　　　　　　　　　双比特码元与载波相位对应关系

双比特码元		载波相位	
A　B		A 方式	B 方式
0　0		0	$5\pi/4$
1　0		$\pi/2$	$7\pi/4$
1　1		π	$\pi/4$
0　1		$3\pi/2$	$3\pi/4$

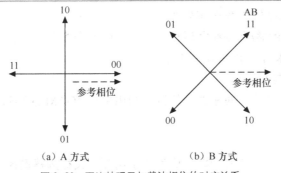

（a）A 方式　　　　　　　　　（b）B 方式

图 6-39　双比特码元与载波相位的对应关系

② 四相调相的产生与解调

QPSK 信号可采用调相法产生，产生 QPSK 信号的原理如图 6-40（a）所示。QPSK 信号可以看作两个正交的 2PSK 信号的合成，可用串/并变换电路将输入的二进制序列依次分为两个并行的序列。设二进制数字分别以 A 和 B 表示，每一对 A、B 称为一个双比特码元。双极性 A 和 B 数据脉冲分别经过平衡调制器，对 0° 相位载波 $\cos\omega_c t$ 和与之正交的载波 $\cos\left(\omega_c t+\dfrac{\pi}{2}\right)$ 进行二相调相，得到如图 6-40（b）所示四相信号的矢量表示图。

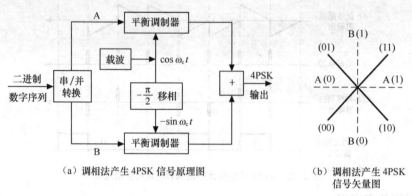

（a）调相法产生 4PSK 信号原理图　　　　（b）调相法产生 4PSK 信号矢量图

图 6-40　QPSK 调制原理图

QPSK 信号可用两路相干解调器分别解调，而后再进行并/串变换，变为串行码元序列，QPSK 解调原理如图 6-41 所示。图 6-41 中，上、下两个支路分别是 2PSK 信号解调器，它们分别用来检测双比特码元中的 A 和 B 码元，然后通过并/串变换电路还原为串行数据信息。

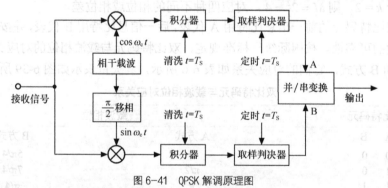

图 6-41　QPSK 解调原理图

图 6-40、图 6-41 分别是 QPSK 信号的产生和解调原理图，如在图 6-40 的串/并变换之前加入一个码变换器，即把输入数据序列变换为差分码序列，则即为 4DPSK 信号产生的原理图；相应的在图 6-41 的并/串变换之后再加入一个码反变换器，即把差分码序列变换为绝对码序列，则即为 4DPSK 信号的解调原理框图。

③ 四相调相的频带利用率

经过推导可以得出结论：四相调相的频带利用率与 4QAM 的频带利用率相同。

3．数字调频

用基带数据信号控制载波的频率，称为数字调频，又称频移键控（FSK）。下面以 2FSK

为例，介绍其基本原理。

（1）2FSK 信号波形

二进制移频键控（2FSK）就是用二进制数字信号控制载波频率，当传送"1"码时输出频率 f_1；当传送"0"码时输出频率 f_0。根据前后码元载波相位是否连续，可分为相位不连续的移频键控和相位连续的移频键控，如图 6-42 所示。

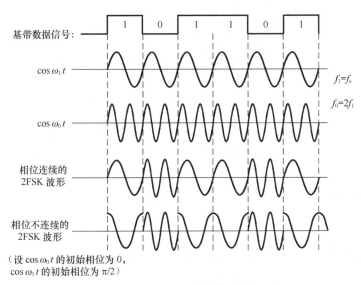

图 6-42　2FSK 信号波形

如图 6-43 所示给出了一个典型的相位不连续的 2FSK 信号波形，它可以看作是载波频率 f_1 和 f_0 的两个非抑制载波的 2ASK 信号的合成。相位不连续的 2FSK 信号的功率谱密度，可利用 2ASK 信号的功率谱密度求得。

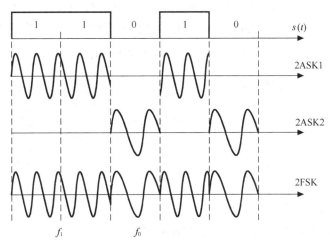

图 6-43　相位不连续的 2FSK 信号波形

（2）2FSK 信号功率谱密度

如前所述，相位不连续的 2FSK 信号是由两个不抑制载频的 2ASK 信号合成，故其功率谱密度也是两个不抑制载频的 2ASK 信号的功率谱密度的合成，如图 6-44 所示（假设无发送低通，其作用由发送带通完成，且仅是简单的频带限制）。

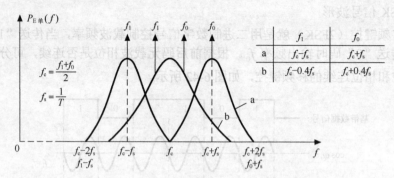

图 6-44　相位不连续的 2FSK 信号的功率谱密度

图 6-44 中，曲线 a 所示功率谱密度曲线为两个载波频率之差满足 $f_0 - f_1 = 2f_s$ 的情形，此时两个 2ASK 信号的功率谱密度曲线的连续谱部分刚好在 f_c 相接，即若 $f_0 - f_1 > 2f_s$，则两个 2ASK 信号的功率谱密度曲线之间有一段间隔，且 2FSK 信号功率谱的连续谱呈现双峰；曲线 b 所示功率谱密度曲线为两个载波频率之差满足 $f_0 - f_1 = 0.8f_s$ 的情形，此时 2FSK 信号功率谱的连续谱呈现单峰。

由图 6-44 可以看出：

① 相位不连续的 2FSK 信号的功率谱密度是由连续谱和离散谱组成。

● 连续谱由两个双边带谱叠加而成；

● 离散谱出现在 f_1 和 f_0 的两个载波频率的位置上。

② 若两个载波频率之差较小，连续谱呈现单峰；如两个载波频率之差较大，连续谱呈现双峰。

对 2FSK 信号的带宽，通常是作如下考虑的：若调制信号的码速率以 f_s 表示，载波频率 f_1 的 2ASK 信号的大部分功率是位于 $f_1 - f_s$ 和 $f_1 + f_s$ 的频带内，而载波 f_0 的 2ASK 信号的大部分功率是位于 $f_0 - f_s$ 和 $f_0 + f_s$ 的频带内。因此，相位不连续的 2FSK 的带宽约为

$$B = 2f_s + |f_1 - f_0| = (2 + h)f_s \tag{6-28}$$

其中，$h = \dfrac{|f_1 - f_0|}{f_s}$，称为频移指数。

由于采用二电平传输，即 $f_B = f_s$，则频带利用率为

$$\eta = \frac{f_B}{B} = \frac{f_s}{(2+h)f_s} = \frac{1}{2+h} \text{(bit/s/Hz)} \tag{6-29}$$

（3）2FSK 信号的产生

前述已说明，2FSK 信号是两个数字调幅信号之和，故 2FSK 信号的产生可用两个数字调幅信号相加的办法产生。如图 6-45 所示就是相位不连续的 2FSK 信号产生的原理图。

图 6-45（a）为相位不连续的 2FSK 信号产生的原

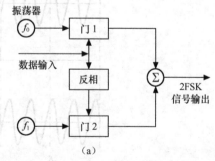

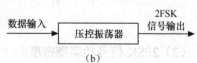

图 6-45　2FSK 信号的产生

理，利用数据信号的"1"和"0"分别选通门电路 1 和 2，以分别控制两个独立的振荡源 f_1 和 f_0，并求和即可得到相位不连续的 2FSK 信号。

图 6-45（b）为相位连续的 2FSK 信号产生的原理图，利用数据信号"1"和"0"的电压的不同控制一个可变频率的电压控制振荡器，以产生两个不同频率的信号 f_1 和 f_0，这时两个频率变化时相位就是连续的。

注：由于篇幅所限，在此只简单介绍最基本的数字调制方法，除此之外，还有偏移（交错）正交相移调制、最小频移键控调制等高效带宽调制方法，读者可参阅《数据通信原理》等相关书籍。

6.4.3 光纤数字传输系统

1. 光纤数字传输系统的组成

光纤通信是利用光导纤维传输光波信号的通信方式。光纤数字传输系统是对数字信号进行光调制（"1"码发光，"0"码不发光）将其转换为光信号然后在光纤中传输的系统。其构成方框图如图 6-46 所示。

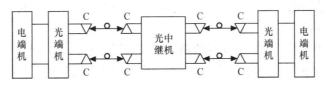

图 6-46 光纤数字传输系统

光纤数字传输系统由电端机、光端机、光中继机、光纤线路和光活动连接器等组成，下面分别介绍。

（1）电端机

电端机的作用是为光端机提供各种标准速率等级的数字信号源和接口。即电端机输出的可以是 PCM 各次群（一、二、三、四次群等，利用光纤传输的一般是四次群），也可能是经 SDH 复用器输出的 SDH 同步传递模块。

（2）光端机

光端机把电端机送来的数字信号进行适当处理后变成光脉冲送入光纤线路进行传输，接收端则完成相反的变换。光端机主要由信号处理、光发送和光接收及辅助电路构成。

① 信号处理部分

信号处理部分是对电端机送来的数字信号进行适当处理，如码型变换等，以适应光的传输。

通过前面的学习已经知道 PCM 通信系统的接口码型分别是 HDB$_3$ 码（PCM 一次群、二次群、三次群的接口码型）和 CMI 码（四次群的接口码型）。但是 PCM 通信系统中的这些码型并不都适合于在光纤通信系统中传输，例如 HDB$_3$ 码有 + 1、−1 和 0 三种状态，而在光纤通信系统中是用发光和不发光来表示"1"和"0"两种状态的，因此在光纤通信系统中是无法传输 HDB$_3$ 码的，所以在光端机中必须进行码型变换。可是在进行码型变换后将失去原 HDB$_3$ 码所具有的误码检测等功能。另外，在光纤通信系统中，除了需要传输主信号外，还需要增加一些其他的功能，如传输监控信号、区间通信信号、公务通信信号和数据通信信号，当然也需要不间断进行误码检测功能等。为此需要在原来码速率基础上，提高一点码速率以增加一些冗余量。

- 若光纤上采用 PDH 传输体制，信号处理部分要将电端机输出的 PCM 各次群的码型转换成分组码或插入比特码，接收端完成相反的变换。

分组码也称为 $mBnB$ 码，它把输入码流中 m 比特分为一组，然后插入冗余比特，使之变为 n 比特。分组码常见的有 5B6B 码、3B4B 码等。

插入比特码是在每 m 比特为一组的基础上，在这一组的末尾一位后边插入一个比特。根据所插入比特的功能不同，插入比特码又可分为奇偶校验码 mB1P 码、反码 mB1C 码和混合码 mB1H 码。mB1P 码是在每 m 比特后插入一个奇偶校验码，称为 P 码。奇校验码时 P 码的作用是保证每个码组内 1 码的个数为奇数，偶校验码时 P 码的作用是保证每个码组内 1 码的个数为偶数。mB1C 码则在每 m 比特后插入一个反码，称为 C 码。C 码的作用是如果第 m 比特为 1 时，C 码为 0，反之为 1。mB1H 码在每 m 比特后插入一个混合码，称为 H 码。H 码除了可以具有 mB1P 码或 mB1C 码的功能外，还可以同时用来完成几路区间通信、公务联络、数据传输以及误码检测等功能。

- 若光纤上采用 SDH 传输体制，信号处理部分要将 SDH 的信号转换成扰码的 NRZ 码，接收端完成相反的变换。

在 SDH 光纤通信系统中广泛使用的是加扰二进码，它利用一定规则对信号码流进行扰码，经过扰码后使线路码流中的"0"和"1"出现的概率相等，因此该码流中将不会出现长连"0"和长连"1"的情况，从而有利于接收端进行时钟信号的提取。

② 光发送和光接收部分

光发送部分完成电/光变换（"1"码发光，"0"码不发光），即进行光调制；光接收部分完成光/电变换。

③ 辅助电路

辅助电路包括告警、公务、监控、区间通信等便于操作、维护及组网等方面功能的部分。

需要说明的是，目前在光纤数字传输系统中一般传输的是 SDH 同步传递模块，此时电端机主要包括 SDH 终端复用器（TM）等设备，而且光端机的功能往往内置在 TM 中。

（3）光中继机

光中继机的作用是将光纤长距离传输后受到较大衰减及色散畸变的光脉冲信号转换成电信号后进行放大整形、再定时、再生为规划的电脉冲信号，再调制光源变换为光脉冲信号送入光纤继续传输，以延长传输距离。

（4）光纤线路

系统中信号的传输媒介是光纤。每个系统使用两根，发信、收信各用一根光纤。光端机和光中继机的发送和接收光信号均通过光活动连接器与光纤线路连接。

2. 光纤通信的波分复用

（1）波分复用（WDM）的概念

光波分复用是各支路信号在发送端以适当的调制方式调制到不同波长的光载频上，然后经波分复用器（合波器）将不同波长的光载波信号汇合，并将其耦合到同一根光纤中进行传输；在接收端通过波分解复用器（分波器）对各种波长的光载波信号进行分离，然后由光接收机做进一步的处理，使原信号复原，这种复用技术不仅适用于单模或多模光纤通信系统，同时也适用于单向或双向传输。

波分复用系统的工作波长可以从 0.8μm 到 1.7μm，其波长间隔为几十纳米。它可以适用于所有低衰减、低色散窗口，这样可以充分利用现有的光纤通信线路，提高通信能力，满足急剧增长的业务需求。

最早的 WDM 系统是 1 310/1 550 nm 两波长系统，它们之间的波长间隔达两百多纳米，这是在当时技术条件下所能实现的 WDM 系统。随着技术的发展，使 WDM 系统的应用进入了一个新的时期，人们不再使用 1 310 nm 窗口，进而使用 1 550 nm 窗口来传输多路光载波信号，其各信道是通过频率分割来实现的。

（2）密集波分复用（DWDM）的概念

当同一根光纤中传输的光载波路数更多、波长间隔更小（通常 0.8～2 nm）时，则称为密集波分复用（DWDM），密集是针对波长间隔而言的。由此可见，DWDM 系统的通信容量成倍地得到提高，但其信道间隔小，在实现上所存在的技术难点也比一般的波分复用大些。

（3）DWDM 系统构成

DWDM 系统构成示意图如图 6-47 所示。

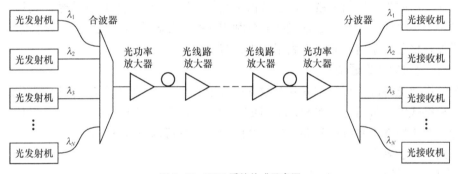

图 6-47　DWDM 系统构成示意图

图 6-47 中各部分的作用如下。

① 光发射机

光发射机的作用是将各支路信号（电信号）调制到不同波长的光载频上。

② 波分解复用器（合波器）

波分解复用器是将不同波长的光载波信号汇合在一起，用一根光纤传输。

③ 功率放大器

功率放大器将多波长信号同时放大。

④ 线路光放大器

当含多波长的光信号沿光纤传输时，由于受到衰减的影响，使所传输的多波长信号功率逐渐减弱（长距离光纤传输距离 80～120 km），因此需要对光信号进行放大处理。目前在 WDM 系统中是使用掺铒光纤放大器 EDFA 来起到光中继放大的作用。由于不同的信道是以不同的波长来进行信息传输的，因此要求系统中所使用的 EDFA 具有增益平坦特性，能够使所经过的各波长信号得到相同的增益，同时增益又不能过大，以免光纤工作于非线性状态，这样才能获得良好的传输特性。

⑤ 波分解复用器（分波器）

波分解复用器的作用是对各种波长的光载波信号进行分离。

⑥ 光接收机

光接收机对不同波长的光载波信号进行解调，还原为各支路信号。

需要说明的是：当 DWDM 技术用做 SDH 系统中，图 6-46 中的光发射机和光接收机应该是光波长转换器（OTU），其作用是将来自各 SDH 终端设备的光信号送入光波长转换器（OTU），光波长转换器负责将符合 ITU-T G.957 规范的非标准波长的光信号转换成为符合设计要求的、稳定的、具有特定波长的光信号；接收端完成相反的变换。

（4）DWDM 技术的特点

① 光波分复用器结构简单、体积小、可靠性高。

目前实用的光波分复用器是一个无源纤维光学器件，由于不含电源，因而器件具有结构简单、体积小、可靠、易于和光纤耦合等特点。另外由于波分复用器具有双向可逆性，即一个器件可以起到将不同波长的光信号进行组合和分开的作用，因此便于在一根光纤上实现双向传输的功能。

② 充分利用光纤带宽资源。

在目前实用的光纤通信系统中，多数情况是仅传输一个光波长的光信号，其只占据了光纤频谱带宽中极窄的一部分，远远没能充分利用光纤的传输带宽。而 DWDM 技术使单纤传输容量增加几倍至几十倍，充分地利用了光纤带宽资源。

③ 提供透明的传送通道。

波分复用通道各波长相互独立并对数据格式透明（与信号速率及电调制方式无关），可同时承载多种格式的业务信号，如 SDH、PDH、ATM、IP 等。将来引入新业务、提高服务质量极其方便，在 DWDM 系统中只要增加一个附加波长就可以引入任意所需的新业务形式，是一种理想的网络扩容手段。

④ 可更灵活地进行光纤通信组网。

由于使用 DWDM 技术，可以在不改变光缆设施的条件下，调整光纤通信系统的网络结构，因而在光纤通信组网设计中极具灵活性和自由度，便于对系统功能和应用范围的扩展。

波分复用技术是未来光网络的基石，光网络将沿着"点到点→链→环→多环→网状网"的方向发展。

⑤ 存在插入损耗和串光问题。

光波分复用方式的实施，主要是依靠波分复用器件来完成的。它的使用会引入插入损耗，这将降低系统的可用功率。此外，一根光纤中不同波长的光信号会产生相互影响，造成串光的结果，从而影响接收灵敏度。

（5）DWDM 工作方式

① 双纤单向传输

双纤单向传输就是一根光纤只完成一个方向光信号的传输，反向光信号的传输由另一根光纤来完成。因此，同一波长在两个方向可以重复利用，DWDM 的双纤单向传输方式如图 6-48 所示。

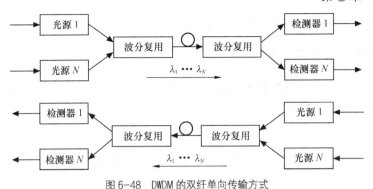

图 6-48 DWDM 的双纤单向传输方式

这种 DWDM 系统可以充分利用光纤的巨大带宽资源，使一根光纤的传输容量扩大几倍至几十倍。

② 单纤双向传输

单纤双向传输在一根光纤中实现两个方向光信号的同时传输，两个方向的光信号应安排在不同的波长上，如图 6-49 所示。

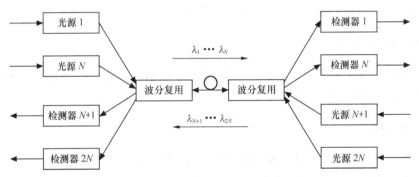

图 6-49 DWDM 的单纤双向传输传输方式

单纤双向传输的优点是允许单根光纤携带全双工通路，通常可以比单向传输节约一半光纤器件，而且能够更好地支持点到点 SDH 系统的 1＋1、1：1 的保护结构。但缺点是该系统需要采用特殊的措施来对付光反射，以防多径干扰；另外当需要进行光信号放大，以延长传输距离时，必须采用双向光纤放大器，以及光环形器等元件，其噪声系数差。

③ 光分出和插入传输方式

通过光分插复用器（OADM）可以实现各波长光信号在中间站的分出和插入，即完成光的上下路，如图 6-50 所示。

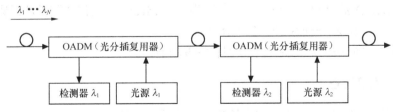

图 6-50 DWDM 的光分出和插入传输方式

利用这种方式可以完成 DWDM 系统的环形组网。目前，OADM 只能够做成固定波长上下的器件，使这种工作方式的灵活性受到了限制。

6.4.4　数字微波传输系统

数字微波通信是以微波作为载体传送数字信号的一种通信手段。数字微波传输系统的方框图如图 6-51 所示。

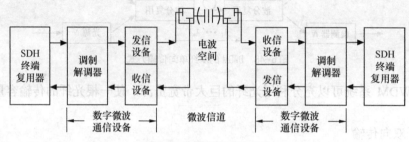

图 6-51　数字微波传输系统

图 6-51 中显示的是 SDH 数字微波传输系统，它由 SDH 终端复用器、调制解调器、微波收发信设备及微波信道等组成，下面分别加以介绍。

1．SDH 终端复用器

发端的 SDH 终端复用器将各支路信号复用成为 STM-N 电信号，再转换成 STM-N 光信号输出。接收端完成相反的变换。

2．调制解调器

调制解调器具体包括光接口设备、数字处理器（DSP）和中频调制解调器。

（1）光接口设备

发端的光接口设备首先将来自 SDH 终端复用器的 STM-N 光信号转换为电信号，然后形成特定的微波传输所用的帧结构。接收端光接口则完成相反的变换。

（2）数字处理器（DSP）

数字处理器负责完成 SDH 微波传输中所要求的信号处理功能，主要包括插入微波辅助开销（RFCOH）（用于微波信道的操作、维护和管理）等形成完整的微波帧、扰码、纠错编码等。

（3）中频调制解调器

数字微波传输系统中的调制是分两步进行的，第一步先将基带信号调制到中频（70 MHz 或 140 MHz）上，然后再利用射频载波（频率为几千 MHz）将其混频到微波射频（在长途微波接力信道上，工作频率一般在 2～20 GHz）上。

图 6-51 中的调制解调器是完成中频调制解调功能的。

3．微波收发信设备

微波发信设备完成射频混频和放大等功能，然后由微波馈线、天线发射到空间传输；收端完成相反的变换。如果收、发共用同一天线、馈线系统，则收、发使用不同的微波射频频率；若采用收、发频率分开的两个天线、馈线系统，则收、发可采用相同的射频频率，但要采用不同的极化方式。

4．微波信道

微波信道包括电磁波传播的空间及一些微波站。微波站主要有中继站、分路站和枢纽站。

（1）中继站

中继站是位于线路中间、不上下话路的站。其作用是对收到的已调信号进行解调、判决和再生处理，以消除传输中引入的噪声干扰和失真。这种设备中不需配置倒换设备，但应有站间公务联络和无人职守功能。

（2）分路站

分路站也位于线路中间的站，它既可以上下收、发信道的部分支路，也可以沟通干线上两个方向之间的通信，完成再生功能。分路站是为了适应一些地方的小容量的信息交换而设置。

（3）枢纽站

枢纽站处在微波通信线路的中间，它也可以上下话路，对两条以上微波通信线路进行汇接，它一般设在省会以上大城市。

数字微波传输系统主要用于长途通信和地形复杂地区的短距离通信。

6.4.5　数字卫星传输系统

数字卫星传输系统利用人造卫星作中继站，在地球上的无线电通信站之间传送数字信号。其方框图如图 6-52 所示。

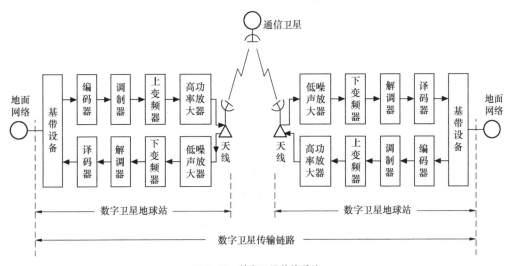

图 6-52　数字卫星传输系统

用户发出的基带信号经过地面通信网络送到数字地球站，地面网络可能是一个电话交换网，或是连到地球站的专用线路。来自地面网络的数字信号进入数字地球站的基带设备，在此除了进行数字信号的复用外还要进行其他处理，以适合卫星通信传输的要求。编码器完成纠错编码的功能，将附加数字码插入到基带设备输出的码流中，然后经过中频调制后，在上变频器中将已调中频载波混频到卫星上行频谱的射频上，最后经放大后由天线发射到卫星上。

在地球站的接收端，天线接收到的信号首先经低噪声放大器放大，然后经下变频器将射频混频到中频，再经中频解调和译码后恢复信息码流，最后经基带设备处理后传送到地面网络。

数字卫星通信可提供电话、电视、音乐广播、数据传输和电报等各种业务。随着各种新技术的不断发展，容量越来越大。如国际卫星通信组织的 INTELSAT-V（简记为 IS-V）的容量可达 12 000 路双向电话再加两路彩电，美国的 COMSTAR 达到 14 400 路双向电话。

6.5 SDH 传输网

第 5.2 节介绍了同步数字系体（SDH）的基本概念。目前，许多通信网交换局之间都采用 SDH 网做为传输网，它为交换局之间提供高速高质量的数字传送能力，本节介绍有关 SDH 传输网的相关内容。

6.5.1 SDH 传输网的拓扑结构

网络的物理拓扑泛指网络的形状，即网络节点和传输线路的几何排列，它反映了物理上的连接性。网络的效能、可靠性和经济性在很大程度上均与具体物理拓扑有关。

当通信只涉及两点时，即点到点拓扑，常规的 PDH 系统和初期应用的 SDH 系统都是基于这种物理拓扑的，除这种简单情况外，SDH 网还有五种基本拓扑结构，如图 6-53 所示。

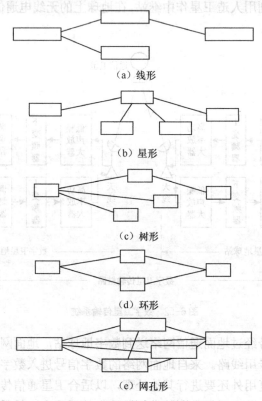

（a）线形

（b）星形

（c）树形

（d）环形

（e）网孔形

图 6-53　SDH 网基本物理拓扑类型

1. 线形拓扑结构

将通信网络中的所有点一一串联，而使首尾两点开放，这就形成了线形拓扑结构，有时也称为链形拓扑结构，如图 6-53（a）所示。

线形拓扑结构的网络的两端节点上配备有终端复用器，而在中间节点上配备有分插复用器，为了延长距离，节点间可以加中继器。

这种网络结构简单，便于采用线路保护方式进行业务保护，但当光缆完全中断时，此种保护功能失效。另外这种网络的一次性投资小，容量大，具有良好的经济效益，因此很多地区采用此种结构来建立 SDH 网络。

2. 星形拓扑结构

星形拓扑结构是通信网络中某一特殊节点（即枢纽点）与其他各节点直接相连，而其他各节点间不能直接连接，如图 6-53（b）所示。

在这种拓扑结构中，特殊节点之外两节点间通信都必须通过此枢纽点才能进行，特殊节点为经过的信息流进行路由选择并完成连接功能。一般在特殊节点配置数字交叉连接设备（DXC）以提供多方向的连接，而在其他节点上配置终端复用器（TM）。

星形拓扑结构的优点是可以将多个光纤终端统一成一个终端，并利于分配带宽，节约投资和运营成本，但也存在着特殊点的安全保障问题和潜在瓶颈问题。

3. 树形拓扑结构

树形拓扑结构可以看成是线形拓扑和星形拓扑的结合，即将通信网络的末端点连接到几个特殊节点，如图 6-53（c）所示。

通常在这种网络结构中，连接 3 个以上方向的节点应设置 DXC，其他节点可设置 TM 或 ADM。

树形拓扑结构可用于广播式业务，但它不利于提供双向通信业务，同时还存在瓶颈问题和光功率限制问题。这种网络结构一般长途网中使用。

4. 环形拓扑结构

环形拓扑结构实际上就是将线形拓扑的首尾之间再相互连接，从而任何一点都不对外开放构成的一个封闭环路的网络结构，如图 6-53（d）所示。

在环形网络中，只有任意两网络节点之间的所有节点全部完成连接之后，任意两个非相邻网络节点才能进行通信。通常在环形网络结构中的各网络节点上，可选用分插复用器，也可以选用数字交叉连接设备来作为节点设备，它们的区别在于后者具有交叉连接功能，它是一种集复用、自动化配线、保护/恢复、监控和网管等功能为一体的传输设备，可以在外接的操作系统或电信管理网络（TMN）设备的控制下，对多个电路组成的电路群进行交换，因此其成本很高，故通常使用在线路交汇处。

这种网络结构的一次性投资要比线形网络大，但其结构简单，而且在系统出现故障时具有自愈功能，即系统可以自动地进行环回倒换处理，排除故障网元，而无需人为地干涉就可恢复业务，具有很强的生存性。这种功能对现代大容量光纤网络是至关重要的，因而环形网络结构受到人们广泛关注。

5. 网孔形拓扑结构

当涉及通信的许多点直接互相连接时就形成了网孔形拓扑结构，若所有的点都彼此连接即称为理想的网孔形拓扑（网形网），如图 6-53（e）所示。

通常在业务密度较大的网络中的每个网络节点上均需设置一个 DXC，可为任意两节点间提供两条以上的路由。这样一旦网络出现某种故障，则可通过 DXC 的交叉连接功能，对受故障影响的业务进行迂回处理，以保证通信的正常进行。

由此可见，这种网络结构的可靠性高，但由于目前 DXC 设备价格昂贵，如果网络中采用此设备进行高度互联，则会使光缆线路的投资成本增大，从而一次性投资大大增加，故这种网络结构一般在 SDH 技术相对成熟、设备成本进一步降低、业务量大且密度相对集中时采用。

从上可看出，各种拓扑结构各有其优缺点，在作具体的选择时，应综合考虑网络的生存性、网络配置的容易性，同时网络结构应当适于新业务的引进等多种实际因素和具体情况。一般来说，用户网适于星形拓扑和环形拓扑，有时也可用线形拓扑；中继网适于采用环形和线形拓扑；长途网则适于树形和网孔形的结合。

6.5.2 SDH 自愈网

所谓自愈网就是无需人为干预，网络就能在极短时间内从失效故障中自动恢复所携带的业务，使用户感觉不到网络已出了故障。其基本原理就是使网络具备备用（替代）路由，并重新确立通信能力。自愈的概念只涉及重新确立通信，而不管具体失效元部件的修复与更换，而后者仍需人工干预才能完成。

自愈网的实现手段多种多样，目前主要采用的有线路保护倒换、环形网保护、DXC 保护及混合保护等。下面分别加以介绍。

1. 线路保护倒换

线路保护倒换是最简单的自愈形式，其基本原理是当出现故障时，由工作通道（主用）倒换到保护通道（备用），用户业务得以继续传送。

（1）线路保护倒换方式

线路保护倒换有两种方式：

① 1+1 方式。1+1 方式采用并发优收，即工作段和保护段在发送端永久地连在一起（桥接），信号同时发往工作段（主用）和保护段（备用），在接收端择优选择接收性能良好的信号。

② 1：n 方式。1：n 方式是保护段由 n 个工作段共用，当其中任意一个出现故障时，均可倒换至保护段（一般 n 的取值范围为 1～14）。1：1 方式是 1：n 方式的一个特例。

（2）线路保护倒换的特点

归纳起来，线路保护倒换的主要特点如下。

① 业务恢复时间很快，可短于 50 ms。

② 若工作段和保护段属同缆复用（即主用和备用光纤在同一缆芯内），则有可能导致工作段（主用）和保护段（备用）同时因意外故障而被切断，此时这种保护方式就失去作用了。解决的办法是采用地理上的路由备用，当主用光缆被切断时，备用路由上的光缆不受影响，仍能将信号安全地传输到对端。但该方案至少需要双份的光缆和设备，成本较高。

2. 环形网保护

当把网络节点连成一个环形时，可以进一步改善网络的生存性和成本，这是 SDH 网的一种典型拓扑方式。环形网的节点一般用 ADM（也可以用 DXC），而利用 ADM 的分插能力和智能构成的自愈环是 SDH 的特色之一，也是目前研究和应用比较活跃的领域。

采用环形网实现自愈的方式称为自愈环。

目前自愈环的结构种类很多，按环中每个节点插入支路信号在环中流动的方向来分，可以分为单向环和双向环；按保换倒换的层次来分，可以分为通道倒换环和复用段倒换环；按环中每一对节点间所用光纤的最小数量来分，可以划分为二纤环和四纤环。下面分析几种常用的自愈环。

（1）二纤单向通道倒换环

二纤单向通道倒换环如图 6-54（a）所示。

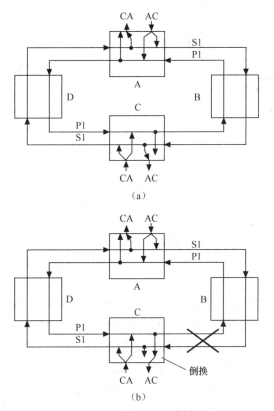

图 6-54　二纤单向通道倒换环

二纤单向通道保护环由两根光纤实现，其中一根用于传业务信号，称 S1 光纤，另一根用于保护，称 P1 光纤。基本原理采用 1+1 保护方式，即利用 S1 光纤和 P1 光纤同时携带业务信号并分别沿两个方向传输，但接收端只择优选择其中的一路。

例如：节点 A 至节点 C 进行通信（AC），将业务信号同时馈入 S1 和 P1，S1 沿顺时针将信号送到 C，而 P1 则沿逆时针将信号也送到 C。接收端分路节点 C 同时收到两个方向来的支路信号，按照分路通道信号的优劣决定选哪一路作为分路信号。正常情况下，以 S1 光纤送来信号为主信号，因此节点 C 接收来自 S1 光纤的信号。节点 C 至节点 A 的通信（CA）同理。

当 BC 节点间光缆被切断时，两根光纤同时被切断，如图 6-54（b）所示。

在节点 C，由于 S1 光纤传输的信号 AC 丢失，则按通道选优准则，倒换开关由 S1 光纤转至 P1 光纤，使通信得以维护。一旦排除故障，开关再返回原来位置，而 C 到 A 的信号 CA 仍经主光纤到达，不受影响。

（2）二纤双向通道倒换环

二纤双向通道倒换环的保护方式有两种：1+1 方式和 1：1 方式。

1+1 方式的二纤双向通道倒换环如图 6-55（a）所示。

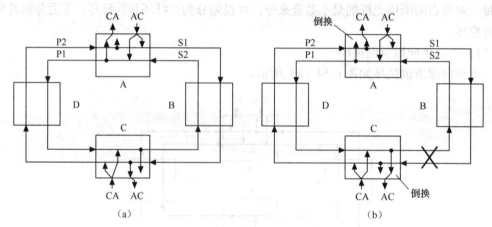

图 6-55　二纤双向通道倒换环

1+1 方式的二纤双向通道倒换环的原理与单向通道倒换环的基本相同，也是采用"并发优收"，即往主用光纤和备用光纤同时发信号，收端择优选取，唯一不同的是返回信号沿相反方向（这正是双向的含义）。例如，节点 A 至节点 C（AC）的通信，主用光纤 S1 沿顺时针方向传信号，备用光纤 P1 沿逆时针方向传信号；而节点 C 至节点 A（CA）的通信，主用 S2 光纤沿逆时针方向（与 S1 方向相反）传信号，备用 P2 光纤沿顺时针方向传信号（与 P1 方向相反）。

当 BC 节点间两根光纤同时被切断时，如图 6-55（b）所示。AC 方向的信号在节点 C 倒换（即倒换开关由 S1 光纤转向 P1 光纤，接收由 P1 光纤传来的信号），CA 方向的信号在节点 A 也倒换（即倒换开关由 S2 光纤转向 P2 光纤，接收由 P2 光纤传来的信号）。

这种 1+1 方式的双向通道倒换环主要优点是可以利用相关设备在无保护环或线性应用场合下具有通道再利用的功能，从而使总的分插业务量增加。

二纤双向通道倒换环如果采用 1：1 方式，在保护通道中可传额外业务量，只在故障出现时，才从工作通道转向保护通道。这种结构的特点是：虽然需要采用 APS 协议，但可传额外业务量，可选较短路由，易于查找故障等。尤其重要的是可由 1：1 方式进一步演变成 $M：N$ 方式，由用户决定只对哪些业务实施保护，无需保护的通道可在节点间重新启用，从而大大提高了可用业务容量。缺点是需由网管系统进行管理，保护恢复时间大大增加。

（3）二纤单向复用段倒换环

二纤单向复用段倒换环如图 6-56（a）所示。

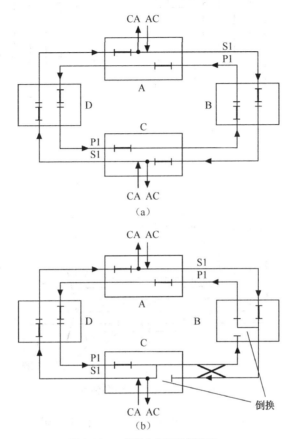

（a）

（b）

图 6-56 二纤单向复用段倒换环

它的每一个节点在支路信号分插功能前的每一高速线路上都有一保护倒换。正常情况下，信号仅仅在 S1 光纤中传输，而 P1 光纤是空闲的。例如，从 A 到 C 信号经 S1 过 B 到 C，而从 C 到 A 的信号 CA 也经 S1 过 D 到达 A。

当 BC 节点间光缆被切断时，如图 6-56（b）所示，则 B、C 两个与光缆切断点相连的两个节点利用 APS 协议执行环回功能。此时，从 A 到 C 的信号 AC 则先经 S1 到 B，在 B 节点经倒换开关倒换到 P1，再经 P1 过 A、D 到达 C，并经 C 节点倒换开关环回到 S1 光纤并落地分路。而信号 CA 则仍经 S1 传输。这种环回倒换功能能保证在故障情况下仍维持环的连续性，使传输的业务信号不会中断。故障排除后，倒换开关再返回原来位置。

（4）四纤双向复用段倒换环

四纤双向复用段倒换环如图 6-57（a）所示。

它有两根业务光纤 S1、S2 和两根保护光纤 P1、P2。S1 形成一顺时针业务信号环，P1 则为 S1 反方向的保护信号环；S2 则是逆时针业务信号环，P2 则是 S2 反方向的保护信号环。四根光纤上都有一个倒换开关，起保护倒换作用。

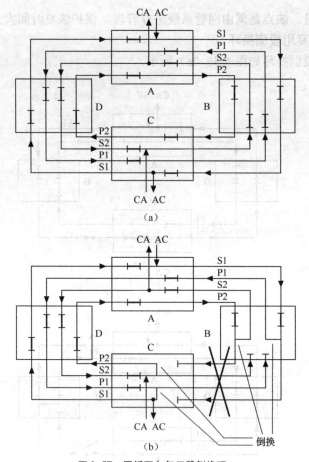

图 6-57　四纤双向复用段倒换环

正常情况下，从 A 节点进入到 C 的低速支路信号沿 S1 传输，而从节点 C 进入环到 A 的信号沿 S2 传输，P1、P2 此时空闲。

当 BC 之间四根光纤被切断，利用 APS 协议在 B 和 C 节点中各有两个执行环回功能，从而保护环的信号传输，见图 6-57（b），在 B 节点，S1 和 P1 连通，S2 和 P2 连通，C 节点也同样完成这个功能。这样，由 A 到 C 的信号沿 S1 到达 B 节点，在 B 节点经倒换开关倒换到 P1，再经 P1 过 A、D 到达 C，并经 C 节点倒换开关环回到 S1 光纤并落地分路。而由 C 至 A 的信号先在 C 节点经倒换开关由 S2 倒换到 P2，经 P2 过 D、A 到达 B，在 B 节点经倒换开关倒换到 S2，再经 S2 传输到 A 节点。等 BC 恢复业务通信后，倒换开关再返回原来位置。

（5）二纤双向复用段倒换环

二纤双向复用段倒换环是在四纤双向复用段倒换环基础上改进得来的。它采用了时隙交换（TSI）技术，使 S1 光纤和 P2 光纤上的信号都置于一根光纤（称 S1/P2 光纤），利用 S1/P2 光纤的一半时隙（例如时隙 1～M）传 S1 光纤的业务信号，另一半时隙（时隙 $M+1$ 到 N，其中 $M \leqslant N/2$）传 P2 光纤的保护信号。同样 S2 光纤和 P1 光纤上的信号也利用时隙交换技术置于一根光纤（称 S2/P1 光纤）上。由此，四纤环可以简化为二纤环。二纤双向复用段倒换环如图 6-58（a）所示。

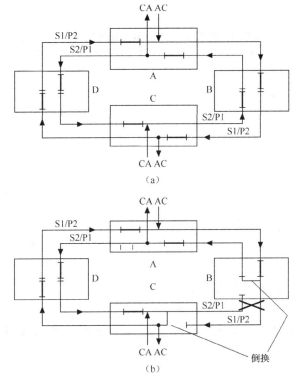

图 6-58 二纤双向复用段倒换环

当 BC 节点间光缆被切断，与切断点相邻的 B 节点和 C 节点中的倒换开关将 S1/P2 光纤与 S2/P1 光纤沟通，如图 6-58（b）所示。利用时隙交换技术，通过节点 B 的倒换，将 S1/P2 光纤上的业务信号时隙（1~M）移到 S2/P1 光纤上的保护信号时隙（M+1~N）；通过节点 C 的倒换，将 S2/P1 光纤上的业务信号时隙（1~M）移到 S1/P2 光纤上的保护信号时隙（M+1~N）。当故障排除后，倒换开关将返回到原来的位置。

由于一根光纤同时支持业务信号和保护信号，所以二纤双向复用段倒换环的容量仅为四纤双向复用段倒换环的一半。

（6）几种自愈环的比较

以上介绍了 5 种自愈环，下面将 4 种主要的自愈环特性做一比较，如表 6-7 所示。

表 6-7　　　　　　　　　　主要自愈环特性的比较

项目	二纤单向通道倒换环（1+1）	二纤双向通道倒换环（1:1）	四纤双向复用段倒换环	二纤双向复用段倒换环
节点数	k	k	k	k
保护容量（相邻业务量）	1	1	k	$0.5k$
保护容量（均匀业务量）	1	1	3~3.8	1.5~1.9
保护容量（集中业务量）	1	1	1	1
基本容量单位	VC-12/3/4	VC-12/3/4	VC-4	VC-4
保护时间（ms）	30	50	50	150~200
初始成本	低	低	高	中
成本（集中业务量）	低	低	高	中

续表

项目	二纤单向通道倒换环（1＋1）	二纤双向通道倒换环（1：1）	四纤双向复用段倒换环	二纤双向复用段倒换环
成本（均匀业务量）	高	高	中	中
APS	无	有	有	有
抗多点失效能力	无	无	有	无
错连问题	无	无	需压制功能	需压制功能
端到端保护	有	有	无	无
应用场合	接入网、中继网	接入网、中继网、长途网	中继网、长途网	中继网、长途网

这里有以下几个问题需要说明。

① 表中所列的容量与业务量分布有关。三种典型的业务量分布如下。

- 相邻业务量——业务量主要分布在相邻节点之间。
- 均匀业务量——业务量分布比较均匀。
- 集中业务量——业务量分布比较集中。

② 错连问题指的是在保护倒换时业务信号的走向出现错误，导致错连。解决的办法可采用压制功能，即丢掉错连的业务量。

3. DXC 保护

DXC 保护主要是指利用 DXC 设备在网孔形网络中进行保护的方式。

在业务量集中的长途网中，一个节点有很多大容量的光纤支路，它们彼此之间构成互连的网孔形拓扑。若是在节点处采用 DXC4/4 设备，则一旦某处光缆被切断时，利用 DXC4/4 的快速交叉连接特性，可以很快地找出替代路由，并且恢复通信。于是产生了 DXC 保护方式，如图 6-59 所示。

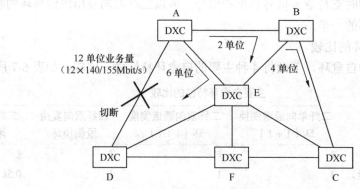

图 6-59 DXC 保护方式

DXC 保护方式是这样进行保护的：例如，假设从 A 到 D 节点，本有 12 个单位的业务量（假设为 12 × 140/155 Mbit/s），当 AD 间的光缆被切断后，DXC 可以从网络中发现图 6-59 中所示的 3 条替代路由来共同承担这几个单位的业务量。从 A 经 E 到 D 分担 6 个单位，从 A 经 B 和 E 到 D 分担 2 个单位，从 A 经 B、C 和 F 到 D 分担 4 个单位。

4．混合保护

所谓混合保护是采用环形网保护和 DXC 保护相结合，这样可以取长补短，大大增加网络的保护能力。混合保护结构如图 6-60 所示。

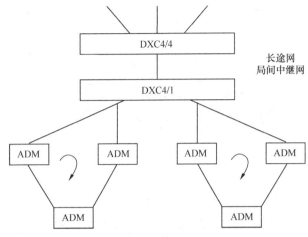

图 6-60 混合保护结构

5．各种自愈网的比较

线路保护倒换方式（采用路由备用线路）配置容易，网络管理简单，而且恢复时间很短（50 ms 以内），但缺点是成本较高，主要适用于两点间有稳定的大业务量的点到点应用场合。

环形网结构具有很高的生存性，故障后网络的恢复时间很短（小于 50 ms），具有良好的业务量疏导能力，在简单网络拓扑条件下，环形网的网络成本要比 DXC 低很多，环形网主要适用于用户接入网和局间中继网。其主要缺点是网络规划较困难，开始时很难准确预计将来的发展，因此在开始时需要规划较大的容量。

DXC 保护同样具有很高的生存性，但在同样的网络生存性条件下所需附加的空闲容量远小于网形网。通常，对于能容纳 15%～50%增长率的网络，其附加的空闲容量足以支持 DXC 保护的自愈网。DXC 保护最适于高度互连的网孔形拓扑，例如用于长途网中更显出 DXC 保护的经济性和灵活性，DXC 也适用于作为多个环形网的汇接点。DXC 保护的一个主要缺点是网络恢复时间长，通常需要数十秒到数分钟。

混合保护网的可靠性和灵活性较高，而且可以减小对 DXC 的容量要求，降低 DXC 失效的影响，改善了网络的生存性，另外环的总容量由所有的交换局共享。

6.5.3 SDH 传输网的分层结构

我国的 SDH 网络结构分为 4 个层面，如图 6-61 所示。

最高层面为长途一级干线网，主要省会城市及业务量较大的汇接节点城市装有 DXC4/4，其间由高速光纤链路 STM-4 或 STM-16 组成，形成了一个大容量、高可靠的网孔形国家骨干网结构，并辅以少量线形网。由于 DXC4/4 也具有 PDH 体系的 140 Mbit/s 接口，因而原有的 PDH 的 140 Mbit/s 和 565 Mbit/s 系统也能纳入由 DXC4/4 统一管理的长途一级干线网中。另外，该层面采用 DXC 选路加系统保护的恢复方式。

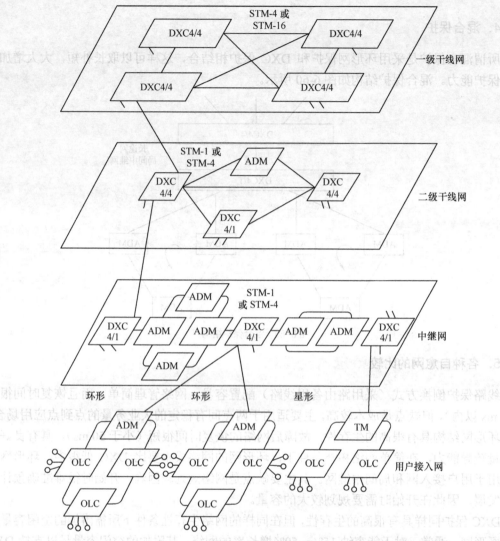

图 6-61　SDH 网络分层结构

第二层面为二级干线网，主要汇接节点装有 DXC4/4 或 DXC4/1，其间由 STM-1 或 STM-4 组成，形成省内网状或环形骨干网结构，并辅以少量线形网结构。由于 DXC4/1 有 2 Mbit/s，34 Mbit/s 或 140 Mbit/s 接口，因而原来 PDH 系统也能纳入统一管理的二级干线网，并具有灵活调度电路的能力。该层面采用 DXC 选路、自愈环及系统保护的恢复方式。

第三层面为中继网（即长途端局与市局之间以及市话局之间的部分），可以按区域划分为若干个环，由 ADM 组成速率为 STM-1 或 STM-4 的自愈环，也可以是路由备用方式的两节点环。这些环具有很高的生存性，又具有业务量疏导功能。环形网中主要采用复用段倒换环方式，但究竟是四纤还是二纤取决于业务量和经济的比较。环间由 DXC4/1 沟通，完成业务量疏导和其他管理功能。同时也可以作为长途网与中继网之间以及中继网和用户接入网之间的网关或接口，最后还可以作为 PDH 与 SDH 之间的网关。该层面采用自愈环或 DXC 选路（必要时）的恢复方式。

最低层面为用户接入网。由于处于网络的边界处，业务容量要求低，且大部分业务量汇集于一个节点（端局）上，因而通道倒换环和星形网都十分适合于该应用环境，所需设备除 ADM 外还有光用户环路载波系统（OLC）。速率为 STM-1 或 STM-4，接口可以为 STM-1 光/电接口，PDH 体系的 2 Mbit/s，34 Mbit/s 或 140 Mbit/S 接口，普通电话用户接口，小交换机接口，2B+D 或 30B+D 接口以及城域网接口等。该层面采用自愈环或无保护的恢复方式。

综上所述，我国的 SDH 网络结构具有以下几个特点。

（1）具有 4 个相对独立而又综合一体的层面；

（2）简化了网络规划设计；

（3）适应现行行政管理体制；

（4）各个层面可独立实现最佳化；

（5）具有体制和规划的统一性、完整性和先进性。

另外需要说明的是：今后我国的 SDH 网络结构有可能将四个层面逐渐简化为两个层面，即一级和二级干线网融为一体，组成长途网；中继网和接入网融为一体，组成本地网。

6.5.4 SDH 传输网的网同步

1. 网同步的基本概念

（1）网同步的概念

所有数字网都要实现网同步。所谓网同步是使网中所有交换节点的时钟频率和相位保持一致（或者说所有交换节点的时钟频率和相位都控制在预先确定的容差范围内），以便使网内各交换节点的全部数字流实现正确有效地交换。

（2）网同步的必要性

为了说明网同步的必要性，可引用图 6-62 所示的数字网示意图。

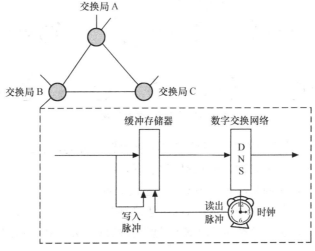

图 6-62　数字网示意图

图 6-62 中各交换局都装有数字交换机，该图是将其中一个加以放大来说明其内部简要结构的。每个数字交换机都以等间隔数字比特流将信号送入传输系统，通过传输链路传入另一个数字交换机（经转接后再送给被叫用户）。

以交换局 C 为例，其输入数字流的速率与上一节点（假设为 A 局）的时钟频率一致，输入数字流在写入脉冲（从输入数字流中提取的）的控制下逐比特写入（即输入）到缓冲存储器中，而在读出脉冲（本局时钟）控制下从缓冲存储器中读出（即输出）。显然，缓冲存储器的写入速率（等于上一节点的时钟频率）与读出速率（等于本节点的时钟频率）必须相同，否则，将会发生以下两种信息差错的情况。

① 写入速率大于读出速率，将会造成存储器溢出，致使输入信息比特丢失（即漏读）。

② 写入速率小于读出速率，可能会造成某些比特被读出两次，即重复读出（重读）。

产生以上两种情况都会造成帧错位，这种帧错位的产生就会使接收的信息流出现滑动。滑动将使所传输的信号受到损伤，影响通信质量，若速率相差过大，还可能使信号产生严重误码，直至通信中断。

由此可见，在数字网中为了防止滑动，必须使全网各节点的时钟频率保持一致。

（3）网同步的方式

网同步的方式有好几种，目前各国公用网中交换节点时钟的同步主要采用主从同步方式。

主从同步方式是在网内某一主交换局设置高精度高稳定度的时钟源（称为基准主时钟或基准时钟），并以其为基准时钟通过树状结构的时钟分配网传送到（分配给）网内其他各交换局，各交换局采用锁相技术将本局时钟频率和相位锁定在基准主时钟上，使全网各交换节点时钟都与基准主时钟同步。

主从同步方式示意图如图 6-63 所示。

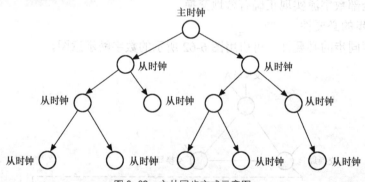

图 6-63　主从同步方式示意图

主从同步方式一般采用等级制，目前 ITU-T 将时钟划分为四级。

① 一级时钟——基准主时钟，由 G.811 建议规范；

② 二级时钟——转接局从时钟，由 G.812 建议规范；

③ 三级时钟——端局从时钟，也由 G.812 建议规范；

④ 四级时钟——数字小交换机（PBX）、远端模块或 SDH 网络单元从时钟，由 G.81S 建议规范。

主从同步方式的主要优点是网络稳定性较好，组网灵活，适于树形结构和星形结构，对从节点时钟的频率精度要求较低，控制简单，网络的滑动性能也较好。主要缺点是对基准主时钟和同步分配链路的故障很敏感，一旦基准主时钟发生故障会造成全网的问题。为此，基准主时钟应采用多重备份以提高可靠性，同步分配链路也尽可能有备用。

（4）从时钟工作模式

在主从同步方式中，节点从时钟有三种工作模式。

① 正常工作模式。正常工作模式指在实际业务条件下的工作，此时，时钟同步于输入的基准时钟信号。影响时钟精度的主要因素有基准时钟信号的固有相位噪声和从时钟锁相环的相位噪声。

② 保持模式。当所有定时基准丢失后，从时钟可以进入保持模式。此时，从时钟利用定时基准信号丢失之前所存储的频率信息（定时基准记忆）作为其定时基准而工作。这种方式可以应付长达数天的外定时中断故障。

③ 自由运行模式。当从时钟不仅丢失所有外部定时基准，而且也失去了定时基准记忆或者根本没有保持模式，从时钟内部振荡器工作于自由振荡方式，这种方式称为自由运行模式。

2．SDH 的网同步

（1）SDH 网同步结构

SDH 网同步通常采用主从同步方式。

如果数字网交换节点之间采用 SDH 作为传输手段，此时不仅是各交换节点的时钟要同基准主时钟保持同步，而且 SDH 网内各网元（如终端复用器、分插复用器、数字交叉连接设备及再生中继器等）也应与基准主时钟保持同步。

① 局间应用。局间同步时钟分配采用树形结构，使 SDH 网内所有节点都能同步。需要注意的是低等级的时钟只能接收更高等级或同一等级时钟的定时，这样做的目的是防止形成定时环路（即基准时钟的传输形成一个首尾相连的环路），造成同步不稳定。

② 局内应用。局内同步分配一般采用逻辑上的星形拓扑。所有网元时钟都直接从本局内最高质量的时钟——综合定时供给系统（BITS）获取，BITS 是从来自别的交换节点的同步分配链路中提取定时，并能一直跟踪至全网的基准主时钟。

（2）SDH 网同步的工作方式

SDH 网同步有四种工作方式。

① 同步方式。同步方式指在网中的所有时钟都能最终跟踪到同一个网络的基准主时钟。在同步分配过程中，如果由于噪声使得同步信号间产生相位差，由指针调整进行相位校准。同步方式是单一网络范围内的正常工作方式。

② 伪同步方式。伪同步方式是在网中有几个都遵守 G.811 建议要求的基准主时钟，它们具有相同的标称频率，但实际频率仍略有差别。这样，网中的从时钟可能跟踪于不同的基准主时钟，形成几个不同的同步网。因为各个基准主时钟的频率之间有微小的差异，所以在不同的同步网边界的网元中会出现频率或相位差异，这种差异仍由指针调整来校准。伪同步方式是在不同网络边界以及国际网接口处的正常工作方式。

③ 准同步方式。准同步方式是同步网中有一个或多个时钟的同步路径或替代路径出现故障时，失去所有外同步链路的节点时钟，进入保持模式或自由运行模式工作。该节点时钟频率和相位与基准主时钟的差异由指针调整校准。但指针调整会引起定时抖动，一次指针调整引起的抖动可能不会超出规定的指标。可当准同步方式时，持续的指针调整可能会使抖动累积到超过规定的指标，而恶化同步性能，同时将引起信息净负荷出现差错。

④ 异步方式。异步方式是网络中出现很大的频率偏差（即异步的含义），当时钟精度达

不到 ITU-T G.81S 所规定的数值时，SDH 网不再维持业务而将发送 AIS 告警信号。异步方式工作时，指针调整用于频率跟踪校准。

6.5.5　SDH 传输网的规划设计

1．SDH 传输网规划设计的原则

在进行 SDH 传输网络规划设计时，除应参照原邮电部 1994 年制定的《光同步传输技术体制》的相关标准和有关规定外，还要结合具体情况，确定网络拓扑结构、设备选型等内容，此外还要注意以下问题。

（1）SDH 传输网络的建设应有计划分步骤实施。一个使用的 SDH 网络结构相当复杂，它与经济、环境以及当前业务发展状况有关。因而在综合考虑建设资金、业务量和技术等条件的前提下，逐步向更完善的网络结构过渡。

（2）SDH 网络规划应与本地电话网的范围相协调，省内传输网络建设一般应覆盖所有长途传输中心所在的城市。

（3）我国的长途传输网目前是由省际网（一级干线网）和省内网（二级干线网）两个层面组成的，SDH 网络规划应考虑两个层的合理衔接。

（4）现在在做 SDH 网络规划时，除考虑电话业务之外，必须兼顾考虑数据、图文、视频、电路租用等业务对传输的要求。另外还应从网络功能划分方面考虑到支撑网对传输的要求，同时还要充分考虑网络的安全性问题，以此根据网络拓扑和设备配置情况，确定网络冗余度、网络保护方式和通道调度方式。

（5）在我国的 SDH 映射结构中，只对 PDH 2 Mbit/s，34 Mbit/s，140 Mbit/s 三种支路信号提供了映射路径，又由于 34 Mbit/s 信号的频带利用率最低，故而建议使用 2 Mbit/s，140 Mbit/s 接口。如需要经主管部门审批后，可为 34 Mbit/s 支路信号提供接口。

（6）新建立的 SDH 网络是叠加在原有 PDH 网络上的，两种网络之间的互连可通过边界上的接口来实现，但应尽量减少互连的次数以避免抖动的影响。

2．SDH 传输网规划设计的内容

这里主要介绍本地 SDH 传输网规划设计的内容。

（1）网络拓扑结构的设计

在选择 SDH 传输网的拓扑结构时，应考虑到以下几方面的因素。

① 在进行 SDH 网络规划时，应从经济角度衡量其合理性，同时还要考虑到不同地区、不同时期的业务增长率的不平衡性。

② 应考虑网络现状、网络覆盖区域、网络保护及通道调度方式以及节点传输容量，最大限度地利用现有网络设备。

③ 由于环形网环中接入节点数受到传输容量的限制，因而环网适用于传输容量不大、节点数较少的地区。通常当环的节点设备速率为 STM-4 时，接入节点数一般在 3～5 个为宜；当 ADM 的速率为 STM-16 时，接入节点数不宜超过 10 个。

④ 根据具体业务分布情况和经济条件，选择适当的保护方式。

前面介绍过 SDH 网络的拓扑结构有线形、星形、树形、环形和网孔形，由于环形拓扑结

构具有自愈功能，所以在本地 SDH 传输网规划设计时一般采用环形拓扑结构，并根据情况配以一定的线形（也叫链形）。

环形拓扑结构中各节点的设备一般选用分插复用器（ADM）。

下面举例说明如何进行 SDH 传输网的规划设计。

图 6-64 是某市本地网的拓扑结构。为了便于集中计费和实现新业务，上级地区本地网已经采用智能网软交换平台。采用了智能网软交换平台后，要求本地网内任一端局的任一次呼叫必须经过智能网软交换平台交换后，才能到达目的局。所以即使一个端局内的用户呼叫本端局的另一用户，也必须经过智能网软交换平台，才能到达本端局的另一用户。本地区的各端局之间无直达电路，各端局只与汇接局 A 有电路。

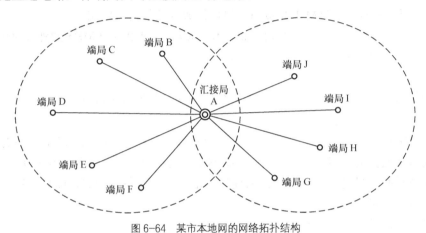

图 6-64　某市本地网的网络拓扑结构

所设计的 SDH 传输网所连接的本地网的逻辑结构也如图 6-64 所示。本次设计的传输网所连接的局站共有 10 个，其中汇接局 A 与端局 B、C、D、E、F 以星形方式连接，又同时与端局 G、H、I、J 以星形方式连接。

本次设计的传输网的物理结构如图 6-65 所示。

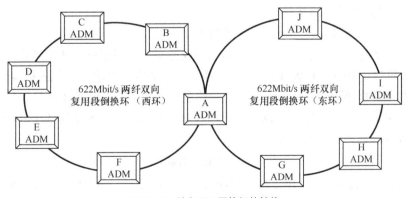

图 6-65　某市 SDH 网络拓扑结构

由图 6-65 可见，所设计的 SDH 传输网连成两个环路，两环之间通过汇接局 A 相连。

（2）设备选型

目前，生产 SDH 设备的厂家颇多，国外的有朗讯、富士通等，国内的有武汉院、中兴、华为等公司。在进行设备选型时要综合考虑：技术先进性、可靠性、适用性、经济性和组网灵活性等因素。

例如，图 6-65 所示的 SDH 网络，选择使用中兴公司生产的 ZXSM-150/600/2500 系列 SDH 光同步传送设备。该设备的特点如下。

① 可由 STM-1 升级到 STM-4 直至 STM-16，只需要更换光接口板，实现平滑升级。

② 它的核心设计理念是"模块化的平台式结构"，设备硬件采用模块化设计，将 SDH 设备所处理的各项功能分为网元控制、ECC 通讯处理、净荷交叉、开销处理和时钟电源等功能模块，并相对独立。

③ 在业务通道上，系统可提供 4 个群路方向的 STM-16 光接口、12 个群路方向的 STM-4 光接口、32 个群路方向的 STM-1 光接口，可以组成复杂的传输网络。

④ 配置 BITS 外部时钟接口盒，可提供 2 路 2 Mbits/s 或 2 路 2 MHz 的外部时钟接入或 2 路 2 Mbits/s 或 2 路 2 MHz 的外部时钟输出。

（3）局间中继电路的计算与分配

首先计算考虑电话业务时所需的局间中继电路数，主要包括以下几步。

① 求某局到汇接局的平均话务量

由于各个端局之间无电路，它们只与所连接的汇接局有电路，每一端局发生的任一次呼叫均需要经过所连接的汇接局汇接（其中包括本端局的用户呼叫本端局的用户）。在计算各局站之间的业务量时，只进行各个端局到所连接的汇接局的业务量计算，即只计算各个端局各自发生的所有话务量。

某局到汇接局的平均话务量为

每户平均话务量（Erl/户）×用户数量

② 求中继电路条数

查厄朗表（呼损率不大于 1%）得到中继电路条数，或根据下式计算得出中继电路条数

某局到汇接局的平均话务量（Erl）/0.7（Erl/条）

（根据厄朗公式可计算出每条中继电路的话务量大约为 0.7 Erl/条）

③ 计算电话业务所需的 2 Mbit/s 电路数

所需的 2 Mbit/s 电路数为：中继电路条数/30。

2 Mbit/s 电路的预测除了要满足本地网电话业务交换的需要外，还应考虑到宽带节点、城域网节点、用户 2 Mbit/s 电路的出租，并且留出一定的富余量满足后期的扩容和发展需要。

例如，对图 6-65 所示 SDH 传输网中的西环进行局间中继电路的计算与分配。

查阅本市电信历年的话务统计报表分析，对 B、C、D、E、F5 个局的 1999 年至 2005 年用户平均话务量统计如表 6-8 所示。

表 6-8			每户平均话务量				单位：Erl
局名	1999 年	2000 年	2001 年	2002 年	2003 年	2004 年	2005 年	总平均
B	0.011	0.021	0.028	0.032	0.039	0.041	0.033	0.029
C	0.012	0.018	0.026	0.033	0.037	0.041	0.033	0.028
D	0.010	0.017	0.021	0.026	0.029	0.033	0.025	0.023
E	0.010	0.012	0.016	0.019	0.021	0.023	0.020	0.017
F	0.011	0.016	0.019	0.023	0.026	0.029	0.024	0.021

另外，依照目前电信市场的发展情况来看，固定电话的发展速度已经远落后于移动电话。在考虑 3～5 年的固话发展量上，分析目前的实际情况，应该是装机增量很小，因此，语音话务量的计算依照现在的用户数来计算。各局的用户量统计如表 6-9 所示。

表 6-9 　　　　　　　　　　　用户量统计表　　　　　　　　　　单位：户

局名	B	C	D	E	F
用户量	7 326	6 823	3 238	4 369	4 966

下面以 B 局为例来计算中继电路。

B 局到 A 局的平均话务量为

$$每户平均话务量（Erl/户）× 用户数量$$

即

$$0.029\ Erl/户 × 7\ 326\ 户 = 213\ Erl$$

查厄朗表（呼损率不大于 1%）得到中继电路条数为 305（或 213/0.7 = 305）。

2 Mbit/s 电路数为

$$305/30 = 11（个）$$

以上预测的是电话业务所需的 2 Mbit/s 电路数，再考虑到宽带节点、城域网节点、用户 2 Mbit/s 电路的出租，并为后期的扩容和发展需要留出一定的富余量。得出各局所需的 2 Mbit/s 电路数如表 6-10 所示。

表 6-10 　　　　　　　　　　2 Mbit/s 电路统计表

序号	站点	2 Mbit/s 配置（个）	富余 2 Mbit/s（个）	其他业务 2 Mbit/s（个）	2 Mbit/s 合计（个）
1	B	11	4	5	20
2	C	10	2	6	18
3	D	4	2	2	8
4	E	4	2	2	8
5	F	5	2	3	10
	合计	34	12	18	64

622 Mbit/s 西环各局的业务矩阵图如表 6-11 所示。

表 6-11 　　　　　　　　　　622 Mbit/s 南环业务矩阵图

局址	A	F	E	D	C	B	小计
A		10	8	8	18	20	64
F	10						10
E	8						8
D	8						8
C	18						18
B	20						20
小计	64	10	8	8	16	20	128

622 Mbit/s 西环通路组织图如图 6-66 所示。

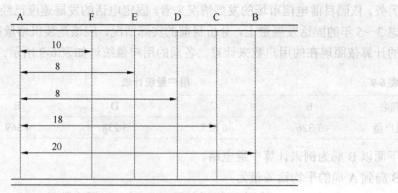

图 6-66 622 Mbit/s 西环通路组织图（单位：2 Mbit/s）

（4）局间中继距离的计算

中继距离的计算是 SDH 传输网设计的一项主要内容。在计算中继距离时应考虑衰减和色散这两个限制因素。其中色散与传输速率有关，高速传输情况下甚至成为决定因素。下面分别进行讨论。

① 衰减受限系统

在衰减受限系统中，中继距离越长，则光纤系统的成本越低，获得的技术经济效益越高。因而这个问题一直受到系统设计者们的重视。当前，广泛采用的设计方法是 ITU-T G.956 所建议的极限值设计法。这里将在进一步考虑到光纤和接头损耗的基础上，对中继距离的设计方法（极限值设计法）加以描述。

在工程设计中，一般光纤系统的中继距离可以表示为

$$L_\alpha = \frac{P_T - P_R - A_{CT} - A_{CR} - P_P - M_E}{A_f + A_S + M_C} \qquad (6\text{-}30)$$

式中，P_T 表示发送光功率（dBm）。

p_R 表示接收灵敏度（dBm）（接收灵敏度是指系统满足一定误码率指标的条件下接收机所允许的最小光功率）。

A_{CT} 和 A_{CR} 分别表示线路系统发送端和接收端活动连接器的接续损耗（dB）。

P_P 是光通道功率代价（dB），包括反射功率代价 P_r 和色散功率代价 P_d。

M_E 是设备富余度（dB）。

A_f 是中继段的平均光缆衰减系数（dB/km）。

A_S 是中继段平均接头损耗（dB/km）。

M_C 是光缆富余度（dB/km）。

② 色散受限系统

在光纤通信系统中，如果使用不同类型的光源，则由光纤色散对系统的影响各不相同，下面分别加以介绍。

- 多纵模激光器（MLM）和发光二极管（LED）

就目前的速率系统而言，通常光缆线路的中继距离用下式确定，即

$$L_D = \frac{\varepsilon \times 10^6}{B \times \Delta\lambda \times D} \qquad (6\text{-}31)$$

式中：L_D——传输距离（km）；

B——线路码速率（Mbit/s）；

D——色散系数（ps/km·nm）；

$\Delta\lambda$——光源谱线宽度（nm）；

ε——与色散代价有关的系数。

其中ε由系统中所选用的光源类型来决定，若采用多纵模激光器，具有码间干扰和模分配噪声两种色散机理，故取$\varepsilon=0.115$；若采用发光二极管，由于主要存在码间干扰，因而应取$\varepsilon=0.306$。

● 单纵模激光器（SLM）

单纵模激光器的色散代价主要是由啁啾声决定的。对于处于直接强度调制状态下的单纵模激光器，其载流子密度的变化是随注入电流的变化而变化。这样使有源区的折射率指数发生变化，从而导致激光器谐振腔的光通路长度相应变化，结果致使振荡波长随时间偏移，这就是所谓的频率啁啾现象。因为这种时间偏移是随机的，因而当受上述影响的光脉冲经过光纤后，在光纤色散的作用下，可以使光脉冲波形发生展宽，因此接收取样点所接收的信号中就会存在随机成份，这就是一种噪声——啁啾声。严重时会造成判决困难，给单模数字光通信系统带来损伤，从而限制传输距离。

其中继距离计算公式如下：

$$L_C = \frac{71\,400}{\alpha \cdot D \cdot \lambda^2 \cdot B^2} \tag{6-32}$$

式中，α为频率啁啾系数。当采用普通 DFB 激光器作为系统光源时，α取值范围为 4~6；当采用新型的量子阱激光器时，α值可降低为 2~4；而对于采用电吸收外调制器的激光器模块的系统来说，α值还可进一步降低为 0~1。同样 B 仍为线路码速率，但量纲为 Tbit/s。

以上分别介绍了考虑衰减和色散时计算中继距离的公式，对于某一传输速率的系统而言，在考虑上述两个因素同时，根据不同性质的光源，可以利用公式（6-30）和公式（6-31）或公式（6-32）分别计算出两个中继距离 L_a、L_D（或 L_C），然后取其较短的作为该传输速率情况下系统的实际可达中继距离。

（5）SDH 网络保护方式的选择

前面介绍了有关 SDH 网络保护方式的内容，已知环形网采用自愈环进行网络保护。在实际规划设计一个 SDH 传输网时，应根据本地区的实际情况（如容量、经济情况等）综合考虑采用哪一种自愈环。

图 6-65 所示 SDH 传输网采用两纤双向复用段保护方式。

（6）SDH 网同步的设计

在进行 SDH 网同步的设计时应该注意以下几点。

① 同步网定时基准传输链的长度要尽量短。

② 所有节点时钟的 NE 时钟都至少可以从两条同步路径获取定时（即应配置传送时钟的备用路径）。这样，原有路径出故障时，从时钟可重新配置从备用路径获取定时。

③ 不同的同步路径最好由不同的路由提供。

④ 一定要避免形成定时环路。

例如，图 6-65 所示 SDH 传输网的时钟同步系统采用主从同步方式，即 SDH 系统采用外部定时工作方式。时钟跟踪的情况如图 6-67 所示。

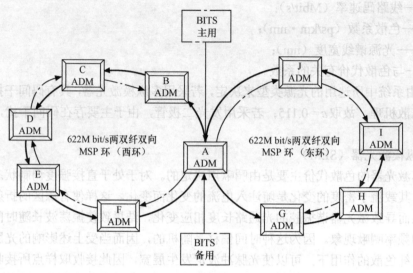

图 6-67 某市 SDH 传输网时钟跟踪示意图

在本环网系统中由于环网的节点较多，因此采用从 A 局 BITS 设备分别引用两路同步时钟信号的工作方式，其主备用时钟信号如下。

主用时钟信号：从 A 局的长途电信枢纽大楼的长途传输机房现有的大楼综合定时供给系统 BITS 设备配置 DDF 架上引入 2 Mbit/s 主用同步时钟信号，接入本次工程新设 SDH 设备 A 节点的外部同步时钟输入口 1，其余各站 SDH 设备从 STM-4 信号中提取主用时钟。

备用时钟信号：从 A 局本地传输机房现有定时供给系统 BITS 设备配置 DDF 架上引入 2 Mbit/s 备用同步时钟信号，接入本工程新设 SDH 设备 A 节点的外部同步时钟输入口 2，其余各站 SDH 设备从 STM-4 信号中提取备用时钟。

时钟保护配置方法：A 局的外部时钟源 1 分配 ID 为 1，外部时钟源 2 分配 ID 为 2，内部时钟源分配 ID 为 3，全网节点启动 S1 字节，时钟源跟踪级别设置如下。

A 局：外部时钟源 1/外部时钟源 2/内部时钟源；

B、C、D、E、F、G、H、I、J 局：跟踪主用时钟源/跟踪备用时钟源/内部时钟源。

正常情况下，各局从第一等级提取时钟，即跟踪主用时钟源。假如图 6-67 中，西环 C 局与 B 局之间的光缆断裂时，B 局跟踪 A 局的主用时钟源，而 C，D，E，F 局则只能从第二等级提取时钟，即跟踪备用时钟源。

6.5.6 基于 SDH 的 MSTP 技术

1. 多业务传送平台（MSTP）的概念

MSTP（Multi-Service Transport Platform）是指基于 SDH，同时实现 TDM、ATM、以太网等业务接入、处理和传送，提供统一网管的多业务传送平台。它将 SDH 的高可靠性、严格 QoS 和 ATM 的统计复用以及 IP 网络的带宽共享、统计复用等特征集于一身，可以针对不同 Qos 业务提供最佳传送方式。

以 SDH 为基础的多业务平台方案的出发点是充分利用大家所熟悉和信任的 SDH 技术，特别是其保护恢复能力和确保的延时性能，加以改造以适应多业务应用。多业务节点的基本实现方法是将传送节点与各种业务节点物理上融合在一起，构成具有各种不同融合程度、业务层和传送层一体化的下一代网络节点，把它称之为融合的网络节点或多业务节点。具体实施时可以将 ATM 边缘交换机、IP 边缘路由器、终端复用器(TM)、分插复用器（ADM）、数字交叉连接(DXC)设备节点和 DWDM 设备结合在一个物理实体，统一控制和管理。

2. MSTP 的功能模型

MSTP 的功能模型如图 6-68 所示。

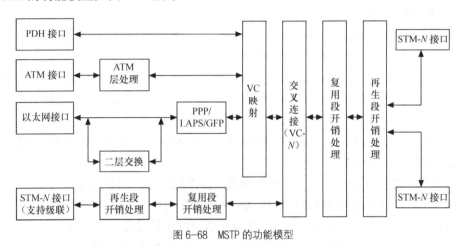

图 6-68 MSTP 的功能模型

由图 6-68 可见，基于 SDH 的多业务传送设备主要包括标准的 SDH 功能、ATM 处理功能、IP/以太网处理功能等，具体归纳如下。

（1）支持 TDM 业务功能

SDH 系统和 PDH 系统都具有支持 TDM 业务的能力，因而基于 SDH 的多业务传送节点应能够满足 SDH 节点的基本功能，可实现 SDH 与 PDH 信息的映射、复用，同时又能够满足级联、虚级联的业务要求，即能够提供低阶通道 VC-12、VC-3 级别的虚级联功能或相邻级联和提供高阶通道 VC-4 级别的虚级联或相邻级联功能(后述)，并提供级联条件下的 VC 通道的交叉处理能力。

（2）支持 ATM 业务功能

MSTP 设备具有 ATM 的用户接口，可向用户提供宽带业务；而且具有 ATM 交换功能、ATM 业务带宽统计复用功能等。

图 6-68 中 ATM 层处理模块的作用有两个。

- 由于数据业务具有突发性的特点，因此业务流量是不确定的，如果为其固定分配一定的带宽，势必会造成网络带宽的巨大浪费。ATM 层处理模块用于对接入业务进行汇聚和收敛，这样汇聚和收敛后的业务，再利用 SDH 网络进行传送。

- 尽管采用汇聚和收敛方案后大大提高了传输频带的利用率，但仍未达到最佳化的情况。这是因为由 ATM 模块接入的业务在 SDH 网络中所占据的带宽是固定的，因此当与之相连的 ATM 终端无业务信息需要传送时，这部分时隙处于空闲状态，从而造成另一类的带宽浪费。ATM 层处理功能模块，可以利用 ATM 业务共享带宽（如 155 Mbit/s）特性，通过 SDH 交叉模块，将共享 ATM 业务的带宽调度到 ATM 模块进行处理，将本地的 ATM 信元与 SDH 交叉连接模块送来的来自其他站点的 ATM 信元进行汇聚，共享 155Mbit/s 的带宽，其输出送往下一个站点。

（3）支持以太网业务功能

MSTP 设备中存在两种以太网业务的适配方式，即透传方式和采用两层交换功能的以太网业务适配方式。

① 透传方式

以太网业务透传方式是指以太网接口的数据帧不经过两层交换，直接进行协议封装，映射到相应的 VC 中，然后通过 SDH 网络实现点到点的信息传输。

② 采用两层交换功能

采用两层交换功能是指在将以太网业务映射进 VC 虚容器之前，先进行以太网两层交换处理，这样可以把多个以太网业务流复用到同一以太网传输链路中，从而节约了局端端口和网络带宽资源。由于平台中具有以太网的二层交换功能，因而可以利用生成树协议（STP）对以太网的两层业务实现保护。

归纳起来，基于 SDH 的、具有以太网业务功能的多业务传送节点应具备以下功能。

- 传输链路带宽的可配置。
- 以太网的数据封装方式可采用 PPP 协议、LAPS 协议和 GFP 协议。
- 能够保证包括以太网 MAC 帧、VLAN 标记等在内的以太网业务的透明传送。
- 可利用 VC 相邻级联和虚级联技术来保证数据帧传输过程中的完整性。
- 具有转发/过滤以太网数据帧的功能和用于转发/过滤以太网数据帧的信息维护功能。
- 能够识别符合 IEEE 802.1Q 规定的数据帧，并根据 VLAN 信息进行数据帧的转发/过滤操作。
- 支持 IEEE 802.1D 生成树协议 STP、多链路的聚合和以太网端口的流量控制。
- 提供自学习和静态配置两种可选方式以维护 MAC 地址表。

3. MSTP 的特点

MSTP 具有以下几个特点。

（1）继承了 SDH 技术的诸多优点

如良好的网络保护倒换性能、对 TDM 业务较好的支持能力等。

（2）支持多种物理接口

由于 MSTP 设备负责多种业务的接入、汇聚和传输，所以 MSTP 必须支持多种物理接口。常见的接口类型有：TDM 接口（T1/E1、T3/E3）、SDH 接口（OC-N/STM-M）、以太网接口（10/100BASE-T、GE）、POS 接口等。

（3）支持多种协议

MSTP 对多种业务的支持要求其必须具有对多种协议的支持能力。

（4）提供集成的数字交叉连接功能

MSTP 可以在网络边缘完成大部分交叉连接功能，从而节省传输带宽以及省去核心层中昂贵的数字交叉连接系统端口。

（5）具有动态带宽分配和链路高效建立能力

在 MSTP 中可根据业务和用户的即时带宽需求,利用级联技术进行带宽分配和链路配置、维护与管理。

（6）能提供综合网络管理功能

MSTP 提供对不同协议层的综合管理,便于网络的维护和管理。

基于上述的诸多优点,MSTP 在当前的各种城域传送网技术中是一种比较好的选择。

4．MSTP 中的关键技术

（1）级联与虚级联

① 级联与虚级联的概念

级联是一种组合过程,通过将几个 C-n 的容器组合起来,构成一个大的容器来满足数据业务传输的要求。级联可分为相邻级联和虚级联,下面以 VC-4 的级联为例进行说明。

相邻级联是指利用同一个 STM-N 中相邻的 VC-4 级联成 VC-4-Xc,以此作为一个整体信息结构进行传输。

虚级联则是指将分布在同一个 STM-N 中不相邻的 VC-4 或分布在不同 STM-N 中的 VC-4 按级联关系构成 VC-4-Xc,以这样一个整体结构进行业务信号的传输。当利用分布在不同 STM-N 中的 VC-4 进行级联实现信息传送时,可能各 VC-4 使用同一路由,也可能使用不同路由。

另外值得说明的是相邻级联和虚级联对于传送设备的要求不同。在采用相邻级联方式的传送通道上,要求所有的节点提供相邻级联功能,而对于虚级联,则只要求源节点和目的节点具有级联功能。因此在网络互联中会出现相邻级联和虚级联互通的情况。

② VC-4 相邻级联的实现

VC-4 的相邻级联是利用物理上连续的 SDH 帧空间来存储大于单个 VC-4 容器的数据,并通过 AU-4 指针内的级联指示字节来加以标识。一个 VC-4-Xc 的结构如图 6-69 所示。

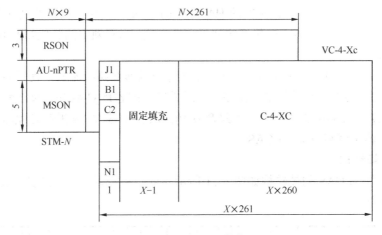

图 6-69　VC-4-Xc 结构

由图 6-69 可以看出,VC-4-Xc 的第 2~X 列规定为固定填充比特,第 1 列分配给 POH。VC-4-Xc 加上各自的指针便构成 AU-4-Xc,其中第 1 个 AU-4 应具有正常范围的指针值。而 AU-4-Xc 中的其他的 AU-4 指针将其指针置为级联指示,即 1~4 比特设置为"1001",5~6 比特未作规定,7~16 比特设置为 10 个"1"。

值得说明的是：对于点到点无任何约束的连接，可采用高速率的 VC-4-Xc 传输。欲构成复用段保护倒换环，则需要留出 50% 的带宽作为备份。

③ VC-4 虚级联的实现

虚级联 VC-4-Xv 利用几个不同的 STM-N 信号帧中的 VC-4 传送 X 个 149.760 bit/s 的净荷容量的 C-4，如图 6-70 所示。

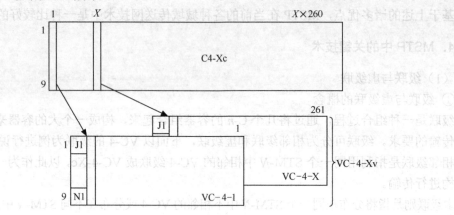

图 6-70　VC-4-Xv 结构

由图 6-70 可见，每个 VC-4 均具有各自的 POH，其定义与一般的 POH 开销相同，但这里的 H4 字节是作为虚级联标识用的。H4 由序列号（SQ）和复帧指示符（MFI）两部分组成。复帧指示字节占据 H4(b5~b8)，复帧指示序号范围 0~15。换句话说，16 个 VC-4 帧构成一个复帧（2 ms），并且 MFI 存在于 VC-4-Xv 的所有 VC-4 中，每当出现一个新的基本帧时，MFI 便自动加 1。利用 MFI 值终端可以判断出所接收到的信息是否来自同一个信源。若来自同一个信源，则可以依据序列号进行数据重组。

VC-4-Xv 虚级联中的每一个 VC-4 都有一个序列号，其编号范围 0~X-1(X = 256)，可见需占用 8bit。通常用复帧中的第 14 帧的 H4 字节(b1~b4)来传送序列号的高 4 位，用复帧中的第 15 帧的 H4 字节(b1~b4)来传送序列号的低 4 位。而复帧中的其他帧的 H4 字节（b1~b4）均未使用，并全置为"0"。

由于 VC-4-Xv 中的每一个 VC-4 在网络中传输时其传播路径不同，使得各 VC-4 之间存在时延差，因此在终端必须进行重新排序，以组成连续的容量 C-4-Xc。通常重新排序的处理能力至少能够容忍 125 μs 的时延差。因此希望 VC-4-Xv 中各 VC-4 的时延差尽量小。

（2）链路容量调整方案（LCAS）

① LCAS 帧结构

低阶虚级联时 LCAS 的帧结构如图 6-71 所示。低阶虚级联时 LCAS 的帧结构采用了 K4 的 b2 的复帧结构。

1			5	6		11	12		15	16	17		20	21	22		29	30		32
帧计数				序列指示器			CTRL 控制字			GID	R	R	R	R	ACK	MST 成员状态			CRC-3		

图 6-71　低阶虚级联时 LCAS 的帧结构

控制字段 CTRL（b12~b15）：控制字段定义 6 种控制状态，见表 6-12。

表 6-12	CTRL 控制字段	
值	命令	解释
0000	FIXED 固定	表示系统采用固定带宽（非 LACS 模式）
0001	ADD 增加	该成员将增加到 VCG 上
0010	NORM 正常	正常传输
0011	EOS 结束	序列指示的结束并正常传输
0101	IDLE 空闲	不是 VCG 成员或者从 VCG 中删除
1111	DNU 不可用	不可用（净荷），Sk 宿端报告失效状态

② 链路容量调整过程

引起链路容量调整的原因各种各样。例如由于业务带宽的需求发生了变化，要求调整链路容量等。LCAS 是一种双向协议，因此在进行链路容量调整之前，收发双方需要交换控制信息，然后才能传送净荷。下面以增加一个成员为例，介绍链路容量的调整过程。

链路容量增加过程如图 6-72 所示。

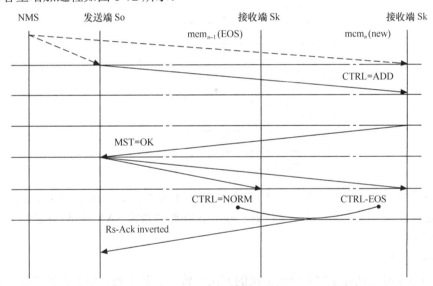

图 6-72　链路容量增加过程

假设在进行链路容量调整之前，VCG 中所容纳的成员数为 n 个，那么其中最后一个成员 men_{n-1} 的 CTRL 字段为 EOS。因为某种原因需要在 VCG 中增加一个新成员，具体调整过程如下。

● 网络管理系统首先向收发双方发出链路调整请求。

● 发送端利用一个空闲成员 men_n（其 CTRL = IDLE），将其 CTRL 字段修改为 ADD 发送至接收端。

● 接收端在收到该信息后，将 men_n 成员的 MST 置为 0，表示同意该成员加入 VCG。

● 发送端在收到 MST（OK）消息后，同时作如下操作：将原 VCG 中的最后一个成员 men_{n-1} 的 CTRL 置为 NORM；将新加入的成员 men_n 的 CTRL 置为 EOS，并为之赋 SQ 值，该值应为 men_{n-1} 的 SQ 值加 1。

● 当链路容量调整结束后，接收端对 RS-A$_{ck}$ 进行取反操作，并发往发送端。

● 当发送端收到 RS-A$_{ck}$ 信号时，则确认链路容量调整成功，否则仍将等待不会接受任何其他新的改变链路容量的请求。

（3）通用成帧（GFP）协议

GFP 是一种先进的数据信号适配、映射技术，可以透明地将上层的各种数据信号封装为可以在 SDH/OTN 传输网络中有效传输的信号。GFP 吸收了 ATM 信元定界技术，数据承载效率不受流量模式的影响，同时具有更高的数据封装效率，另外它还支持灵活的头信息扩展机制以满足多业务传输的要求，因此 GFP 协议具有简单、效率高、可靠性高等优势，适用于高速传输链路。GFP 协议及其他协议数据包映射过程如 6-73 所示。

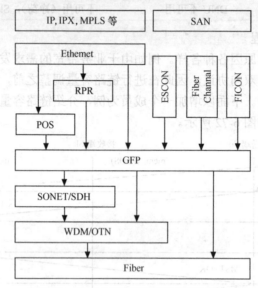

图 6-73　GFP 协议及其他协议数据包映射过程

SAN 代表存储区域网络。可利用光纤直连、ESCON（Enterprise Systems CONnection）企业系统连接接口、FICON（Fiber CONnector）光纤连接器将 SAN 信息转换成 GFP，适配、映射进 SDH 网络。

① GFP 的帧定界

GFP 的帧定界方法与 ATM 中所使用的方法一致，是基于帧头中的帧长度指示符和采用 CRC 捕获的方法来实现的。这是因为 GFP 核心信头中的 CHEC 是对 PLI 做 16 比特的多项式操作，所以 GFP 可以用 PLI 域与 CHEC 域的特定关系来作为帧头的定界，并不需要起始符和终止符，可避免采用字节填充机制，同时也不需要对客户信息流进行预处理，从而减少边界搜索处理时间。

GFP 帧同步过程所经历的工作状态如下。

当系统进入初始化阶段或出现 GFP 失步情况时，则首先进入搜索状态。

• 搜索状态：接收机对输入的码流逐字节地寻找帧头部，并进行 CRC 计算。当出现正确的 CRC 校验码后，便转入预同步状态。如果连续 N 帧 CRC 校验正确，则进入同步状态，否则返回搜索状态。

• 同步状态：网络节点时钟和相位与网络时钟保持一致关系。

② GFP 技术的特点

与 IP/PPP/HDLC 封装方式相比，GFP 具有以下优点。

- 帧定位效果更好。GFP 是基于帧头中的帧长度指示符采用 CRC 捕获的方法来实现的。试验结果显示，GFP 的帧失步率（PLF）和伪帧同步率（PFF）均优于 HDLC 类协议，但平均帧同步时间（MTTF）稍差一点。因此这种方法要比用专门的定界符定界效果更好。

- 适用于不同结构的网络。由于净荷头中可以提供与客户信息和网络拓扑结构相关的各种信息，使 GFP 协议能够运用于各种应用网络环境之中，如 PPP 网络、环形网络、RPR 网络和 OTN 等。

- 功能强、使用灵活、可靠性高。GFP 支持来自多客户信号或多客户类型的帧的统计复用和流量汇聚功能，并允许不同业务类型共享相同的信道。通过扩展帧头可以提供净荷类型信息，因而无需真正打开净荷，只要通过查看净荷类型便可获得净荷类型信息。GFP 中具有 FCS 域以保证信息传送的完整性。

- 传输性能与传输内容无关。GFP 协议对用户数据信号是全透明的，上层用户信号可以是 PDU 类型的，如 IP over Ethernet；也可以是块状码，如 FICON 或 ESCON 信号。

6.5.7　SDH 传输网在光纤接入网中的应用

SDH 传输网的应用范围非常广泛。早期电话网交换机之间的传输网采用的是 PDH 网。由于 SDH 的优势，目前许多城市电话网交换机之间的传输网基本上都采用 SDH 传输网，这是 SDH 传输网最早、最广泛的应用。上述 SDH 传输网的规划设计就是以电话网交换局之间的 SDH 传输网为例介绍的。

除此之外，SDH 传输网在光纤接入网、ATM 网及 IP 网中均有应用。下面首先介绍 SDH 传输网在光纤接入网中的应用。

1. 光纤接入网基本概念

（1）光纤接入网的定义

光纤接入网（Optical Access Network，OAN）是指在接入网中用光纤作为主要传输媒介来实现信息传送的网络形式，或者说是本地交换机或远端模块与用户之间采用光纤通信或部分采用光纤通信的接入方式。

（2）光纤接入网的接口

光纤接入网有三种主要接口，即用户网络接口（UNI）、业务节点接口（SNI）和维护管理接口（Q3）。接入网所覆盖的范围就由这三个接口定界，如图 6-74 所示。

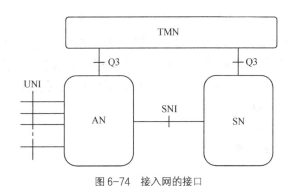

图 6-74　接入网的接口

① 用户网络接口（UNI）

用户网络接口是用户与接入网（AN）之间的接口，主要包括模拟 2 线音频接口、数字接口等。

② 业务节点接口(SNI)

业务节点接口是接入网（AN）和业务节点（SN）之间的接口。

业务节点 SN 是提供业务的实体，是一种可以接入各种交换型/或半永久连接型电信业务的网元，可提供规定业务的 SN 可以是本地交换机、租用线业务节点或特定配置情况下的点播电视和广播电视业务节点等。

AN 允许与多个 SN 相连，这样 AN 既可以接入分别支持特定业务的单个 SN，又可以接入支持相同业务的多个 SN。

业务节点接口主要有以下两种。

- 模拟接口(即 Z 接口)，它对应于 UNI 的模拟 2 线音频接口，提供普通电话业务或模拟租用线业务。

- 数字接口，即 V5 接口，它又包含 V 5.1 接口和 V 5.2 接口，以及对节点机的各种数据接口或各种宽带业务口。

③ 维护管理接口（Q3）

维护管理接口是电信管理网(TMN)与电信网各部分的标准接口。接入网作为电信网的一部分也是通过 Q3 接口与 TMN 相连，便于 TMN 实施管理功能。

（3）光纤接入网的功能参考配置

光纤接入网的功能参考配置如图 6-75 所示。

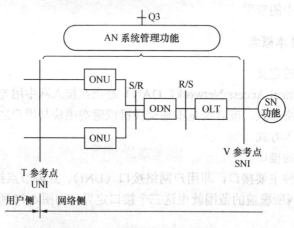

图 6-75　光纤接入网的功能参考配置

图 6-75 中包括了 4 种基本功能块，即光线路终端（OLT）、光配线网（ODN）、光网络单元（ONU）以及 AN 系统管理功能块。主要参考点包括光发送参考点 S、光接收参考点 R、业务节点间参考点 V 及用户终端间参考点 T。接口包括业务节点接口（SNI）、用户网络接口（UNI）和网络管理接口（Q3）。

各功能块的基本功能如下。

① 光线路终端(OLT)的功能

- 业务端口功能
- 复用/解复用功能

- 光/电、电/光变换功能
② 光网络单元(ONU) 的功能
- 用户端口功能（模/数、数/模转换等）
- 复用/解复用功能
- 光/电、电/光变换功能
③ 光配线网（ODN）的功能

ODN 为 ONU 和 OLT 提供光传输媒介作为其间的物理连接。

ODN 的配置通常为点到点和点到多点方式。所谓点到点方式是指一个 ONU 与一个 OLT 相连；而点到多点方式是指多个 ONU 通过 ODN 与一个 OLT 相连，具体结构可以有星形结构、树形结构、总线形结构和环形结构等。

④ AN 系统管理功能块

AN 系统管理功能块是对光纤接入网进行维护管理的功能模块，其管理功能包括配置管理、性能管理、故障管理、安全管理及计费管理。

（4）光纤接入网的拓扑结构

在光纤接入网中 ODN 的配置一般是点到多点方式，即指多个 ONU 通过 ODN 与一个 OLT 相连。多个 ONU 与一个 OLT 的连接方式即决定了光纤接入网的结构。

光纤接入网常用的有 4 种基本拓扑结构，即星形结构、树形结构、总线型结构和环形结构等。

① 星形结构

星形结构是指用户端的每一个光网络单元(ONU)分别通过一根或一对光纤与 OLT 相连，形成以光线路终端(OLT)为中心向四周辐射的星型连接结构，如图 6-76 所示。

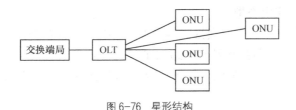

图 6-76　星形结构

② 树形结构

树形结构是光纤接入网星形结构的扩展，如图 6-77 所示。连接 OLT 的第 1 个光分路器（OBD）将光分成 n 路，下一级连接第 2 级 OBD 或直接连接 ONU，最后一级的 OBD 连接 n 个 ONU（图 6-77 省略了光分路器）。

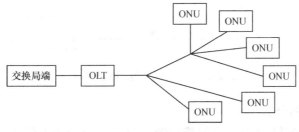

图 6-77　树形结构

树形结构的光分路器可以采用均匀分光（即等功率分光，分出的各路光信号功率相等）和非均匀分光（即不等功率分光，分出的各路光信号功率不相等）两种。

③ 总线型结构

总线型结构的光纤接入网如图 6-78 所示。这种结构适合于沿街道、公路线状分布的用户环境。它通常采用非均匀分光的光分路器（OBD）沿线状排列。OBD 从光总线中分出 OLT 传输的光信号，将每个 ONU 传出的光信号插入到光总线。

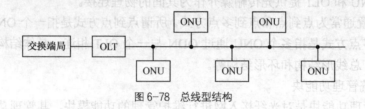

图 6-78 总线型结构

④ 环形结构

环形结构是指所有节点共用一条光纤链路，光纤链路首尾相接组成封闭回路的网络结构，如图 6-79 所示。

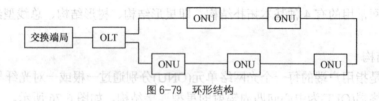

图 6-79 环形结构

（5）光纤接入网的应用类型

按照光纤接入网的参考配置，根据光网络单元（ONU）设置的位置不同，光纤接入网可分成不同种应用类型，主要包括光纤到路边（FTTC）、光纤到大楼（FTTB）、光纤到家（FTTH）或光纤到办公室（FTTO）等。如图 6-80 所示为光纤接入网的三种不同应用类型。

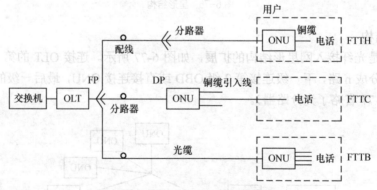

图 6-80 光纤接入网的三种应用类型

（6）光纤接入网的分类

前面提到，根据光纤接入网传输设施 ODN 中是否采用有源器件分为有源光网络（AON）

和无源光网络（PON）。

有源光网络（AON）是传输设施 ODN 中采用有源器件。有源光网络由 OLT、ONU、光配线终端（ODT）和光纤传输线路构成，ODT 可以是一个有源复用设备，远端集中器（HUB）也可以是一个环网。

无源光网络（PON）中 ODN 是由无源光元件组成的无源光分配网，主要的无源光元件有光纤、光连接器、无源光分路器（OBD）（分光器）和光纤接头等。根据采用的技术不同，无源光网络（PON）又可以分为以下几类。

- APON——基于 ATM 的无源光网络（在 PON 中采用 ATM 技术），后更名为宽带 PON（BPON）。
- EPON——基于以太网的无源光网络（采用 PON 的拓扑结构实现以太网帧的接入）。
- GPON——GPON 业务是 BPON 的一种扩展。

2．SDH 传输网在光纤接入网中的应用

有源光网络（AON）属于点到多点光通信系统，通常用于电话接入网，其传输体制有 PDH 和 SDH，一般采用 SDH，网络结构大多为环形，ONU 兼有 SDH 环形网中设备 ADM 的功能。

（1）光纤接入网中的 SDH 技术特点

在有源光网络 （AON）中采用的 SDH 技术具有以下几个特点。

① 简化 SDH 标准

在接入网中要采用 G.707 的简化帧结构或者非 G.707 标准的映射复用方法。采用非 G.707 标准的映射复用方法的目的：一是在目前的 STM-1 帧结构中多装数据，提高它的利用率，如在 STM-1 中可装入 4 个 34.368 Mbit/s 的信号；二是简化 SDH 映射复用结构。

② 简化 SDH 设备

在接入网中对 SDH 低速率接口的需求，功能的简化，可以对 SDH 设备简化。通常是省去电源盘、交叉盘和连接盘，简化时钟盘等。

③ 简化网管系统

SDH 是分布式管理和远端管理。接入网范围小，无远端管理，管理功能不全，可在每种功能内部进行简化。

④ 设立子速率

在 ITU-T 的 G.707 的附件中，纳入了低于 STM-1 的子速率——51.840Mbit/s（为 SONET 的基本模块信号 STS-1（Synchronous Transport Signal，同步传送信号）的速率）。另外，7.488Mbit/s 的子速率也在 ITU-T 的讨论中。

⑤ 其他简化

- 保护方式：采用最简单、最便宜的双纤单向通道保护方式。
- 指标方面：由于接入网信号传送范围小，故各种传输指标要求低于核心网。
- 组网方式：把几个大的节点组成环，不能进入环的节点采用点到点传输。
- IP 业务的支持：SDH 设备配备 LAN 接口，提供灵活带宽。

（2）在接入网中应用 SDH 的主要优势

① 具有标准的速率接口

在 SDH 体系中，对各种速率等级的光接口都有详细的规范。这样使 SDH 网络具有统一的网络节点接口（NNI），从而简化了信号互通以及信号传输、复用、交叉连接和交换过程，使各厂家的设备都可以实现互连。

② 极大地增加了网络运行、维护、管理（OAM）功能

在 SDH 帧结构中定义了丰富的开销字节，其中包括网管通道、公务电话通道、通道跟踪字节及丰富的误码监视、告警指示、远端告警指示等。这些开销能够为维护与管理提供巨大的便利条件，这样当出现故障时，就能够利用丰富的误码率计算等开销来进行在线监视，及时地判断出故障性质和位置，从而降低维护成本。

③ 完善的自愈功能可增加网络的可靠性

SDH 体系具有指针调整机制和环路管理功能，可以组成完备的自愈保护环。这样当某处光缆出现断线故障时具有高度智能化的网元（TM，ADM，DXC）能够迅速地找到代替路由，并恢复业务。

④ 具有网络扩展与升级能力

目前一般接入网最多采用 155 Mbit/s 的传输速率，相信随着人们对电话、数据、图像各种业务需求的不断增加，对接入速率的要求也将随之提高。由于采用 SDH 标准体系结构，因而可以很方便地实现从 155 Mbit/s 到 622 Mbit/s，乃至 2.5 Gbit/s 的升级。

为了能够更好地利用 SDH 的优势，同时也需要将 SDH 进一步延伸至窄带用户，这就要求其能够灵活地提供综合新老业务的 64 kbit/s 级传输平台。

6.5.8 SDH 传输网在 ATM 网中的应用

1. ATM 基本概念

（1）B-ISDN

B-ISDN（宽带综合业务数字网）中不论是交换节点之间的中继线，还是用户和交换机之间的用户环路，一律采用光纤传输。这种网络能够提供高于 PCM 一次群速率的传输信道，能够适应全部现有的和将来的可能的业务，从速率最低的遥控遥测(几个比特每秒)到高清晰度电视 HDTV（100 Mbit/s～150 Mbit/s），甚至最高速率达几个吉比特每秒的业务。

B-ISDN 支持的业务种类很多，这些业务的特性在比特率、突发性（突发性是指业务峰值比特速率与均值比特速率之比）和服务要求（是否面向连接、对差错是否敏感、对时延是否敏感）三个方面相差很大。

要支持如此众多且特性各异的业务，还要能支持目前尚未出现而将来会出现的未知业务，无疑对 B-ISDN 提出了非常高的要求。B-ISDN 必须具备以下条件。

① 能提供高速传输业务的能力。为能传输高清晰度电视节目、高速数据等业务，要求 B-ISDN 的传输速率要高达几百兆比特每秒。

② 能在给定带宽内高效地传输任意速率的业务，以适应用户业务突发性的变化。

③ 网络设备与业务特性无关，以便 B-ISDN 能支持各种业务。

④ 信息的传递方式与业务种类无关，网络将信息统一地传输和交换，真正做到用统一的交换方式支持不同的业务。

除此之外，B-ISDN 还对信息传递方式提出了两个要求：保证语义透明性（差错率低）

和时间透明性（时延和时延抖动尽量小）。

为了满足以上要求，B-ISDN 的信息传递方式采用异步转移模式(Asynchronous Transfer Mode，ATM)。

注：人们习惯把电信网分为传输、复用、交换和终端等几个部分，其中除终端以外的传输、复用和交换合起来称为传递模式（也叫转移模式）。传递模式可分为同步传递模式（STM）和异步传递模式（ATM）两种。

（2）ATM 的概念

ATM 是一种转移模式（也叫传递模式），在这一模式中信息被组织成固定长度信元，来自某用户一段信息的各个信元并不需要周期性地出现，从这个意义上来看，这种转移模式是异步的(统计时分复用也叫异步时分复用)。

时分复用有两种：一般的时分复用（简称时分复用 TDM）和统计时分复用（STDM）。

时分复用是各路信号都按一定时间间隔周期性地出现，可根据时间识别每路信号。PCM30/32 系统就是一般的时分复用。

统计时分复用是根据用户实际需要动态地分配线路资源(逻辑子信道)的方法。即当用户有数据要传输时才给其分配资源，当用户暂停发送数据时，不给他分配线路资源，线路的传输能力可用于为其他用户传输更多的数据。通俗地说，统计时分复用是各路信号在线路上的位置不是固定地、周期性地出现（动态地分配带宽），不能靠位置识别每一路信号，而是要靠标志识别每一路信号。统计时分复用的线路利用率高。

（3）ATM 信元

ATM 信元具有固定的长度，从传输效率、时延及系统实现的复杂性考虑，ITU-T 规定 ATM 信元长度为 53 字节。ATM 信元结构如图 6-81 所示。

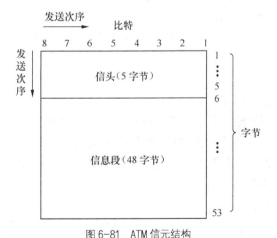

图 6-81 ATM 信元结构

其中信头为 5 个字节，包含有各种控制信息。信息段占 48 字节，也叫信息净负荷，它载荷来自各种不同业务的用户信息。

ATM 信元的信头结构，如图 6-82 所示。图 6-82（a）是用户—网络接口（User-Network Interface，UNI，ATM 网与用户终端之间的接口）上的信头结构，图 6-82（b）是网络节点接口（Network-Node Interface，NNI，ATM 网内交换机之间的接口）上的信头结构。

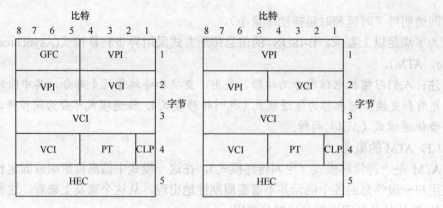

图 6-82　ATM 信元的信头结构

- GFC——一般流量控制。它为 4 bit，用于控制用户向网上发送信息的流量，只用在 UNI(其终端不是一个用户，而是一个局域网)，在 NNI 不用。
- VPI——虚通道标识符。UNI 上 VPI 为 8 bit，NNI 上 VPI 为 12 bit。
- VCI——虚通路标识符。UNI 和 NNI 上，VCI 均为 16 bit。VPI 和 VCI 合起来构成了一个信元的路由信息，即标识了一个虚电路，VPI/VCI 为虚电路标志。
- PT——净荷类型（3 bit）。它指出信头后面 48 字节信息域的信息类型。
- CLP——信元优先级比特（1 bit）。CLP 用来说明该信元是否可以丢弃。CLP = 0，表示信元具有高优先级，不可以丢弃；CLP = 1 的信元可以被丢弃。
- HEC——信头校验码（8 bit）。采用循环冗余校验 CRC，用于信头差错控制，保证整个信头的正确传输。HEC 产生的方法是：信元前 4 个字节所对应的多项式乘 x^8，然后除 $(x^8 + x^2 + x + 1)$，所得余数就是 HEC。

在 ATM 网中，利用 AAL 协议将各种不同特性的业务都转化为相同格式的 ATM 信元进行传输和交换。

（4）ATM 的特点

① ATM 以面向连接的方式工作

为了保证业务质量，降低信元丢失率，ATM 以面向连接的方式工作，即终端在传递信息之前，先提出呼叫请求，网络根据现有的资源情况及用户的要求决定是否接受这个呼叫请求。如果网络接受这个呼叫请求，则保留必要的资源，即分配相应的带宽，并在交换机中设置相应的路由，建立起虚电路(虚连接)。

② ATM 采用统计时分复用

ATM 采用统计时分复用的优点是：一方面使 ATM 具有很大的灵活性，网络资源得到最大限度的利用。另一方面 ATM 网络可以适用于任何业务，不论其特性如何，网络都按同样的模式来处理，真正做到了完全的业务综合。

③ ATM 网中没有逐段链路的差错控制和流量控制

由于 ATM 的所有线路均使用光纤，而光纤传输的可靠性很高，一般误码率（或者说误比特率）低于 10^{-8}，没有必要逐段链路进行差错控制（即 ATM 交换机不用差错控制和流量控制）。而网络中适当的资源分配和队列容量设计将会使导致信元丢失的队列溢出得到控制，所以也没有必要逐段链路的进行流量控制。为了简化网络的控制，ATM 将差错控制和流量控制都交给终端完成。

④ 信头的功能被简化

由于不需要逐段链路的差错控制、流量控制等，ATM 信元的信头功能十分简单，主要是标志虚电路和信头本身的差错校验，另外还有一些维护功能，所以信头处理速度很快，处理时延很小。

⑤ ATM 采用固定长度的信元，信息段的长度较小

为了降低交换节点内部缓冲区的容量，减小信息在缓冲区内的排队时延，与分组交换相比，ATM 信元长度比较小，这有利于实时业务的传输。

⑥ 良好的服务质量（QoS）保证

ATM 网具有流量控制、带宽管理、拥塞控制功能以及故障恢复能力，可以提供良好的服务质量（QoS）保证。

（5）ATM 交换的基本原理

ATM 交换的基本原理如图 6-83 所示。

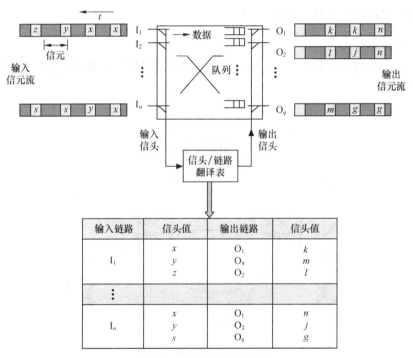

图 6-83　ATM 交换的基本原理

图 6-83 中的交换节点有 n 条入线 $I_1 \sim I_n$，q 条出线（$O_1 \sim O_q$）。每条入线和出线上传送的都是 ATM 信元流，信元的信头中 VPI/VCI 值表明该信元所在的逻辑信道（即 VP 和 VC）。ATM 交换的基本任务就是将任一入线上的任一逻辑信道中的信元交换到所要去的任一出线上的任一逻辑信道上去，也就是入线 I_i 上的输入信元被交换到出线 O_i 上，同时其信头值（指的是 VPI/VCI）由输入值 α 变成(或翻译成)输出值 β。例如，图 6-83 中入线 I_1 上信头为 x 的信元被交换到出线 O_1 上，同时信头变成 k；入线 I_1 上信头为 y 的信元被交换到出线 O_q 上，

同时信头变为 m 等。输入、输出链路的转换及信头的改变是由 ATM 交换机中的翻译表来实现的。请读者注意，这里的信头改变就是 VPI/VCI 值的转换，这是 ATM 交换的基本功能之一。

综上所述，ATM 交换有以下基本功能。

① 空分交换（空间交换）

将信元从一条传输线改送到另一条传输线上去，这实现了空分交换。在进行空分交换时要进行路由选择，所以这一功能也称为路由选择功能。

② 信头变换

信头变换就是信元的 VPI/VCI 值的转换，也就是逻辑信道的改变（因为 ATN 网中的逻辑信道是靠信头中的 VPI/VCI 来标识的）。信头的变换相当于进行了时间交换，但要注意，ATM 的逻辑信道和时隙没有固定的关系。

③ 排队

由于 ATM 是一种异步传送方式，信元的出现是随机改变的，所以来自不同入线的两个信元可能同时到达交换机，并竞争同一条出线，由此会产生碰撞。为了减少碰撞，需在交换机中提供一系列缓冲存储器，以供同时到达的信元排队用，因而排队也是 ATM 交换机的一个基本功能。

2. SDH 传输网在 ATM 网中的应用

（1）ATM 网络结构

ATM 网络的组成部分包括 ATM 交换机、光纤传输线路及网管中心等。其网络结构示意图如图 6-84 所示。

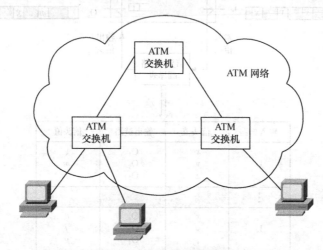

图 6-84　ATM 网络结构示意图

ATM 交换机之间信元的传输方式有三种。

- 基于信元(cell)——ATM 交换机之间直接传输 ATM 信元。
- 基于 SDH——利用同步数字体系 SDH 的帧结构来传送 ATM 信元。
- 基于 PDH——利用准同步数字体系 PDH 的帧结构来传送 ATM 信元。

实际 ATM 网内 ATM 交换机之间 ATM 信元传输的主要手段之一就是基于 SDH，即利用 SDH 的帧结构传送 ATM 信元（换句话说，SDH 网作为 ATM 交换机之间的传输网）。显然，必须解决如何将 ATM 信元映射到 SDH 帧结构中的问题。

（2）ATM 信元的映射

本书第 5 章介绍了 SDH 映射的基本概念，在此基础上来学习 ATM 信元的映射。

ATM 信元的映射是通过将每个信元的字节结构与所用虚容器字节结构（包括级联结构 VC-n-Xc，X≥1）进行定位对准的方法来完成的。由于 C-n 或 C-n-Xc 容量不一定是 ATM 信元长度（53 字节）的整数倍，因此允许信元跨过 C-X 或 C-n-Xc 的边界。

信元映射进虚容器后即可随其在网络中传送，当虚容器终结时信元也得到恢复。信头中含有信头误码控制（HEC）字段，占 8 个比特，它是信头中除 HEC 字段以外的其他部分乘以 8 再模二除生成多项式 $g(x) = x^8 + x^2 + x + 1$ 所得的余数，HEC 为信元提供了较好的误码保护功能，使信元的错误传送概率减至最低。这种 HEC 方法利用受 HEC 保护的信头比特（32 比特）与 HEC 控制比特之间的相关性来达到信元定界的目的，详细定界算法可参见 ITU-T 建议 I.432。

为了防止伪信元定界和信元信息字段重复 STM-N 帧定位码，在将 ATM 信元信息字段映射进 VC-n 或 VC-n-Xc 前，应先进行扰码处理。在逆过程中，当 VC-n 或 VC-n-Xc 信号终结后，也应先对 ATM 信元信息字段进行解扰处理后再传送给 ATM 层。G.707 规定扰码器采用生成多项式为 $x^{43} + 1$ 的自同步扰码器，其优点是无需采用帧置位和复位，扰码器和解扰器能自动同步而且容易实现，不足之处是有误码增值，但由于已经选择了 $x^r + 1$ 形式的生成多项式，因而误码增值已压至最低。此外，为了减少扰码后的信元流对源数据的依赖性，r 值取得很大，为 43。需要指出的是，扰码器只对信元信息字段进行扰码，对信头不进行扰码。

ATM 信元的映射过程如下。

① 将 ATM 信元映射进 VC-3/VC-4

将 ATM 信元映射进 VC-3/VC-4 的过程如图 6-85 所示。

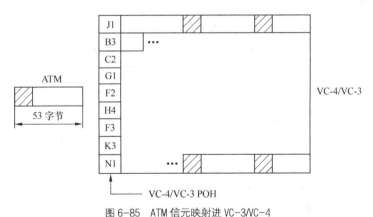

图 6-85　ATM 信元映射进 VC-3/VC-4

将 ATM 信元流映射进 C-3/C-4，只需将 ATM 信元字节的边界与 C-3/C-4 字节边界定位对准，然后再将 C-3/C-4 与 VC-3/VC-4 POH 一起映射进 VC-3/VC-4 即可。这样，ATM 信元边界就与 VC-3/VC-4 字节的边界对准了。由于 C-3/C-4 容量（756/2 340 个字节）不是信元长度（53 字节）的整数倍，因而允许信元跨越 C-3/C-4 边界。信元边界位置的确定只能利用 HEC 信元定界方法。

② 将 ATM 信元映射进 VC-12

将 ATM 信元流映射进 VC-12 的过程如图 6-86 所示。

具体过程为：VC-12 结构组织成由 4 帧构成的一个复帧（500 μs），其中每 1 帧由 VC-12 POH 字节和 34 字节的净负荷区组成。将 ATM 信元装入 VC-12 净负荷区，只需将信元边界与任何 VC-12 字节边界对准即可。由于 VC-12 净负荷区规格与 ATM 信元长度无关，因而 ATM 信元边界与 VC-12 结构的对准对每一帧都不同，每 53 帧重复一次。信元同样允许跨越 VC-12 边界，信元边界的位置只能利用 HEC 信元定界方法来确定。

③ 将 ATM 信元映射进 VC-4-Xc

VC-4-Xc 帧的第一列是 VC-4-Xc POH，第二至 X 列规定为固定塞入字节。

X 个 C-4 级联成的容器记为 C-4-Xc，可用于映射的容量是 C-4 的 X 倍。相应地，C-4-Xc 加上 VC-4-Xc POH 即构成 VC-4-Xc，如图 6-87 所示。

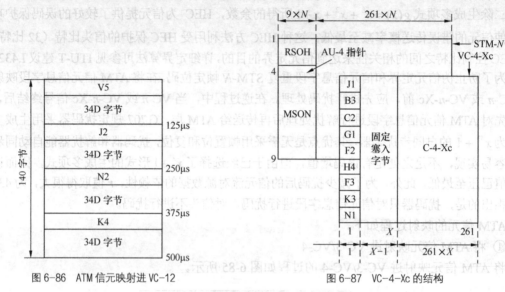

图 6-86 ATM 信元映射进 VC-12　　　　　图 6-87 VC-4-Xc 的结构

将 ATM 信元映射进 VC-4-Xc 的过程如图 6-87 所示。

图 6-88 ATM 信元映射进 VC-4-Xc

将 ATM 信元映射进 C-4-Xc 只需将 ATM 信元字节的边界与 C-4-Xc 字节边界对准，然后再将 C-4-Xc 与 VC-4-Xc POH 和（X-1）列固定塞入字节一起映射进 VC-4-Xc 即可。这样，ATM 信元边界就与 VC-4-Xc 字节边界对准了。由于 C-4-Xc 容量（2 340 字节乘以 X 倍）不是信元长度的整数倍，因而允许信元跨越 C-4-Xc 边界。

6.5.9 SDH 传输网在宽带 IP 网络中的应用

1. 宽带 IP 网络基本概念

（1）宽带 IP 网络的概念

Internet 是由世界范围内众多计算机网络（包括各种局域网、城域网和广域网）通过路由器和通信线路连接汇合而成的一个网络集合体，它是全球最大的、开放的计算机互联网。互联网意味着全世界采用统一的网络互联协议，即采用 TCP/IP 协议的计算机都能互相通信，所以说，Internet 是基于 TCP/IP 协议的网间网，也称为 IP 网络。

由路由器和窄带通信线路互联起来的 Internet 是一个窄带 IP 网络，这样的网络只能传送一些文字和简单图形信息，无法有效地传送图像、视频、音频和多媒体等宽带业务。

随着信息技术的发展，人们对信息的需求不断提高，如今的 Internet 集图像、视频、声音、文字、动画等为一体，即以传输多媒体宽带业务为主，由此 Internet 的发展趋势便是宽带化—向宽带 IP 网络发展，宽带 IP 网络技术则应运而生。

所谓宽带 IP 网络是指 Internet 的交换设备、中继通信线路、用户接入设备和用户终端设备都是宽带的，通常中继线带宽为几至几十吉比特每秒，接入带宽为 1～100 Mbit/s。在这样一个宽带 IP 网络上能传送各种音视频和多媒体等宽带业务，同时支持当前的窄带业务，它集成与发展了当前的网络技术、IP 技术，并向下一代网络方向发展。

（2）宽带 IP 网络的特点

① TCP/IP 协议是宽带 IP 网络的基础与核心。

② 通过最大程度的资源共享，可以满足不同用户的需要，IP 网络的每个参与者既是信息资源的创建者，也是使用者。

③"开放"是 IP 网络建立和发展中执行的一贯策略，对于开发者和用户极少限制，使它不仅拥有极其庞大的用户队伍，也拥有众多的开发者。

④ 网络用户透明使用 IP 网络，不需要了解网络底层的物理结构。

⑤ IP 网络宽带化，具有宽带传输技术、宽带接入技术和高速路由器技术。

⑥ IP 网络将当今计算机领域网络技术、多媒体技术和超文本技术等三大技术融为一体，为用户提供极为丰富的信息资源和十分友好的用户操作界面。

（3）宽带 IP 网络的组成

从宽带 IP 网络的工作方式上看，它可以划分为两大块：边缘部分和核心部分，如图 6-89 所示。

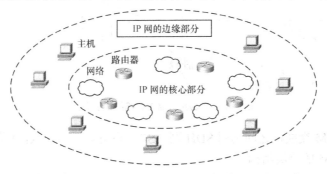

图 6-89 IP 网的边缘部分与核心部分

① 边缘部分

边缘部分由所有连接在 IP 网络上的主机组成，这部分是用户直接使用的，用来进行通信（传送数据、音频或视频）和资源共享。IP 网边缘部分的主机可以组成局域网。

局域网（Local Area Network，LAN）是通过通信线路将较小地理区域范围内的各种计算机连接在一起的通信网络，它通常由一个部门或公司组建，作用范围一般为 0.1～10 km。

② 核心部分

核心部分由大量网络和连接这些网络的路由器组成，其作用是为边缘部分提供连通性和交换。核心部分的网络根据覆盖范围可分为广域网（WAN）和城域网（MAN）。

广域网（Wide Area Network，WAN）——在广域网 (WAN)内，通信的传输装置和媒介由电信部门提供，其作用范围通常为几十到几千公里，可遍布一个城市，一个国家乃至全世界。

城域网（Metropolitan Area Network，MAN）——其作用范围在广域网和局域网之间(一般是一个城市)，作用距离为 5～50 km，传输速率在 1Mbit/s 以上。

2．SDH 传输网在宽带 IP 网络中的应用

宽带 IP 网络核心部分路由器之间的传输技术，即路由器之间传输 IP 数据报的方式称为宽带 IP 网络的骨干传输技术，目前常用的有 IP over ATM、IP over SDH、IP over DWDM 和千兆以太网技术等。其中 IP over ATM 和 IP over SDH 等都要用到 SDH 技术，所以说 SDH 传输网在 IP 网中得到了广泛应用。

（1）IP over ATM

① IP over ATM 的概念

IP over ATM（POA）是 IP 技术与 ATM 技术的结合，它是在 IP 网路由器之间采用 ATM 网进行传输。其网络结构如图 6-90 所示。

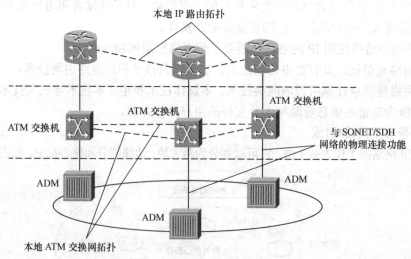

图 6-90　IP over ATM 的网络结构示意图

图 6-90 中 ATM 交换机之间利用 SDH 网（SDH 自愈环）传送 ATM 信元。

② IP over ATM 的分层结构

IP over ATM 将 IP 数据报首先封装为 ATM 信元，以 ATM 信元的形式在信道中传输；或

者将 ATM 信元映射进 SDH 帧结构中传输（这种方式采用的比较多），其分层结构如图 6-91
所示。

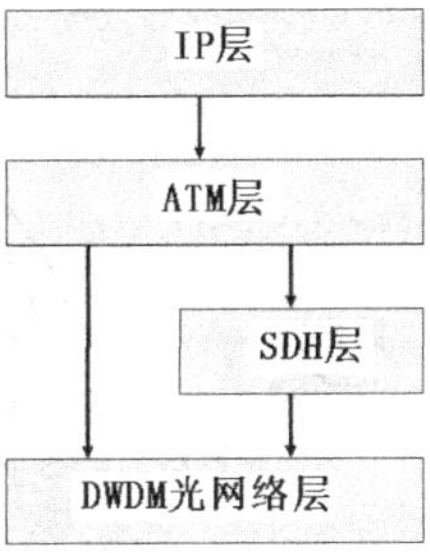

图 6-91 中各层功能如下。

- IP 层提供了简单的数据封装格式。
- ATM 层重点提供端到端的 QoS。
- SDH 层重点提供强大的网络管理和保护倒换功能。
- DWDM 光网络层主要实现波分复用，以及为上一层的呼
叫选择路由和分配波长（若不进行波分复则无 DWDM 光网络层）。

图 6-91 IP over ATM 的分层结构

由于 IP 层、ATM 层、SDH 层等各层自成一体，都分别有
各自的复用、保护和管理功能，且实现方式又大有区别，所以 IP over ATM 实现起来不但有
功能重叠的问题，而且有功能兼容且兼容困难的问题。

③ IP over ATM 的优缺点

IP over ATM 的主要优点如下。

- ATM 技术本身能提供 QOS 保证，具有流量控制、带宽管理、拥塞控制功能以及故障
恢复能力，这些是 IP 所缺乏的。因而 IP 与 ATM 技术的融合，也使 IP 具有了上述功能，这
样既提高了 IP 业务的服务质量，同时又能够保障网络的高可靠性。
- 适应于多业务，具有良好的网络可扩展能力，并能对其几种它网络协议如 IPX 等提
供支持。

IP over ATM 的分层结构有重叠模型和对等模型两种。

传统的 IP over ATM 的分层结构属于重叠模型。重叠模型是指 IP 协议在 ATM 上运行，
IP 的路由功能仍由 IP 路由器来实现，ATM 仅仅作为 IP 的低层传输链路。

重叠模型的最大特点是对 ATM 来说 IP 业务只是它所承载的业务之一，ATM 的其他功能照
样存在并不会受到影响，在 ATM 网中不论是用户网络信令还是网络访问信令均统一不变。所以
重叠模型 IP 和 ATM 各自独立地使用自己的地址和路由协议，这就需要定义两套地址结构及路由
协议。因而 ATM 端系统除需分配 IP 地址外，还需分配 ATM 地址，而且需要地址解析协议(ARP)，
以实现 MAC 地址与 ATM 地址或 IP 地址与 ATM 地址的映射，同时也需要两套维护和管理功能。

基于上述这些情况导致 IP over ATM 具有以下缺点。

- 网络体系结构复杂，传输效率低，开销大。
- 由于传统的 IP 只工作在 IP 子网内，ATM 路由协议并不知道 IP 业务的实际传送需求，
如 IP 的 QoS、多播等特性，这样就不能够保证 ATM 实现最佳的传送 IP 业务，在 ATM 网络
中存在着扩展性和优化路由的问题。

（2）IP over SDH

① IP over SDH 的概念

IP over SDH（POS）是 IP 技术与 SDH 技术的结合，是在 IP 网路由器之间采用 SDH 网
进行传输。具体地说它利用 SDH 标准的帧结构，同时利用点到点传送等的封装技术把 IP 业
务进行封装，然后在 SDH 网中传输。其网络结构如图 6-92 所示。

SDH 网为 IP 数据包提供点到点的链路连接，而 IP 数据包的寻址由路由器来完成。

② IP over SDH 的分层结构

IP over SDH 的基本思路是将 IP 数据报通过点到点协议（PPP）直接映射到 SDH 帧结构

中，从而省去了中间复杂的 ATM 层。其分层结构如图 6-93 所示。

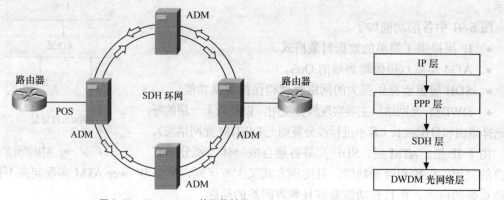

图 6-92 IP over SDH 的网络结构   图 6-93 IP over SDH 的分层结构

具体作法是：首先利用 PPP 技术把 IP 数据报封装进 PPP 帧，然后再将 PPP 帧按字节同步映射进 SDH 的虚容器中，再加上相应的 SDH 开销置入 STM-N 帧中。这里有个问题说明一下，若进行波分复用则需要 DWDM 光网络层，否则这一层可以省略。

点对点协议（Point-to-Point Protocol，PPP）是一种目前用得比较多的数据链路层协议，用户使用拨号电话线接入 IP 网时，用户到 ISP 的链路一般都使用 PPP 协议。

PPP 帧的格式如图 6-94 所示。

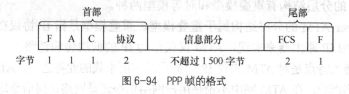

图 6-94 PPP 帧的格式

图 6-94 中各字段的作用如下。

- 标志字段 F（01111110）——表示一帧的开始和结束。PPP 协议规定连续两帧之间只需要用一个标志字段，它既可表示上一个帧的开始又可表示下一个帧的结束。

- 地址字段 A（11111111）——由于 PPP 只能用在点到点的链路上，没有寻址的必要，因此把地址域设为"全站点地址"，即二进制序列 11111111，表示所有的站都接受这个帧（其实这个字段无意义）。

- 控制字段 C（00000011）——表示 PPP 帧不使用编号。

- 协议字段（2 字节）——PPP 帧与 HDLC 帧不同的是多了 2 个字节的协议字段。当协议字段为 0x0021 时，表示信息字段是 IP 数据报；当协议字段为 0xC021 时，表示信息字段是链路控制数据；当协议字段为 0x8021 时，表示信息字段是网络控制数据。

- 信息字段——其长度是可变的，但应是整数个字节且最长不超过 1 500 字节。

- 帧校验（FCS）字段（2 字节）——是对整个帧进行差错校验的。

③ IP over SDH 的优缺点

IP over SDH 的主要优点如下。

- IP 与 SDH 技术的结合是将 IP 数据报通过点到点协议直接映射到 SDH 帧，其中省掉了中间的 ATM 层，从而简化了 IP 网络体系结构，减少了开销，提供更高的带宽利用率，提高了数据传输效率，降低了成本。

- 保留了 IP 网络的无连接特征，易于兼容各种不同的技术体系和实现网络互连，更适合于组建专门承载 IP 业务的数据网络。
- 可以充分利用 SDH 技术的各种优点，如自动保护倒换（APS），以防止链路故障而造成的网络停顿，保证网络的可靠性。

IP over SDH 的缺点如下。

- 网络流量和拥塞控制能力差。
- 不能像 IP over ATM 技术那样提供较好的服务质量保障（QOS），在 IP over SDH 中由于 SDH 是以链路方式支持 IP 网络的，因而无法从根本上提高 IP 网络的性能，但近来通过改进其硬件结构，使高性能的线速路由器的吞吐量有了很大的突破，并可以达到基本服务质量保证，同时转发分组延时也已降到几十微妙，可以满足系统要求。
- 仅对 IP 业务提供良好的支持，不适于多业务平台，可扩展性不理想，只有业务分级，而无业务质量分级，尚不支持 VPN 和电路仿真。

小　　结

（1）编码处理后的基带数字信号直接在电缆信道中传输称为基带传输。数字信号基带传输的基本理论不仅仅适用于基带传输，也是频带传输的基础（因为频带传输系统调制、解调等作用相互抵消后可以等效成一基带传输系统）。

基带传输系统的基本构成主要包括发送滤波器、信道、接收滤波器及抽样判决器。其中形成滤波器、信道、接收滤波器可等效为一个传输网络。此传输网络若为理想低通滤波器或是以 $C(f_c, 1/2)$ 点呈奇对称滚降的低通滤波器，且数字信号的符号速率为 $2f_c$ 时，传输网络输出端信号 $R(t)$ 波形在抽样判决点无码间干扰。无码间干扰的条件为

$$R(kT_B) = \begin{cases} 1\ （归一化值） & k = 0\ （本码判决点） \\ 0 & k \neq 0\ 的整数\ （非本码判决点） \end{cases}$$

（2）对基带传输码型的要求主要有：传输码型的功率谱中不含直流分量，低频分量、高频分量要尽量少，便于定时钟提取，具有一定的检测误码能力，对信源统计依赖性最小，另外码型变换设备简单易于实现。

常见的传输码型有 NRZ 码、RZ 码、AMI 码、HDB$_3$ 码及 CMI 码，其中符合要求最适合基带传输的码型是 HDB$_3$ 码。另外，AMI 码也是 CCITT 建议采用的基带传输码型，但其缺点是当长连 "0" 过多时对定时钟提取不利。CMI 码一般作为四次群的接口码型。

（3）数字信号序列经过电缆信道传输后会产生波形失真，而且传输距离越长，波形失真越严重。为了消除波形失真、延长通信距离，PCM 通信系统每隔一定的距离加一个再生中继器。再生中继的目的是：当信噪比下降得不太大的时候，对失真的波形及时识别判决恢复为原数字信号序列。

再生中继系统的特点是：无噪声积累，但有误码率的积累。

再生中继器由三大部分组成：均衡放大——将接收的失真信号均衡放大成宜于抽样判决的波形（均衡波形）；定时钟提取——从接收信码流中提取定时钟频率成份，以获得再生判决电路的定时脉冲；抽样判决与码形成（判决再生）——对均衡波形进行抽样判决，并进行脉

冲整形，形成与发端一样的脉冲形状。

噪声、串音以及码间干扰等严重时会造成误码，衡量误码多少的指标是误码率。误码率的定义为：在传输过程中发生误码的码元个数与传输的总码元之比。m 个再生中继段的误码率是累积的：$P_E \approx \sum_{i=1}^{m} P_{ei}$。

具有误码的码字被解码后将产生幅值失真，这种失真引起的噪声称误码噪声。这种误码噪声除与误码率有关外，还与编码率以及误码所在的段落等有关。A 律 13 折线的误码信噪比为 $(S/N_e)_{dB} = 20\lg\dfrac{1}{c} + 10\lg\dfrac{1}{P_e} + 1.6$。

（4）对基带数字信号进行调制，将其频带搬移到光波频段或微波频段上，利用光纤、微波卫星等信道传输数字信号称为频带传输。

数字调制有三种基本方法：数字调幅（ASK）、数字调相（PSK）及数字调频（FSK）。

数字调幅（ASK）是利用基带数字信号控制载波幅度变化。ASK 具体又分为：双边带调制、单边带调制、残余边带调制以及正交双边带调制。其中正交双边带调制在实际中应用较为广泛，常见的有 4QAM、16QAM、64QAM 和 256QAM。

数字调相（PSK）是指载波的相位受数字信号的控制作不连续的、有限取值的变化的一种调制方式。根据载波相位变化的参考相位不同，数字调相可以分为绝对调相（PSK）和相对调相（DPSK），绝对调相的参考相位是未调载波相位，相对调相的参考相位是前一码元的已调载波相位；根据载波相位变化个数不同，数字调相又可以分为二相数字调相，四相数字调相，八相数字调相、十六相数字调相等。四相以上的数字调相统称为多相数字调相。

数字调频（FSK）是用基带数字信号控制载波频率，最常见的是二元频移键控 2FSK。所谓 2FSK 是当传送 "1" 码时送出一个频率为 f_1 的载波信号，当传送 "0" 码时送出另一个频率为 f_0 的载波信号。根据前后码元的载波相位是否连续，分为相位不连续的 2FSK 和相位连续的 2FSK。

数字信号的频带传输系统主要有光纤数字传输系统、数字微波传输系统和数字卫星传输系统。

光纤数字传输系统由电端机、光端机、光中继机、光纤线路和光活动连接器等组成。

SDH 数字微波传输系统，它由 SDH 终端复用器、调制解调器、微波收发信设备及微波信道等组成。

数字卫星传输系统利用人造卫星作中继站，在地球上的无线电通信站之间传送数字信号。

（5）SDH 传输网为交换局之间提供高速高质量的数字传送能力。SDH 传输网的基本物理拓扑有线形、星形、树形、环形和网孔形等。

自愈网是无需人为干预，网络就能在极短时间内从失效故障中自动恢复所携带的业务，使用户感觉不到网络已出了故障。SDH 自愈网的实现手段主要有：线路保护倒换、环形网保护、DXC 保护及混合保护等。采用环形网实现自愈的方式称为自愈环，SDH 自愈环分为以下几种：两纤单向通道倒换环、两纤双向通道倒换环、两纤单向复用段倒换环、四纤双向复用段倒换环以及两纤双向复用段倒换环。几种网络保护倒换方式各有利弊（详见教材）。

我国的 SDH 网络结构分为 4 个层面：长途一级干线网、二级干线网、中继网和用户接入网。

网同步是全网各交换节点的时钟频率和相位保持一致。SDH 网的网元也应与基准主时钟保持同步，SDH 网同步采用主从同步方式。SDH 网同步有 4 种工作方式，即同步方式、伪同步方式、准同步方式和异步方式。

（6）SDH 传输网的规划设计主要包括：网络拓扑结构的设计、设备选型、局间中继电路的计算与分配、局间中继距离的计算、SDH 网络保护方式的选择和 SDH 网同步的设计。

（7）MSTP 是指基于 SDH、同时实现 TDM、ATM、IP 等业务接入、处理和传送，提供统一网管的多业务传送平台。它将 SDH 的高可靠性、严格 QoS 和 ATM 的统计复用以及 IP 网络的带宽共享、统计复用 QoS 特征集于一身，可以针对不同 QoS 业务提供最佳传送方式。

（8）SDH 传输网的应用范围非常广泛，除了应用在电话网中以外，还应用在光纤接入网、ATM 网和 IP 网中。

有源光纤接入网（AON）的传输体制一般采用 SDH；ATM 网内 ATM 交换机之间 ATM 信元的传输主要手段之一就是基于 SDH，即利用 SDH 的帧结构传送 ATM 信元（换句话说，SDH 网作为 ATM 交换机之间的传输网）；SDH 传输网可以作为 IP 网的骨干传输技术，即在 IP 网路由器之间采用 SDH 网进行传输，称之为 IP over SDH。

习　题

6-1　以理想低通网络传输 PCM30/32 路系统信号时，所需传输通路的带宽为何值？如以滚降系数 $\alpha = 0.5$ 的滚降低通网络传输时，带宽为何值？

6-2　设基带传输系统等效为理想低通，截止频率为 1 000 kHz，数字信号采用二进制传输，数码率为 2 048 kbit/s，问取样判决点是否无符号间干扰？

6-3　设数字信号序列为 101101011101，试将其编成下列码型，并画出相应的波形。

（1）单极性归零码；

（2）AMI 码；

（3）HDB$_3$ 码。

6-4　AMI 码的缺点是什么？

6-5　某 CMI 码为 11000101110100，试将其还原为二进码（即 NRZ 码）。

6-6　什么叫传输码型的误码增殖？

6-7　频带传输系统有哪几种？

6-8　数字调制有哪几种基本方法？

6-9　画出 SDH 传送网的几种基本物理拓扑。

6-10　环形网的主要优点是什么？

6-11　SDH 网络结构分哪几个层面？

6-12　SDH 有哪几种自愈环？

6-13　本章图 6-54 中，以 A 到 C、C 到 A 之间通信为例，假设 AD 节点间的光缆被切断，如何进行保护倒换？

6-14　网同步的概念是什么？

6-15　SDH 网同步有哪几种工作方式？

6-16　MSTP 的概念是什么？

6-17　ATM 交换机之间信元的传输方式有哪几种？

6-18　IP over SDH 的概念是什么？

[1]李文海，毛京丽，石方文．数字通信原理（第2版）．北京：人民邮电出版社，2007.

[2]毛京丽．数字通信原理．北京：人民邮电出版社，2007.

[3]毛京丽．宽带IP网络．北京：人民邮电出版社，2010.

[4]张应中，张德民．数字通信工程．北京：人民邮电出版社，1996.

[5]孙学康，毛京丽．SDH技术（第2版）．北京：人民邮电出版社，2009.

[6]刘颖，王春悦，赵蓉．数字通信原理与技术．北京：北京邮电大学出版社，1999.

[7]韦乐平．光同步数字传输网．北京：人民邮电出版社，1998.

[8]曾莆泉，李勇，王河．光同步传输网技术．北京：北京邮电大学出版社，1996.

[9]毛京丽，董跃武，李文海．数据通信原理（第3版）．北京：北京邮电大学出版社，2011.

[10]郭世满．数字通信——原理、技术及其应用．北京：人民邮电出版社，1995.

[11]纪越峰．现代光纤通信技术．北京：人民邮电出版社，1997.